21 世纪高等院校规划教材

DSP 原理及应用
（第二版）

主 编 李 利

副主编 李迎春

中国水利水电出版社
www.waterpub.com.cn

内 容 提 要

本书在第一版的基础上，对各章内容进行了修订和补充。以 TMS320C54x 系列 DSP 为例，首先介绍 TMS320C54x 系列 DSP 的硬件结构与指令系统；然后介绍 DSP 应用程序的设计与开发，包括汇编语言和 C 语言程序设计，书中精选大量的实例，实例中给出工作原理、完整的源程序及上机汇编、链接、调试过程，初学者可以按照书中给出的步骤动手操作进行实战练习，使读者在实战中掌握 DSP 应用技术；最后介绍了 TMS320C54x 片内外设及硬件系统设计，主要介绍基本硬件系统的设计方法，并且给出可以实现的电路原理图及相应的程序，使之具有通用性，可以举一反三。

本书既可作为高校电子类专业本科生和研究生学习 DSP 的教材和参考书，也可供从事 DSP 芯片开发与应用的广大工程技术人员参考。

本书所配电子教案及书中案例源代码可以从中国水利水电出版社网站（www.waterpub. com.cn）或万水书苑网站（www.wsbookshow.com）免费下载。

图书在版编目（CIP）数据

DSP原理及应用 / 李利主编. -- 2版. -- 北京 ：中国水利水电出版社，2012.11（2024.11 重印）
21世纪高等院校规划教材
ISBN 978-7-5170-0294-9

Ⅰ. ①D… Ⅱ. ①李… Ⅲ. ①数字信号处理－高等学校－教材 Ⅳ. ①TN911.72

中国版本图书馆CIP数据核字(2012)第253450号

策划编辑：石永峰　　　责任编辑：张玉玲　　　封面设计：李　佳

书　　名	21世纪高等院校规划教材 **DSP 原理及应用（第二版）**
作　　者	主 编 李 利　副主编 李迎春
出版发行	中国水利水电出版社 （北京市海淀区玉渊潭南路 1 号 D 座　100038） 网址：www.waterpub.com.cn E-mail：mchannel@263.net（答疑） 　　　　sales@mwr.gov.cn 电话：（010）68545888（营销中心）、82562819（组稿）
经　　售	北京科水图书销售有限公司 电话：（010）68545874、63202643 全国各地新华书店和相关出版物销售网点
排　　版	北京万水电子信息有限公司
印　　刷	三河市德贤弘印务有限公司
规　　格	184mm×260mm　16 开本　17.75 印张　450 千字
版　　次	2004 年 11 月第 1 版　2004 年 11 月第 1 次印刷 2012 年 11 月第 2 版　2024 年 11 月第 8 次印刷
印　　数	16001—17000 册
定　　价	39.00 元

第二版前言

DSP 技术涉及的相关基础知识多，不但要掌握硬件设计的知识，还要具备使用汇编语言或 C 语言进行软件编程的能力，因此需要合理取舍，详略得当，使之适合作教材。

全书共 8 章，可以分为三个部分。

第一部分包括第 1~3 章，介绍 TMS320C54x 系列 DSP 的硬件结构工作原理、数据寻址方式以及指令系统，使读者初步了解芯片的硬件组成、结构特点及其指令系统。

第二部分包括第 4~6 章，介绍 DSP 应用程序的设计与开发。

第三部分包括第 7、8 章，介绍 TMS320C54x 系列 DSP 片内外设及 TMS320C54x 硬件系统设计。

和第一版相比，原理描述更加清楚，并增加了一些实例，例如介绍指令系统时适当增加了指令举例，介绍软件开发工具时给出一个完整汇编程序实例。第一版硬件设计方面内容不足，因此，第二版增加 TMS320C54x 硬件系统设计一章，给出最小或基本硬件系统设计方法，并且给出可以实现的电路原理图及相应的程序，使之具有通用性，可以举一反三。随着 CCS 编译技术的提高，C/C++语言的优化效率越来越高，基于 DSP 的 C/C++语言编程将得到广泛应用，所以第二版增加了基于 DSP 的 C/C++语言编程内容及实例部分。保留第一版特色部分——第 6 章软件开发调试实例，实例中给出工作原理、完整的源程序及上机汇编、链接、调试过程，初学者可以按照书中给出的步骤动手操作进行实战练习，使读者在实战中掌握 DSP 应用技术。

本书由李利任主编，李迎春任副主编。具体分工为：第 1~6 章由李利编写，第 7、8 章由李迎春编写，参加本书案例选择、代码调试等编写工作的还有李宗睿、赵云峰、曹新宇、刘培培、马晓鑫。

由于作者水平有限，书中错误和疏漏之处在所难免，恳请读者批评指正。

作 者
2012 年 10 月

第一版前言

数字信号处理器（Digital Signal Processor，DSP）以高速数字信号处理为目标进行芯片设计，采用改进的哈佛结构、内部具有硬件乘法器、应用流水线技术、具有良好的并行性和专门用于数字信号处理的指令等特点。DSP 芯片以其强大的运算能力在通信、电子、图像处理等各个领域得到了广泛的应用。

通用 DSP 芯片代表性的产品主要有 TI 公司的 TMS320 系列、AD 公司 ADSP21xx 系列、Motorola 公司的 DSP56xx 系列和 DSP96xx 系列等单片器件，其中占市场份额最大的是美国德州仪器（TI）公司。TI 的定点 16 位 TMS320C54x/54xx 系列 DSP 芯片以其优良的性能价格比得到了广泛使用。本书对 TMS320C54x/54xx DSP 的原理及应用进行了介绍。

全书共 8 章，可以分为 3 个部分。

第一部分包括第 1~4 章，介绍 TMS320C54x/54xx 系列 DSP 的硬件结构、工作原理、数据寻址方式以及指令系统，使读者初步了解芯片的硬件组成、结构特点及其指令系统。

第二部分包括第 5~7 章，介绍 DSP 应用程序的设计与开发。第 5 章详细介绍基于汇编语言和 C/C++高级语言程序设计的方法，包括汇编器和链接器对段的处理、常用汇编伪指令、链接器命令文件的编写与使用、汇编语言程序编写方法、TMS320C54x C 语言编程以及用 C 语言和汇编语言混合编程。第 6 章介绍美国德州仪器公司推出的 CCS（Code Composer Studio）集成开发环境，主要内容包括 CCS 系统安装与设置、CCS 菜单和工具栏、CCS 中的编译器和链接器有关选项设置，最后通过具体实例介绍 CCS 的基本操作与使用方法。在第 5 章介绍汇编语言程序设计和第 6 章 CCS 集成开发环境的基础上，第 7 章首先介绍与程序流程控制有关的内容，然后用具体实例介绍汇编语言程序设计的方法，以及在 CCS 环境下使用 Simulator（软件模拟器）进行程序调试的基本方法，最后介绍数字信号处理中广泛使用的 FIR 滤波器、IIR 滤波器及 FFT 算法在定点 C54x 上的实现方法和实例程序。只要使用者安装了 CCS5000 系统软件，在没有 DSP 目标板的情况下，可以使用 Simulator 模拟 DSP 程序的运行。第 7 章以实例的方式循序渐进地帮助读者进一步熟悉 DSP 的指令系统、CCS 环境下汇编语言应用程序的设计和调试方法。实例中给出了工作原理、完整的源程序及上机汇编、链接、调试过程，初学者可以按照书中给出的步骤动手操作，进行实战练习。

第三部分包括第 8 章，介绍 TMS320C54x/54xx 系列 DSP 片内外设及其应用，内容包括定时器、时钟发生器、多通道缓冲串口（McBSP）、主机并口（HPI）工作原理以及外部总线操作，重点讨论了定时器、多通道缓冲串口工作原理，并给出了具体应用实例。

目前，高校开设这门课程一般安排 40 学时左右，仅仅靠课堂教学，学生是难以掌握的。不少初学者感到学习困难，自己看书看不懂或看了书仍不知如何去做题。本书是一本学习 DSP 的入门教材，针对初学者的学习规律，将问题分散，循序渐进。同时，书中精选了大量实例，使读者在实战中掌握 DSP 的应用技术。在学习过程中，开始时不必死记每条指令，只需大概了解有哪几类指令即可，通过后面章节的学习逐步了解、掌握指令的使用。DSP 软件开发离不开开发工具，熟悉 CCS 集成开发环境是进行 DSP 软件开发的基础，在学习 CCS 中编译器、链接器的选项设置时，开始不必追究每一个选项，首先掌握常用选项设置，然后再逐步了解、掌握其他选项。深入理解掌握 CCS 开发环境，开发出高效的 DSP 软件需要经过一定时间的学习和实践。

作者在编写本书的过程中得到了南京解放军理工大学陆辉教授的大力支持和帮助，此外，刘乾、李少宇、王彬、曹珊珊、曹艳利、杨金娜、张烨、李艳丽、吴爱国、陈斌、陈谱等为本书绘制了部分插图并完成了部分文字录入工作，武汉凌特公司和南京恒缔公司提供了部分实验素材，在此一并表示衷心感谢。

本书中的源代码可以从中国水利水电出版社网站下载，网址为：http://www.waterpub.com.cn/softdown/。

由于作者水平有限，书中不妥和疏漏之处在所难免，恳请广大读者批评指正。

作者 E-mail：Lili@nciae.edu.cn。

作　者
2004 年 9 月

目　录

第 1 章 绪论

本章首先对数字信号处理进行了概述，然后介绍 DSP 芯片的发展、分类、特点及应用，最后概括介绍了 DSP 系统设计过程和 DSP 芯片的选择。通过本章的学习，使学生了解 DSP 的含义，掌握 DSP 芯片的特点、分类及应用，熟悉 DSP 系统的设计过程，由设计过程看到，DSP 应用系统设计用到的相关知识较多，不但要掌握硬件设计的知识，还要具备使用汇编语言或 C 语言进行软件编程的能力。

- 数字信号处理
- DSP 芯片的特点
- DSP 系统设计过程

1.1　数字信号处理概述

21 世纪是数字化的时代，数字信号处理成为这个时代的核心技术之一。凡是利用数字计算机或专用数字硬件、对数字信号所进行的一切变换或按预定规则所进行的一切加工处理运算称为数字信号处理。例如，对信号进行滤波、参数提取、频谱分析、压缩等处理。数字信号处理技术是围绕着理论、实现及应用三方面发展起来的，大学阶段学习的"数字信号处理"课程讨论了数字信号处理的基本理论、主要算法及应用。20 世纪 80 年代以前，人们主要利用通用计算机进行数字信号处理的算法研究及仿真，由于受数字器件发展水平的限制，实时实现还很困难。所谓"实时（Real-Time）实现"，是指一个实际的系统在人们听觉、视觉或按任务要求所允许的时间范围内能及时地完成对输入信号的处理并将其输出，例如，我们每天使用的手机、将要普及的数字电视等，都是实时的数字信号处理系统。要想在极短的时间内完成对信号的处理，一方面需要快速的算法、高效的编程，例如 FFT 算法的提出使 DFT 理论得以推广，另一方面，则需要高性能的硬件支持。数字信号处理器（Digital Signal Processor，DSP）即是为实时实现数字信号处理任务而特殊设计的高性能的一类 CPU。随着信息科学和微电子技术的飞速发展，数字信号处理的理论及数字信号处理器已广泛应用。对于 DSP，狭义理解可为 Digital Signal Processor 数字信号处理器，广义理解可为 Digital Signal Processing 数字信号处理技术，指数字信号处理的理论和方法，DSP 这一缩写通常指数字信号处理器。

1.1.1　数字信号处理系统构成

图 1-1 所示为一个典型的数字信号处理系统。图中的输入信号可以有各种各样的形式。例

如，它可以是麦克风输出的语音信号或是电话线来的已调数据信号，可以是摄像机图像信号等。

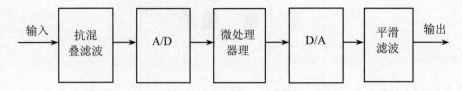

图 1-1 典型的数字信号处理系统

输入模拟信号首先进行带限滤波，然后进行 A/D（Analog to Digital）变换将信号变换成数字比特流。微处理器是数字信号处理系统的核心部件，通常采用 DSP 芯片，也可采用其他处理器芯片。DSP 芯片的输入是 A/D 变换后得到的以抽样形式表示的数字信号，DSP 芯片对输入的数字信号进行某种形式的处理，最后，经过处理后的数字样值再经 D/A（Digital to Analog）变换转换为模拟样值，之后再进行内插和平滑滤波就可得到连续的模拟波形。

需要指出的是，上面给出的系统模型是一个典型模型，并不是所有的 DSP 系统都必须具有模型中的所有部件。如语音识别系统在输出端并不是连续的波形，而是识别结果，如数字、文字等；有些输入信号本身就是数字信号，就不必进行模数变换了。

例如，一个典型的数字信号处理算法——FIR 滤波器，乘与累加（MAC）是数字信号处理中的典型计算。

$$
\begin{aligned}
y(n) &= \sum_{i=0}^{N-1} h(i)x(n-i) \\
&= h(0)x(n) + h(1)x(n-1) + \cdots h(N-1)x(n-N+1)
\end{aligned}
\tag{1-1}
$$

1.1.2 数字信号处理的实现

对数字信号处理技术，从理论上讲，只要有了算法，任何具有计算能力的设备，都可以用来实现数字信号处理。但在实际中，信号处理需要及时完成，需要有很强的计算能力来完成复杂算法。数字信号处理主要有以下几种实现方法：

（1）在通用的微机上用软件实现，这种方法速度慢，难于实时完成信号处理及嵌入式应用，适于教学与仿真研究，如 MATLAB 几乎可以实现所有的数字信号处理算法的仿真。

（2）普通单片机（如 MCS-51、96 系列等），优点是成本低廉，缺点是性能差、速度慢。

（3）利用特殊用途的 DSP 芯片来实现，如用于 FFT 运算、FIR 滤波的专用芯片，其优点是速度快，可用于速度高实时处理的场合，缺点是灵活性差。

（4）利用专门用于信号处理的通用数字信号处理器（Digital Signal Processor，DSP 芯片）来实现，通用 DSP 芯片以高速计算为目标进行芯片设计，如采用改进的哈佛结构、内部有硬件乘法器、使用流水线结构、具有良好的并行性，并具有专门的适于数字信号处理的指令，既有灵活性又具有一定的处理能力和处理速度，又便于嵌入式应用。DSP 芯片的问世及飞速发展，为数字信号处理技术应用于工程实际提供了可能。

（5）用 FPGA/CPLD 用户可编程器件来实现，和专用 DSP 芯片一样，是用硬件完成数字信号处理运算，其特点是速度快，但无软件可编程能力、无自适应信号处理能力，只适应某单一运算。

1.1.3 数字信号处理的特点

与模拟系统（ASP）相比，数字系统具有如下特点：

（1）精度高。模拟系统中，它的精度由元器件决定，模拟元器件的精度很难达到 10^{-3} 以上。而数字系统中，精度与 A/D 转换器的位数、计算机字长有关，17 位字长就可达 10^{-5} 精度，所以在高精度系统中，有时只能采用数字系统。

（2）可靠性高。模拟系统各参数都有一定的温度系数，易受环境条件，如温度、振动、电磁感应等影响，产生杂散效应甚至振荡等。数字系统只有两个信号电平 0、1，受噪声及环境条件等影响小，因而数字系统可靠性高。

（3）灵活性大。在模拟系统中，当需要改变系统的应用时，不得不重新修改硬件设计或调整硬件参数。而在数字信号处理系统中，通过运行不同的数字信号处理的软件来适应不同的需要。例如一个模拟滤波器一旦制造出来，其特性（例如通带频率范围）是不容易改变的，使用微处理器来实现数字滤波器，只需要改变滤波的系数，对其重新编程就可得到不同的滤波特性。

（4）易于大规模集成。数字部件由于高度的规范性、对电路参数要求不严，因此便于大规模集成、大规模生产。特别是 DSP 器件，其体积小，功能强，功耗小，一致性好，使用方便，性能/价格比高。

（5）可获得高性能指标。例如模拟频谱仪在频率低端只能分析到 10Hz 以上频率，且难以做到高分辨率(也即足够窄的带宽)。但在数字的谱分析中，已能做到 10^{-3}Hz 的谱分析。又例如有限长冲激响应数字滤波器，可实现准确的线性相位特性，而这在模拟系统中是很难达到的。

但是数字信号处理也有其局限性：数字系统的速度还不算高，因而不能处理很高频率的信号（受 A/D 转换和处理器速度限制）；模拟系统除电路引入的延时外，处理是实时的，而数字系统处理速度由所选用处理器的速度决定；现实世界的信号绝大多数是模拟的，因此用数字信号处理系统处理模拟信号需要先将模拟信号转换为数字信号（A/D 转换），经数字信号处理后再转换为模拟信号（D/A 转换）。

1.2 DSP 芯片概述

1.2.1 DSP 芯片的发展历史、现状和趋势

1. DSP 芯片的发展历史

DSP 芯片诞生于 20 世纪 70 年代末，至今已经得到了突飞猛进的发展，并经历了以下三个阶段。

第一阶段，DSP 的雏形阶段（1980 年前后）。1978 年 AMI 公司生产出第一片 DSP 芯片 S2811。1979 年美国 Intel 公司发布了商用可编程 DSP 器件 Intel2920，由于内部没有单周期的硬件乘法器，使芯片的运算速度、数据处理能力和运算精度受到了很大的限制，运算速度大约为单指令周期 200～250ns，应用领域仅局限于军事或航空航天部门。1980 年，日本 NEC 公司推出 μPD7720，是第一片具有乘法器的商用 DSP 芯片。1982 年，TI 公司成功推出其第一代 DSP 芯片 TMS32010 及其系列产品 TMS32011、TMS320C10/C14 /C15/C16/C17。日本 Hitachi

公司第一个推出采用 CMOS 工艺生产浮点 DSP 芯片。1983 年，日本 Fujitsu 公司推出的 MB8764，指令周期为 120ns，具有双内部总线，使数据吞吐量发生了一个大的飞跃。1984 年，AT&T 公司推出 DSP32，是较早的具备较高性能的浮点 DSP 芯片。

第二阶段，DSP 的成熟阶段（1990 年前后）。硬件结构更适合数字信号处理的要求，能进行硬件乘法和单指令滤波处理，其单指令周期为 80～100ns。例如，TI 公司的 TMS320C20 和 TMS320C30，采用 CMOS 制造工艺，存储容量和运算速度成倍提高，为语音处理、图像处理技术的发展奠定了基础。这个时期主要器件有：TI 公司的 TMS320C20、30、40、50 系列，Motorola 公司的 DSP5600、9600 系列，AT&T 公司的 DSP32 等。

第三阶段，DSP 的完善阶段（2000 年以后）。这个时期 DSP 芯片的信号处理能力更加完善，而且系统开发更加方便、程序编辑调试更加灵活、功耗进一步降低、成本不断下降。各种通用外设集成到芯片上，大大地提高了数字信号处理能力。DSP 运算速度可达到单指令周期 10ns 左右，可在 Windows 下用 C 语言编程，使用方便灵活。DSP 芯片不仅在通信、计算机领域得到广泛应用，而且渗透到日常消费领域。

2．DSP 芯片发展现状

（1）制造工艺。普遍采用 0.25μm 或 0.18μm 亚微米的 CMOS 工艺。引脚从原来的 40 个增加到 200 个以上，需要设计的外围电路越来越少，成本、体积和功耗不断下降。

（2）存储器容量。芯片的片内程序和数据存储器可达到几十 K 字，而片外程序存储器和数据存储器可达到 16M×48 位和 4G×40 位以上。

（3）内部结构。芯片内部均采用多总线、多处理单元和多级流水线结构，加上完善的接口功能，使 DSP 的系统功能、数据处理能力和与外部设备的通信功能都有了很大的提高。

（4）运算速度。指令周期从 400ns 缩短到 10ns 以下，其相应的速度从 2.5MIPS 提高到 2000MIPS 以上。如 TMS320C6201 执行一次 1024 点复数 FFT 运算的时间只有 66μS。

（5）高度集成化。集滤波、A/D、D/A、ROM、RAM 和 DSP 内核于一体的模拟混合式 DSP 芯片已有较大的发展和应用。

（6）运算精度和动态范围。DSP 的字长从 8 位已增加到 32 位，累加器的长度也增加到 40 位，从而提高了运算精度。同时，采用超长字指令字（VLIW）结构和高性能的浮点运算，扩大了数据处理的动态范围。

（7）开发工具。具有较完善的软件和硬件开发工具，如软件仿真器 Simulator、在线仿真器 Emulator、C 编译器和集成开发环境 CCS 等，给开发应用带来很大方便。CCS 是 TI 公司针对本公司的 DSP 产品开发的集成开发环境。它集成了代码的编辑、编译、链接和调试等诸多功能，而且支持 C/C++和汇编的混合编程。开放式的结构允许外扩用户自身的模块。

3．DSP 技术的发展趋势

（1）DSP 的内核结构将进一步改善。多通道结构和单指令多重数据（SIMD）、特大指令字组（VLIM）将在新的高性能处理器中占主导地位，如 AD 公司的 ADSP-2116x。

（2）DSP 和微处理器的融合。微处理器 MPU 是一种执行智能定向控制任务的通用处理器，它能很好地执行智能控制任务，但是对数字信号的处理功能很差。DSP 处理器具有高速的数字信号处理能力。在许多应用中均需要同时具有智能控制和数字信号处理两种功能。因此，将 DSP 和微处理器结合起来，可简化设计，加速产品的开发，减小 PCB 体积，降低功耗和整个系统的成本。

（3）DSP 和高档 CPU 的融合。大多数高档 MCU，如 Pentium 和 PowerPC 都是 SIMD 指

令组的超标量结构，速度很快。在 DSP 中融入高档 CPU 的分支预示和动态缓冲技术，结构规范，利于编程，不用进行指令排队，使 DSP 性能大幅度提高。

（4）DSP 和 FPGA 的融合。FPGA 是现场可编程门阵列器件。它和 DSP 集成在一块芯片上，可实现宽带信号处理，大大提高信号处理速度。

（5）DSP 和 SOC 的融合。SOC 是指把一个系统集成在一块芯片上。这个系统包括 DSP 和系统接口软件等。好比 Virata 公司购买了 LSI Logic 公司的 ZSP400 处理器内核使用许可证，将其与系统软件如 USB、10BASET、以太网、UART、GPIO、HDLC 等一起集成在芯片上，应用在 xDSL 上，得到了很好的经济效益。毋庸置疑，SOC 将成为市场中越来越刺眼的明星。

（6）实时操作系统 RTOS 与 DSP 的结合。随着 DSP 处理能力的增强，DSP 系统越来越复杂，使得软件的规模越来越大，往往需要运行多个任务，各任务间的通信、同步等问题就变得非常突出。随着 DSP 性能和功能的日益增强，对 DSP 应用提供 RTOS 的支持已成为必然的结果。

（7）DSP 的并行处理结构。为了提高 DSP 芯片的运算速度，各 DSP 厂商纷纷在 DSP 芯片中引入并行处理机制。这样，可以在同一时刻将不同的 DSP 与不同的任一存储器连通，大大提高数据传输的速率。

（8）功耗越来越低。随着超大规模集成电路技术和先进的电源管理设计技术的发展，DSP 芯片内核的电源电压将会越来越低。

1.2.2 DSP 芯片的种类

DSP 芯片可以按照下列三种方式进行分类。

1. 按基础特性分

这是根据 DSP 芯片的工作时钟和指令类型来分类的。如果在某时钟频率范围内的任何时钟频率上，DSP 芯片都能正常工作，除计算速度有变化外，没有性能的下降，这类 DSP 芯片一般称为静态 DSP 芯片。例如，日本 OKI 电气公司的 DSP 芯片、TI 公司的 TMS320 系列芯片属于这一类。

如果有两种或两种以上的 DSP 芯片，它们的指令集、相应的机器代码及管脚结构相互兼容，则这类 DSP 芯片称为一致性 DSP 芯片。例如，美国 TI 公司的 TMS320C54x 就属于这一类。

2. 按数据格式分

这是根据 DSP 芯片工作的数据格式来分类的。数据以定点格式工作的 DSP 芯片称为定点 DSP 芯片，如 TI 公司的 TMS320C1x/C2x、TMS320C2xx/C5x、TMS320C54x/C62xx 系列，AD 公司的 ADSP21xx 系列，AT&T 公司（现在的 Lucent 公司）的 DSP16/16A，Motolora 公司的 MC56000 等。以浮点格式工作的称为浮点 DSP 芯片，如 TI 公司的 TMS320C3x/C4x/C8x/c67x，AD 公司的 ADSP21xxx 系列，AT&T 公司的 DSP32/32C，Motolora 公司的 MC96002 等。

3. 按用途分

按照 DSP 的用途来分，可分为通用型 DSP 芯片和专用型 DSP 芯片。通用型 DSP 芯片适合普通的 DSP 应用，如 TI 公司的一系列 DSP 芯片属于通用型 DSP 芯片。专用 DSP 芯片是为特定的 DSP 运算而设计的，更适合特殊的运算，如数字滤波、卷积和 FFT，如 Austek 公司的 FFT 专用芯片 A41102、HARRIS 公司的 HSP43168 卷积/相关器、英国 Inmos 公司的 IMSA100 卷积/相关器等就属于专用型 DSP 芯片。

1.2.3　DSP 芯片的主要特点

1. 哈佛结构

早期的微处理器内部大多采用冯·诺依曼结构，冯·诺依曼结构的特点是数据和程序共用总线和存储空间，因此在某一时刻，只能读写程序或者只能读写数据。哈佛结构是不同于传统的冯·诺依曼（Von Neuman）结构的并行体系结构，其主要特点是将程序和数据存储在不同的存储空间中，即程序存储器和数据存储器是两个相互独立的存储器，每个存储器独立编址，独立访问。与两个存储器相对应的是系统中设置了程序总线和数据总线两条总线，允许同时取指令（来自程序存储器）和取操作数（来自数据存储器），从而使数据的吞吐率提高了一倍。改进的哈佛结构还允许在程序空间和数据空间之间相互传送数据。而冯·诺依曼结构则是将指令、数据、地址存储在同一存储器中，统一编址，依靠指令计数器提供的地址来区分是指令、数据还是地址。取指令和取数据都访问同一存储器，数据吞吐率低。

2. 多总线结构

许多 DSP 芯片内部都采用多总线结构，这样可以保证在一个机器周期内可以多次访问程序空间和数据空间。例如 TMS320C54x 内部有 4 条总线（每条总线又包括地址总线和数据总线），可以在一个机器周期内从程序存储器取 1 条指令、从数据存储器读 2 个操作数和向数据存储器写 1 个操作数，大大提高了 DSP 的运行速度。

3. 指令系统的流水线操作

与哈佛结构相关，DSP 芯片广泛采用流水线以减少指令执行时间，从而增强了处理器的处理能力。如图 1-2 所示为四级流水线操作，DSP 执行一条指令，需要通过取指、译码、取操作和执行四个阶段，在程序运行过程中这几个阶段是重叠的，在每个指令周期内，四个不同的指令处于不同的阶段。例如，在第 N 个指令取指时，前一个指令即第 N-1 个指令正在译码，第 N-2 个指令正在取操作数，而第 N-3 个指令则正在执行。采用流水线技术尽管每一条指令的执行仍然需要经过这些步骤，需要 4 个指令周期数，但将一个指令段综合起来看，其中的每一条指令的执行就都是在一个指令周期内完成的。

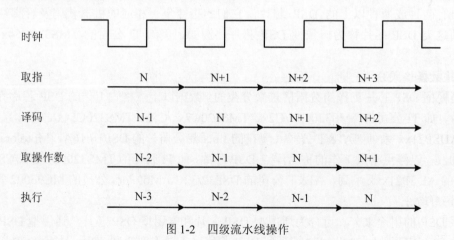

图 1-2　四级流水线操作

4. 专用的硬件乘法器

在通用的微处理器中，乘法是由软件完成的，即通过加法和移位来实现，需要多个指令周期才能完成。在数字信号处理过程中用得最多的是乘法和加法运算，DSP 芯片中有专用的硬件乘法器，使得乘法累加运算能在单个周期内完成。

5. 特殊的 DSP 指令

为了更好地满足数字信号处理应用的需要，在 DSP 的指令系统中，设计了一些特殊的 DSP 指令。例如，TMS320C54x 中的 FIRS 和 LMS 指令，则专门用于系数对称的 FIR 滤波器和 LMS 算法。

6. 快速的指令周期

早期的 DSP 的指令周期约 400ns。随着集成电路工艺的发展，DSP 广泛采用亚微米 CMOS 制造工艺，其运行速度越来越快。以 TMS320C5402 为例，其运行速度可达 100MIPS（即每秒执行百万条指令）。快速的指令周期使得 DSP 芯片能够实时实现许多数字信号处理应用。

7. 硬件配置强

新一代 DSP 的接口功能愈来愈强，例如，TMS320C5000 系列芯片片内具有串行口、主机接口（HPI）、DMA 控制器、软件控制的等待状态产生器、锁相环时钟产生器以及实现在片仿真符合 IEEE1149.1 标准的测试访问口，更易于完成系统设计。许多 DSP 芯片都可以工作在省电方式，使系统功耗降低。

1.2.4　DSP 芯片的应用

自从 20 世纪 70 年代末 80 年代初 DSP 芯片诞生以来，DSP 芯片得到了飞速的发展。DSP 芯片的高速发展，一方面得益于集成电路技术的发展，另一方面也得益于巨大的市场。在近 20 年时间里，DSP 芯片已经在信号处理、通信、雷达等许多领域得到广泛的应用。目前，DSP 芯片的价格越来越低，性能价格比日益提高，具有巨大的应用潜力。DSP 芯片的应用主要有：

（1）信号处理——如数字滤波、自适应滤波、快速傅立叶变换、相关运算、谱分析、卷积、模式匹配、加窗、波形产生等；

（2）通信——如调制解调器、自适应均衡、数据加密、数据压缩、回波抵消、多路复用、传真、扩频通信、纠错编码、可视电话等；

（3）语音——如语音编码、语音合成、语音识别、语音增强、说话人辨认、说话人确认、语音邮件、语音存储等；

（4）图形/图像——如二维和三维图形处理、图像压缩与传输、图像增强、动画、机器人视觉等；

（5）军事——如保密通信、雷达处理、声纳处理、导航、导弹制导等；

（6）仪器仪表——如频谱分析、函数发生、锁相环、地震处理等；

（7）自动控制——如引擎控制、声控、自动驾驶、机器人控制、磁盘控制等；

（8）医疗——如助听、超声设备、诊断工具、病人监护等；

（9）家用电器——如高保真音响、音乐合成、音调控制、玩具与游戏、数字电话/电视等。

随着超大规模集成电路的快速发展，以及基于信号理论的各门学科的迅速发展，DSP 芯片将得到越来越广泛的应用。

1.2.5　DSP 芯片产品简介

1. TI 公司的 DSP 芯片概况

1982 年，TI 公司推出了 TMS320 系列数字信号处理器（DSP）中的第一个定点 DSP——TMS32010。至今，TMS320 系列的 DSP 产品已经经历了若干代：TMS320C1x、TMS320C2x、

TMS320C2xx、TMS320C5x、TMS320C54x、TMS320C62x 等定点 DSP；TMS320C3x、TMS320C4x、TMS320C67x 等浮点 DSP；以及 TMS320C8x 多处理器 DSP。同一代 TMS320 系列 DSP 产品的 CPU 结构是相同的，但其片内存储器及外设电路的配置不一定相同。由于片内集成了存储器和外围电路，使 TMS320 系列器件的系统成本降低，并且节省电路板的空间。目前三大主流系列：

TMS320C2000——主推 TMS320C24x 和 TMS320C28x 定点 DSP，主要用于数字化控制领域；

TMS320C5000——TMS320C54x 和 TMS320C55x 16 位定点 DSP，主要用于通信、便携式应用领域；

TMS320C6000——TMS320C62x 和 TMS320C64x 32 位定点 DSP、TMS320C67x 32/64 位浮点 DSP，主要用于超高速、大容量实时信号处理的场合，如音视频技术、通信基站。

2. 其他公司的 DSP 芯片概况

（1）AD 公司。

定点 DSP：ADSP21xx 系列   16bit   40MIPS；

浮点 DSP：ADSP21020 系列   32bit   25MIPS；

并行浮点 DSP：ADSP2106x 系列   32bit   40MIPS；

超高性能 DSP：ADSP21160 系列   32bit   100MIPS。

（2）AT&T 公司。

定点 DSP：DSP16 系列   16bit   40MIPS；

浮点 DSP：DSP32 系列   32bit   12.5MIPS。

（3）Motorola 公司。

定点 DSP：DSP56000 系列   24bit   16MIPS；

浮点 DSP：DSP96000 系列   32bit   27MIPS。

（4）NEC 公司。

定点 DSP：μPD77Cxx 系列   16bit；

μPD770xx 系列   16bit；

μPD772xx 系列   24bit 或 32bit。

1.3 DSP 系统设计过程

1.3.1 DSP 系统设计过程

图 1-3 是一般 DSP 系统的设计开发过程。主要有以下几个步骤：

（1）确定 DSP 系统的性能指标。设计一个 DSP 系统首先要根据系统的使用目标确定对系统的性能指标和信号处理的要求。

（2）进行算法优化与模拟。一般来说，为了实现系统的最终目标，需要对输入的信号进行适当的处理，而处理方法的不同会导致不同的系统性能，要得到最佳的系统性能，就必须在这一步确定最佳的处理方法，即数字信号处理的算法（Algorithm）的研究与优化。例如，语音压缩编码算法就是在确定的压缩比条件下，在尽可能少的运算量的前提下，获得最佳的合成语音。通过仿真验证算法的可行性，这一步可以在通用计算机上用 C 语言、MATLAB 语言来模拟实现。

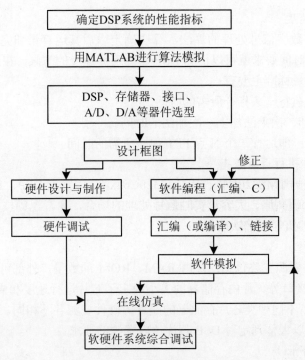

图 1-3　DSP 系统的设计开发过程

（3）选择 DSP 芯片和外围芯片。首先要根据系统运算量的大小、对运算精度的要求、存储器的要求、系统成本限制以及体积等要求选择合适的 DSP 芯片及 DSP 芯片的外围电路，包括存储器、接口、A/D 和 D/A 转换块、电平转换器、供电电源等。

（4）进行硬件电路的设计。包括根据选定的主要元器件建立电路原理图；设计印刷板；制板；器件安装；加电调试，硬件测试一般采用硬件仿真器进行测试。

（5）进行软件设计。软件设计和编程主要根据系统要求和所选的 DSP 芯片编写相应的 DSP 程序，若系统运算量不大且有高级语言编译器支持，可用高级语言（如 C 语言）编写。由于现有的高级语言编译器的效率还比不上汇编语言编写的效率，因此在实际应用系统中常常采用高级语言和汇编语言的混合编写方法，即在算法运算量大的地方，用汇编语言编写，而运算量不大的地方则采用高级语言。采用这种方法，既可缩短软件开发的周期，提高程序的可读性和可移植性，又能满足系统实时运算的要求。用 DSP 汇编或 C 语言生成可执行程序，在 PC 机上用 DSP 软件模拟器（Simulator）或 DSP 在线仿真器（Emulator）进行程序调试。

（6）进行软硬件综合调试。当系统的软件和硬件分别调试、工作正常后，就可以将软件直接加载到硬件系统中运行，并通过相应的测试手段检查其运行是否正常。由于模拟调试环境不可能与实际运行环境做到完全一致，因此对实际硬件系统运行中出现的问题，还需要我们根据具体情况进行分析，修改和简化算法，解决实时运行的问题。

1.3.2　DSP 芯片的选择

在进行 DSP 系统设计时，选择合适的 DSP 芯片是非常重要的一个环节。通常依据系统的运算速度、运算精度和存储器的需求等来选择 DSP 芯片。一般来说，选择 DSP 芯片时应考虑如下一些因素。

1. 芯片的运算速度

首先我们要确定数字信号处理的算法，算法确定以后其运算量和完成时间也就大体确定了，根据运算量及其时间要求就可以估算 DSP 芯片运算速度的下限。在选择 DSP 芯片时，各个芯片运算速度的衡量标准主要有：

①指令周期：即执行一条指令所需的时间。

②MAC 时间：即一次乘法加上一次加法的时间。

③FFT 执行时间：即运行一个 N 点 FFT 程序所需的时间。

④MIPS：即每秒执行百万条指令。

⑤MOPS：即每秒执行百万次操作。

⑥MFLOPS：即每秒执行百万次浮点操作。

⑦BOPS：即每秒执行十亿次操作。

2. 硬件资源

DSP 芯片的硬件资源主要包括：片内 RAM、ROM 的数量，外部可扩展的程序和数据空间，总线接口，I/O 接口等。片内存储器的大小决定了芯片运行速度和成本，例如 TI 公司同一系列的 DSP 芯片，不同种类芯片存储器的配置等硬件资源各不相同。通过对算法程序和应用目标的仔细分析可以大体判定对 DSP 芯片片内资源的要求。

3. 运算精度（字长）

一般情况下，浮点 DSP 芯片的运算精度要高于定点 DSP 芯片的运算精度，但是功耗和价格也随之上升。一般定点 DSP 芯片的字长为 16 位、24 位或者 32 位，浮点芯片的字长为 32 位。累加器一般都为 32 位或 40 位。定点 DSP 的特点是主频高、速度快、成本低、功耗小，但是在编程时要关注信号的动态范围，在代码中增加限制信号动态范围的定标运算，主要用于计算复杂度不高的控制、通信、语音/图像、消费电子产品等领域。浮点 DSP 的速度一般比定点 DSP 处理速度低，其成本和功耗都比定点 DSP 高，但是由于其采用了浮点数据格式，因而处理精度、动态范围都远高于定点 DSP，适合于运算复杂度高、精度要求高的应用场合，在对浮点 DSP 进行编程时，一般不必考虑数据溢出和精度不够的问题，因而编程要比定点 DSP 方便、容易。

例如，TI 的 TMS320C2XX/C54X 系列属于定点 DSP 芯片，低功耗和低成本是其主要的特点。而 TMS320C3X/C4X/C67X 属于浮点 DSP 芯片，运算精度高，用 C 语言编程方便，开发周期短，但同时其价格和功耗也相对较高。

4. 开发工具

快捷、方便的开发工具和完善的软件支持是开发大型、复杂 DSP 应用系统的必备条件。现在的 DSP 芯片都有较完善的的软件和硬件开发工具，其中包括 Simulator 软件仿真器、Emulator 在线仿真器、C 编译器等。

5. 芯片的功耗

在某些 DSP 应用场合，功耗也是一个需要特别注意的问题。如便携式的 DSP 设备、手持设备、野外应用的 DSP 设备等都对功耗有特殊的要求。

6. 芯片价格及厂家的售后服务因素

价格包括 DSP 芯片的价格和开发工具的价格。如果采用昂贵的 DSP 芯片，即使性能再高，其应用范围也肯定受到一定的限制，因此芯片价格是 DSP 应用产品是否民用化、规模化的重要因素。但低价位的芯片必然是功能较少、片内存储器少、性能上差一些的，这就带给编程一定的困难。因此，要根据实际系统的应用情况，确定一个价格适中的 DSP 芯片。还要充分考虑厂家提供的售后服务等因素，良好的售后技术支持也是开发过程中重要资源。

7. 其他因素

包括 DSP 芯片的封装形式、环境要求、供货周期、生命周期等。

DSP 应用系统的运算量是确定选用处理能力为多大的 DSP 芯片的基础。运算量小则可以选用处理能力不是很强的 DSP 芯片，从而可以降低系统成本。相反，运算量大的 DSP 系统则必须选用处理能力强的 DSP 芯片，如果 DSP 芯片的处理能力达不到系统要求，则必须用多个 DSP 芯片并行处理，那么如何确定 DSP 系统的运算量以选择 DSP 芯片呢？下面我们来考虑两种情况。

（1）按样点处理。所谓按样点处理就是 DSP 算法对每一个输入样点循环一次。数字滤波就是这种情况。在数字滤波器中，通常需要对每一个输入样点计算一次。例如，一个采用 LMS 算法的 256 抽头的自适应 FIR 滤波器，假定每个抽头的计算需要 3 个 MAC 周期，则 256 抽头计算需要 256×3=768 个 MAC 周期。如果采样频率为 8kHz，即样点之间的间隔为 125μs，DSP 芯片的 MAC 周期为 200ns，则 768 个 MAC 周期需要 153.6μs 的时间，显然无法实时处理，需要选用速度更高的 DSP 芯片。若 DSP 芯片的 MAC 周期为 100ns，则 768 个 MAC 周期需要 76.8μs 的时间，即计算一个样点的时间 76.8μs 小于样点之间的间隔为 125μs，可以实现实时处理。

（2）按帧处理。有些数字信号处理算法不是每个输入样点循环一次，而是每隔一定的时间间隔（通常称为帧）循环一次。例如，中低速语音编码算法通常以 10ms 或 20ms 为一帧，每隔 10ms 或 20ms 语音编码算法循环一次。所以，选择 DSP 芯片时应该比较一帧内 DSP 芯片的处理能力和 DSP 算法的运算量。假设 DSP 芯片的指令周期为 p（ns），一帧的时间为 Dt（ns），则该 DSP 芯片在一帧内所能提供的最大运算量为 Dt/p 条指令。例如 TMS320LC549-80 的指令周期为 12.5ns，设帧长为 20ms，则一帧内 TMS320LC549-80 所能提供的最大运算量为 160 万条指令。因此，只要语音编码算法的运算量不超过 160 万条指令，就可以在 TMS320LC549-80 上实时运行。

 **习题一**

1. 简述 DSP 芯片的主要特点。
2. 请详细描述冯·诺曼依结构和哈佛结构，并比较它们的不同。
3. 简述 DSP 系统的设计过程。
4. 在进行 DSP 系统设计时，如何选择合适的 DSP 芯片？
5. TI 公司的 DSP 产品目前有哪三大主流系列？各自应用领域是什么？
6. 结合你的专业方向，试举出一个 DSP 具体应用的实例，并说明为什么要采用 DSP。

第 2 章　TMS320C54x 数字信号处理器硬件结构

本章导读

　　TMS320C54x 是 TI 公司于 1996 年推出的 16 位定点数字信号处理器。由于其优良的性能价格比，得到了广泛的应用，特别是在通信领域。TMS320C54x 系列种类很多，但其体系结构相同，本章将以 TMS320C5402 为主，主要介绍其总线结构、CPU 结构、存储器空间和中断系统。各种片内外设及其访问方法将在第 7 章介绍。充分了解 DSP 内部硬件资源不仅是 DSP 硬件系统设计的基础，同时也是学习 DSP 编程的基础。

本章要点

- TMS320C54x 硬件组成框图
- TMS320C54x 总线结构
- TMS320C54x CPU 结构
- TMS320C54x 存储器空间
- TMS320C54x 中断系统

2.1　TMS320C54x 硬件组成框图

　　TMS320C54x（简称 C54x）是 TI 公司于 1996 年推出的新一代定点数字信号处理器。它采用先进的修正哈佛结构，片内共有 8 条总线（1 条程序存储器总线、3 条数据存储器总线和 4 条地址总线）、CPU、在片存储器和在片外围电路等硬件，加上高度专业化的指令系统，使 C54x 具有功耗小、高度并行等优点，可以满足电信等众多领域实时处理的要求。TMS320C54x DSP 的硬件组成框图如图 2-1 所示。

　　TMS320C54x 的主要特性为：

1. CPU
- 先进的多总线结构（1 条程序总线、3 条数据总线和 4 条地址总线）。
- 40 位算术逻辑运算单元（ALU），包括 1 个 40 位桶形移位寄存器和 2 个独立的 40 位累加器。
- 17 位×17 位并行乘法器，与 40 位专用加法器相连，用于非流水线式单周期乘法/累加（MAC）运算。
- 比较、选择、存储单元（CSSU），用于 Viterbi 操作的加法/比较选择。
- 指数编码器，可以在单个周期内计算 40 位累加器中数值的指数。
- 双地址生成器，包括 8 个辅助寄存器和 2 个辅助寄存器算术运算单元（ARAU）。

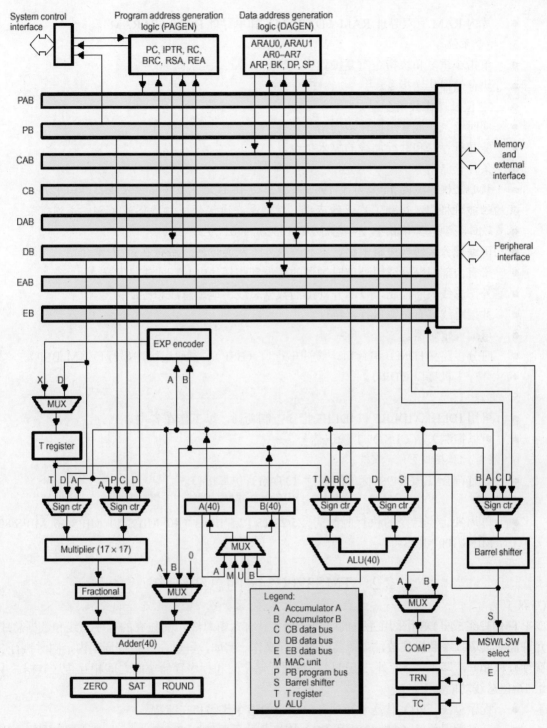

图 2-1　TMS320C54x DSP 的内部硬件组成框图

2. 存储器

● 64 K 字程序存储器、64 K 字数据存储器以及 64 K 字 I/O 空间。在 C548、C549、C5402、C5410 和 C5420 中程序存储器可以扩展。

● 片内 ROM，可配置为程序存储器和数据存储器。

- 片内 RAM 有双寻址 RAM（DARAM）和单寻址 RAM（SARAM）。

3. 指令系统

- 单指令重复和块指令重复操作。
- 块存储器传送指令。
- 32 位长操作数指令。
- 同时读入 2 或 3 个操作数的指令。
- 能并行存储和并行加载的算术指令。
- 条件存储指令。
- 从中断快速返回指令。

4. 在片外围电路

- 软件可编程等待状态发生器。
- 可编程分区转换逻辑电路。
- 带有内部振荡器或用外部时钟源的片内锁相环（PLL）时钟发生器。
- 外部总线关断控制，以断开外部的数据总线、地址总线和控制信号。
- 数据总线具有总线保持器特性。
- 可编程定时器。
- 时分多路（TDM）串行口，缓冲串行口（BSP），多通道缓冲串行口（McBSP）。
- 并行主机接口（HPl）。

5. 电源

- 可用 IDLE1、IDLE2 和 IDLE3 指令控制功耗，以工作在省电方式。
- 可以控制关断 CLKOUT 输出信号。

6. 在片仿真接口

- 具有符合 IEEEll49.1 标准的在片（JTAG）仿真接口。

7. 速度

- 单周期定点指令的执行时间为 25/20/15/12.5/10-ns（40 MIPS/50 MIPS/66 MIPS/80 MIPS/100 MIPS）。

2.2 TMS320C54x 的总线结构

TMS320C54x DSP 采用先进的哈佛结构并具有八组总线，其独立的程序总线和数据总线允许同时读取指令和操作数，实现高度的并行操作。例如，可以在单指令周期内，同时执行 3 次读操作和一次写操作。此外，还可以在数据存储空间和程序存储空间之间相互传送数据。八组 16-位总线功能如下：

- 程序总线（PB）传送从程序存储器来的指令代码和立即数。
- 三组数据总线（CB，DB 和 EB）连接各种元器件，如 CPU、数据地址产生逻辑、程序地址产生逻辑，片内外设和数据存储器。CB 和 DB 总线传送从数据存储器读出的操作数。EB 总线传送写入到存储器中的数据。
- 四组地址总线（PAB，CAB，DAB 和 EAB）传送执行指令所需要的地址。TMS320C54x 通过使用两个辅助寄存器算术单元（ARAU0 和 ARAU1），每周期能产生两个数据存储器地址。

TMS320C54x 有两个地址发生器：PAGEN（Program Address Generation Logic）和 DAGEN（Data Address Generation Logic）。PAGEN 包括程序计数器 PC、IPTR、块循环寄存器（RC、BRC、RSA 和 REA），这些寄存器可支持程序寻址。DAGEN 包括循环缓冲区大小寄存器 BK、数据页指针寄存器 DP、堆栈指针寄存器 SP、8 个辅助寄存器（AR0～AR7）和 2 个辅助寄存器算术单元（ARAU0 和 ARAU1），这些寄存器可支持数据寻址。

采用各自分开的数据总线分别用于读数据和写数据，这样允许 CPU 在同一个机器周期内进行 2 次读操作数和 1 次写操作数。独立的程序总线和数据总线允许 CPU 同时访问程序指令和数据。因此，在单周期内允许 CPU 利用 PAB/PB 取指一次、利用 DAB/DB 读取第一个操作数、利用 CAB/CB 读取第二个操作数和利用 EAB/EB 将操作数写入存储器。

TMS320C54x 还有一组寻址片内外设的片内双向总线，通过 CPU 接口中的总线交换器与 DB 和 EB 相连接。对这组总线的访问，需要两个或更多的机器周期来进行读和写，具体所需周期数由片内外设的结构决定。

表 2-1 列出各种寻址方式用到的总线。

表 2-1　各种寻址方式用到的总线

读/写方式	地址总线				程序总线	数据总线		
	PAB	CAB	DAB	EAB	PB	CB	DB	EB
程序读	✓				✓			
程序写	✓							✓
单数据读			✓				✓	
双数据读		✓	✓			✓	✓	
32 位长数据读		✓（hw）	✓（lw）			✓（hw）	✓（lw）	
单数据写				✓				✓
数据读/数据写			✓	✓			✓	✓
双数据读/系数读	✓	✓	✓				✓	✓
外设读			✓				✓	
外设写				✓				✓

注：hw=高 16 位字，lw=低 16 位字

2.3　中央处理单元（CPU）

对所有的 TMS320C54x 器件，中央处理单元（CPU）相同。CPU 基本组成如下：

● CPU 状态和控制寄存器
● 40 位算术逻辑单元（ALU）
● 两个 40 位累加器 A 和 B
● 桶形移位寄存器
● 乘法器/加法器单元
● 比较、选择和存储单元（CSSU）
● 指数编码器

2.3.1　算术逻辑单元（ALU）和累加器

TMS320C54x 使用 40-位的算术逻辑单元（ALU）和两个 40-位的累加器（ACCA 和 ACCB）来完成算术运算和逻辑运算，且大多数都是单周期指令。ALU 功能框图如图 2-2 所示。

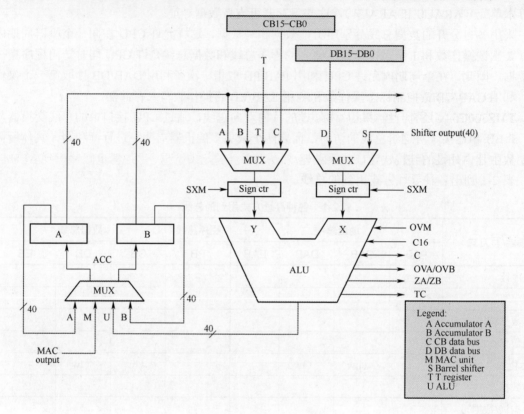

图 2-2　ALU 功能框图

1. 算术逻辑单元（ALU）

（1）ALU 的输入。其中 X 输入为以下 2 个数据中的一个，即①移位寄存器的输出；②来自数据总线 DB 的数据存储器操作数。

Y 输入为以下 3 个数据中的一个，即①累加器 A 或 B 中的数据；②来自数据总线 CB 的数据存储器操作数；③暂存器 T 中的数据。

当一个 16 位数据存储器操作数加到 40 位 ALU 的输入端时，若状态寄存器 ST1 的 SXM=0，则高位添 0；若 SXM=1，则数据进入 ALU 之前，高位扩展为符号。

（2）ALU 的输出。ALU 的输出为 40 位运算结果，被送到累加器 A 或 B。

（3）ALU 的控制位。

1）溢出处理 OVM 位。

ALU 的饱和逻辑可以对运算结果进行溢出处理。当发生溢出时，将运算结果调整为最大正数（正向溢出）或最小负数（负向溢出）。

① 若 OVM=0，则对 ALU 的运算结果不作任何调整，直接送入累加器；

② 若 OVM=1，则对 ALU 的运行结果进行调整。当正向溢出时，将 32 位最大正数 00 7FFFFFFFH 装入累加器；当负向溢出时，将 32 位最小负数 FF 80000000H 装入累加器。

③状态寄存器 ST0 中与目标累加器相关的溢出标志 OVA 或 OVB 被置 1。

2）进位位 C。

进位位 C 位于状态寄存器 ST0 中，进位位 C 受大多数 ALU 操作指令的影响，包括算术操作、循环操作和移位操作。进位位 C 用来指明是否有进位发生，用以支持扩展精度的算术运算或作为分支、调用、返回和条件操作的执行条件。

3）双 16 位算术运算 C16 位。

ALU 能起两个 16 位 ALU 的作用，即在状态寄存器 ST1 中的 C16 位置 1 时，可同时完成两个 16 位算术运算；C16=0，为双精度方式。

4）TC——测试/控制标志，位于 ST0 的 12 位。

5）ZA/ZB——累加器结果为 0 标志位。

2. 累加器 A 和 B

累加器 A 和 B 存放从 ALU 或乘法器/加法器单元输出的数据，累加器也能输出到 ALU 或乘法器/加法器中。A 和 B 都分为三个部分，如图 2-3 所示。

	39–32	31–16	15–0
累加器 A	AG	AH	AL
	保护位	高阶位	低阶位

	39–32	31–16	15–0
累加器 B	BG	BH	BL
	保护位	高阶位	低阶位

图 2-3　累加器组成

保护位作为数据计算时的数据位余量，防止迭代运算（如自相关）产生的溢出。AG、BG、AH、BH、AL 和 BL 都是存储器映像寄存器，可以用 PSHM 和 POPM 指令压入堆栈和弹出堆栈。累加器 A 和 B 的差别仅在于累加器 A 的 31～16 位可以作为乘法器的一个输入。

2.3.2　桶形移位器

图 2-4 所示为桶形移位器的功能框图。其输入可以为：①从 DB 获得 16 位操作数；②从 DB 和 CB 获得 32 位操作数；③从累加器 A 或 B 获得 40 位操作数。

其输出连到 ALU 或经过 MSW/LSW（最高有效字/最低有效字）写选择单元至 EB 总线。

根据 SXM 位控制操作数进行符号位的扩展。当 SXM=1 时，完成符号位扩展；当 SXM=0 时，禁止符号位扩展。若操作数为无符号数，则不考虑 SXM 位，不执行符号位的扩展。

桶形移位器能把输入的数据进行 0 到 31 位的左移或 0 到 16 位的右移，移位数用二进制补码表示，正值进行左移，负值进行右移。所移的位数可以有三种方式：

①用一个立即数定义，取值范围：-16～15。

②也可以由 ST1 中的移位数域（ASM）0-4 位，共 5 位，取值范围：-16～15。

③被指定作为移位数寄存器的暂存器 T 的低 6 位数值，取值范围：-16～31。

这种移位能力使处理器能完成数字定标、位提取、对累加器归一化处理等操作。

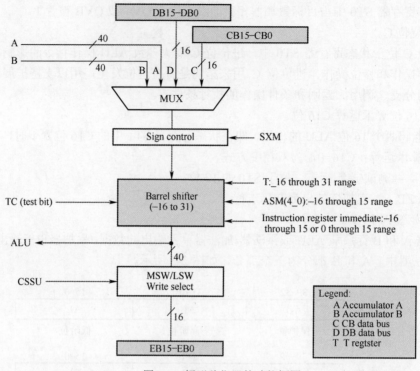

图 2-4　桶形移位器的功能框图

2.3.3　乘法器/加法器单元

C54x CPU 有一个 17×17 位的硬件乘法器，与 40 位的专用加法器相连，可以在单周期内完成一次乘法累加运算，在数字滤波以及自相关等运算中，使用乘法累加运算指令（MAC）可以大大提高系统的运算速度。其功能框图如图 2-5 所示。

1. 乘法器的两个输入

XM 是从 T 寄存器、数据存储器操作数（DB 总线）、累加器 A（32～16 位）中选择；YM 则从程序存储器（PB 总线）、数据存储器（CB 和 DB 总线）、累加器 A（32～16 位）或立即数中选择。

乘法器可完成有符号数和无符号数的乘法运算。若是有符号数，则在进行乘法运算之前，先进行符号位扩展，形成 17 位有符号数，扩展的方法是在每个乘数的最高位前增加一个符号位，其值由乘数的最高位决定，即正数为 0，负数为 1；而无符号数在最高位前面添加 0，然后将两个操作数相乘。

2. 乘法器的输出

乘法器的输出经小数/整数乘法（FRCT）输入控制后加到加法器的一个输入端，加法器的另一个输入端来自累加器 A 或 B。

由于乘法器在进行两个 16 位二进制补码相乘时会产生两个符号位，在状态寄存器 ST1 中设置了小数方式控制位 FRCT，当工作在小数乘法方式（FRCT=1）时，乘法结果自动左移一位，消去多余的符号位。

3. 加法器

在使用乘法累加运算指令中，加法器用来完成乘积项的累加运算。加法器还包括零检测器、舍入器（二进制补码）及溢出/饱和逻辑电路。舍入器用来对运算结果进行舍入处理，即将目标累加器中的内容加上 2^{15}，然后将累加器的低 16 位清零。在一些乘法、乘累加（MAC）、乘减（MAS）指令的后面加上后缀 R，就可以执行四舍五入操作。

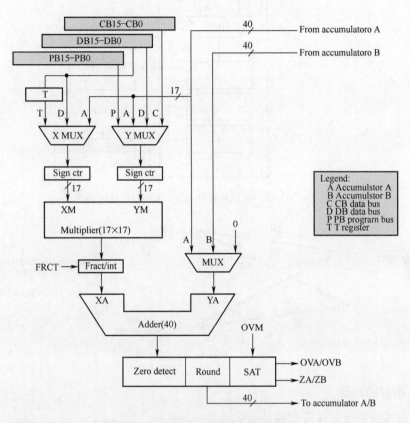

图 2-5 乘法器/加法器单元功能框图

2.3.4 比较、选择和存储单元（CSSU）

比较、选择和存储单元（CSSU）是专门为 Viterbi 算法设计的加法/比较/选择（ACS）操作的硬件单元。功能框图如图 2-6 所示。

CSSU 使得 C54x 支持均衡器和信道译码器中所用的各种 Viterbi 算法，Viterbi 算法示意图如图 2-7 所示。Viterbi 算法的加法/比较/选择（ACS）操作的两次加法运算由 ALU 完成。将 ST1 中的 C16 置为 1，ALU 被设为双 16 位工作模式，就可以在一个机器周期内同时完成两次加法运算。两次加法运算的结果（Met1+D1）和（Met2+D2）分别放在累加器的高 16 位和低 16 位。CSSU 通过 CMPS 指令完成比较、选择操作，例如：

CMPS B,*AR3

完成累加器 B 的高位字和低位字之间的比较，并选择累加器中较大的字存储在数据存储器中。如果 B(31-16)>B(15-0)，则将 B(31-16)送入(*AR3)，同时 TRN 左移 1 位，将 0 存入 TRN 的第 0 位及 ST0 的 TC 位；否则将 B(15-0)送入(*AR3)，同时 TRN 左移 1 位，将 1 存入 TRN 的第 0 位及 ST0 的 TC 位。比较结果分别送入 TRN 和 TC 中，TRN 记录路径转换到新状态的信息，这些信息可以用于回溯跟踪程序，以得到最优路径，由最优路径进行解码。这样，利用优化的片内硬件促进 Viterbi 型蝶形运算。

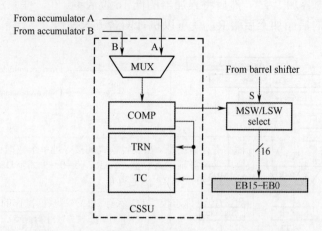

图 2-6 比较、选择和存储单元（CSSU）功能框图

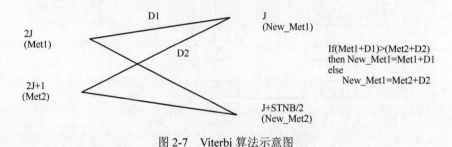

图 2-7 Viterbi 算法示意图

2.3.5 指数编码器

指数编码器是用于支持单周期指令 EXP 的专用硬件。在 EXP 指令中，累加器中的指数值能以二进制补码的形式（-8～31）存储在 T 寄存器中。指数值定义为前面的冗余符号位数减 8 的差值，即累加器中为消除非有效符号位所需移动的位数，冗余符号位数为 40 减去包含一位符号位的有效位数。当累加器中的值超过了 32 位时，指数为负值。

EXP 指令和 NORM 指令利用指数编码器和桶形移位寄存器，对累加器中的数值进行归一化处理。NORM 指令可以根据 T 寄存器中的值，在单周期内对累加器的值进行移位。如果 T 寄存器的值为负，则对累加器中内容进行右移，该操作可以对超过 32 位的累加器值进行归一化处理。例如，假定 A=FF FFFF F001 H

```
EXP    A               ;（冗余符号位- 8）→T 寄存器，即 13H→T 寄存器
ST     T, EXPONENT     ;将 T 中的指数值存到数据存储器中
NORM A                 ;对累加器 A 归一化（A 按 T 中值移位，左移 19 位）
```
执行上述指令后，A=FF 8008 0000 H。

2.3.6 CPU 状态和控制寄存器

TMS320C54x 有三个状态和控制寄存器，它们分别为：状态寄存器 ST0、状态寄存器 ST1 和处理器方式状态寄存器 PMST。ST0 和 ST1 包括了各种工作条件和工作方式的状态，PMST 包括了存储器配置状态和控制信息。

状态寄存器 ST0 的位结构如图 2-8 所示，表 2-2 是 ST0 的说明。

15~13	12	11	10	9	8~0
ARP	TC	C	OVA	OVB	DP

图 2-8　状态寄存器 ST0 位结构

表 2-2　状态寄存器 ST0

位	名称	复位值	说明
15~13	ARP	0	辅助寄存器指针。在兼容模式间接寻址单个数据存储器操作数时，这 3 位用于选择辅助寄存器号 ARx, x=0~7。当 DSP 工作在标准模式时（CMPT=0），ARP 总是为 0
12	TC	1	测试/控制标志位。TC 保存 ALU 测试位操作的结果，受指令 BIT、BITF、BITT、CMPM、CMPR、CMPS 和 SFTC 指令的影响。可以由 TC 的状态（1 或 0）决定条件分支、子程序调用及返回指令是否执行。当满足下列条件之一时，TC=1： • BIT 或 BITT 指令测试的位为 1 • CMPM、MPR 或 CMPS 比较指令条件成立时 • SFTC 指令测试累加器的第 31 位和第 30 位彼此不同时
11	C	1	进位位。加法运算产生进位时置为 1，减法运算产生借位时清为 0。否则加法后被复位，减法后被置位，带移位的加、减除外。进位和借位都是指 ALU 的运算，且定义在第 32 位的位置上。移位和循环指令也影响进位位
10	OVA	0	累加器 A 溢出标志。当 ALU 或乘/加运算的加法器发生溢出，且运算结果在累加器 A 中时，OVA 置 1，且一直保持 1 直到复位或利用 AOV 和 ANOV 条件执行 BC[D]、CC[D]、RC[D]或 XC 指令为止。RSBX 指令能清 OVA 位
9	OVB	0	累加器 B 溢出标志
8~0	DP	0	9 位数据存储器页指针。DP 的 9 位数作为高位将指令中的低 7 位作为低位结合，形成 16 位直接寻址方式下的数据存储器地址。这种寻址方式要求 ST1 中的编译方式位 CPL=0。DP 字段可用 LD 指令加载一个短立即数或从数据存储器加载

状态寄存器 ST1 的位结构如图 2-9 所示，表 2-3 是 ST1 的说明。

15	14	13	12	11	10	9	8	7	6	5	4~0
BRAF	CPL	XF	HM	INTM	0	OVM	SXM	C16	FRCT	CMPT	ASM

图 2-9　状态寄存器 ST1 的位结构

表 2-3　状态寄存器 ST1

位	名称	复位值	说明
15	BRAF	0	块重复操作标志。 BRAF=0，表示块重复操作无效，当块重复计数器（BRC）减到低于 0 时，BRAF 被清零 BRAF=1，表示正在进行块重复操作，当执行 RPTB 指令时，BRAF 被自动置位

位	名称	复位值	说明
14	CPL	0	编辑方式。CPL=0，直接寻址时 DP 作页指针；CPL=l，直接寻址时 SP 作页指针
13	XF	1	XF 引脚状态位，表示外部 XF 引脚的状态。SSBX 指令可以使 XF 引脚置位，RSBX 指令可以 XF 引脚复位
12	HM	0	保持方式位。当处理器响应 $\overline{\text{HOLD}}$ 信号时，HM 指示处理器是否继续执行内部操作。HM=0，继续执行内部操作，外部接口置成高阻状态；HM=1，暂停内部操作
11	INTM	1	全局中断屏蔽。1 为禁止（关闭）所有中断；0 为开放中断。INTM 可分别由 SSBX 和 RSBX 指令置位和复位
10		0	此位总是读为 0
9	OVM	0	溢出方式位。 OVM=0 时，当 ALU 或乘/加运算的加法器的溢出结果，象正常情况一样加到目的累加器 OVM=1 时，发生溢出时，目的累加器置成正的最大值（00 7FFF FFFFh）或负的最大值（FF 8000 0000h） OVM 可分别由 SSBX 和 RSBX 指令置位和复位
8	SXM	1	符号扩展方式位。SXM=0，禁止符号扩展；SXM=1，数据进入 ALU 之前进行符号扩展。SXM 可分别由 SSBX 和 RSBX 指令置位和复位
7	C16	0	双字/双精度运算方式位。C16=0，ALU 工作于双精度算术运算方式；C16=1，ALU 工作于双 16 位算术运算方式
6	FRCT	0	小数方式位。FRCT=1，小数方式，乘法器输出左移一位，消去相乘时产生的冗余符号位
5	CMPT	0	兼容（Compatibility）方式位。 CMPT=0（标准方式），在间接寻址单个数据存储器操作数时，ARP 值不进行更新。在这种工作方式时，ARP 必须置 0 CMPT=1（兼容方式），在间接寻址单个数据存储器操作数时，ARP 值随使用辅助寄存器的不同进行更新修正，当指令选择 AR0 时除外
4～0	ASM	0	累加器移位方式。占 5 位，规定从-16 至 15 的移位数（2 的补码），可以用 LD 指令（短立即数）对 ASM 加载或从数据存储器加载

注意：①ST0、ST1 中某一位若可以复位或置位，均可用指令 RSBX 和 SSBX；②对其中几位赋值均可用 LD 指令，如：LD #立即数，DP（ASM，IPTR）。

处理器方式状态寄存器 PMST 的位结构如图 2-10 所示，表 2-4 是 PMST 的说明。

15–7	6	5	4	3	2	1	0
IPTR	MP/$\overline{\text{MC}}$	OVLY	AVIS	DROM	CLKOFF+	SMUL+	SST+

图 2-10　处理器方式状态寄存器 PMST 的位结构

表 2-4　状态寄存器 PMST

位	名称	复位值	说明
15～7	IPTR	1FFH	中断矢量页地址（16 位地址的高 9 位），指示中断向量所驻留的 128 字程序存储器的位置，复位值为 1FFH，相当于指向 FF80H。在自举加载操作时，用户可以将中断向量重新映像到 RAM。RESET 指令不影响此字段

位	名称	复位值	说明
6	MP/$\overline{\text{MC}}$	X	微处理器/微计算机工作方式位。 MP/$\overline{\text{MC}}$=0，微计算机模式，允许使能并寻址片内 ROM MP/$\overline{\text{MC}}$=1，微处理器模式，不能使用片内 ROM 复位时，采样 MP/$\overline{\text{MC}}$ 引脚上的逻辑电平，并且将 MP/$\overline{\text{MC}}$ 位置成此值。直到下一次复位，不再对 MP/$\overline{\text{MC}}$ 引脚再采样。RESET 指令不影响此位。MP/$\overline{\text{MC}}$ 位也可以用软件的办法置位或复位
5	OVLY	0	片内 RAM 是否映射到程序空间，OVLY 可以允许片内双寻址数据 RAM 块映射到程序空间。 OVLY=0，只能在数据空间而不能在程序空间寻址片内 RAM OVLY=1，片内 RAM 可以映像到程序空间和数据空间，但是数据页 0（0h～7Fh）不能映像到程序空间
4	AVIS	0	地址可见位。片内程序地址是否输出到芯片管脚，AVIS 允许/禁止在地址引脚上看到内部程序空间的地址线。 AVIS=0，外部地址线不能随内部程序地址一起变化。控制线和数据不受影响，地址总线受总线上的最后一个地址驱动 AVIS=1，让内部程序存储空间地址线出现在 C54X 的引脚上，从而可以跟踪内部程序地址。当中断向量驻留在片内存储器时，可以连同 $\overline{\text{IACK}}$ 引脚一起对中断向量译码
3	DROM	0	数据 ROM 位。DROM 可以让片内 ROM 映像到数据空间 DROM=1，映射片内部分 ROM 到数据空间 DROM=0，片内 ROM 不能映射到数据空间
2	CLKOFF	0	CLKOUT 输出关断位。CLKOFF=1，关闭 CLKOU 管脚输出，保持高电平
1	SMUL*		乘法溢出处理。当 SMUL=1，且 OVM=1，FRCT=1 时，对 MAC（乘累加）和 MAS（乘累减）指令的操作，在进行后续加/减之前，8000Hx8000H 的结果被调整为 7FFFFFFH，这等同于在 OVM=1 下 MPY+ADD 指令，如果只有 OVM=1，而 SMUL 不为 1，只在加/减结果后作溢出调整
0	SST*		存储溢出处理，用来决定累加器中的数据在存储到存储器之前，是否需要饱和处理。当 SST=1，累加器中数据在存储到数据空间之前进行溢出调整，若指令要求累加器中的数据移位，饱和操作是在移位操作完成之后进行的

注意：*仅 LP 器件有此状态位，所有其他器件均为保留位。

2.4　TMS320C54x 的存储器分配

2.4.1　存储器空间

　　一般来说，TMS320C54x 存储器由三个独立可选择空间组成：64K 程序存储空间、64K 数据存储空间、64K 的 I/O 存储空间。程序存储器空间包括程序指令和程序中所需的常数表格；数据存储器空间用以存储需要程序处理的数据或程序处理后的结果；I/O 口空间用以与外部存储器映像的外设接口。

　　所有的 TMS320C54x 芯片片内都包括随机访问存储器（RAM）和只读存储器（ROM）。RAM 又分两种：双访问 RAM（DARAM）和单访问 RAM（SARAM）。片内 DARAM 分成若干块，每一个块可以在一个机器周期内读两次或读一次写一次，这样的好处是可以在一个机器周期内从一个 DARAM 块中读取两个操作数和将数据写入另一个 DARAM 块中。SARAM 也分成若干块，但在一个机器周期内只能读一次或写一次。

与外部存储器相比，片内存储器不需要插入等待状态、成本低、功耗小。但是片内存储器的资源有限，当片内存储器资源不能满足要求时，就需要进行外部存储器扩展。片内、片外程序空间统一编址，片内、片外数据空间统一编址，当 CPU 产生的数据地址在片内存储器范围，就直接对片内存储器寻址，否则，CPU 自动对片外存储器寻址。C54x 系列芯片中，不同型号芯片片内存储器的容量不同，表 2-5 列出各种型号 C54x 芯片片内存储器的容量。

表 2-5 各种型号 C54x 片内存储器的容量（字）

存储器类型	C541	C542	C543	C545	C546	C548	C549	C5402	C5410	C5420
ROM	28K	2K	2K	48K	48K	2K	16K	4K	16K	0
程序 ROM	20K	2K	2K	32K	32K	2K	16K	4K	16K	0
程序/数据 ROM	8K	0	0	16K	16K	0	16K	4K	0	0
DARAM	5K	10K	10K	6K	6K	8K	8K	16K	8K	32K
SARAM	0	0	0	0	0	24k	24K	0	56K	168K

片内 ROM 和 RAM 映射到程序空间还是数据空间，根据用户的设置非常灵活。RAM 一般映像在数据存储器空间，但也可以安排在程序存储空间，而 ROM 则映像在程序存储器空间，但也可部分地映像到数据存储器空间。TMS320C54x 有三位设置位用以配置片内存储器。

MP/$\overline{MC}$ 位：MP/$\overline{MC}$=0，则片内 ROM 映像在程序存储器空间；MP/$\overline{MC}$=1，则片内 ROM 不映像在程序存储器空间。

OVLY 位：OVLY=1，则片内 RAM 分别映像在程序存储器空间和数据存储器空间；OVLY=0，则片内 RAM 只映像在数据存储器空间。

DROM 位：DROM=1，则片内 ROM 的一部分映像在数据存储器空间；DROM=0，则片内 ROM 的使用取决于 MP/$\overline{MC}$ 位。

MP/$\overline{MC}$ 位、OVLY 位和 DROM 位在微处理器的方式状态寄存器（PMST）中。C5000 系列 DSP，不同型号 DSP 芯片，片内存储器容量不等，存储器的空间组织也不一致，如图 2-11 所示为 TMS320VC5402 存储器分配图。

2.4.2 程序存储器

TMS320C54x 外部程序存储器可寻址 64K 字空间，有些芯片采用分页扩展的方法，使程序空间可以扩展到 1M 字～8M 字空间。通过 MP/$\overline{MC}$ 和 OVLY 位的设置，可以实现对片内存储器（ROM、RAM）的配置，即哪些片内存储器映像在程序存储器空间，结合图 2-11 可以理解 MP/$\overline{MC}$ 和 OVLY 位的含义。

1. 片内存储器（ROM、RAM）的配置

在器件复位时，MP/$\overline{MC}$ 引脚上的逻辑电平被采样并存储到寄存器 PMST 的 MP/$\overline{MC}$ 位。MP/$\overline{MC}$ 位的状态可以确定片内 ROM 的使能与否。如果 MP/$\overline{MC}$=1，器件设置为微处理器工作模式，片内 ROM 在程序存储空间不被使能，则从外部程序存储器 0FF80H 起执行程序；如

果 MP/$\overline{\text{MC}}$=0，器件设置为微计算机工作模式，片内 ROM 被映像到程序存储器空间，则从片内 ROM 的 0FF80H 起执行程序，对于 C5402 其片内的 4K ROM 映像到程序存储器空间地址范围 F000H～FFFFH。

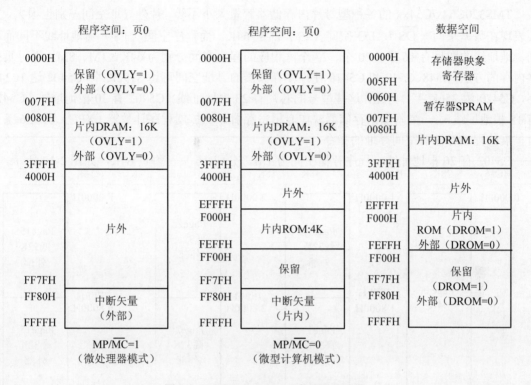

图 2-11　TMS320VC5402 存储器分配图

在复位时，如果片内 RAM（包括 DARAM 和 SARAM）没有映像到程序存储器空间，用户可以通过对寄存器 PMST 的 OVLY 位的设置来配置它们。如果使 OVLY=0，则片内 RAM 只映像在数据存储器空间；如果 OVLY=1，则片内 RAM 同时映像在程序存储器空间和数据存储器空间，16K 片内 RAM 映像到程序存储器空间地址范围 0000H～3FFFH，注意其中 0000H～007FH 保留，程序不能占用。这样设置的优点是程序可以在内部的 RAM 全速运行。

2．片内 ROM 内容

片内 ROM 有些地址范围是 TI 预先做好的，用户不能改变，但可以使用，对于 C542、C543、C548、C549、C5402、C5410，其高 2K 字 ROM 的分布如下：

F800～FBFFH　引导程序，上电复位后，DSP 执行此引导程序，将用户代码从外部读入，拼装好后放在用户指定的地址；

FC00～FCFFH　256 字 µ 律扩展表；

FD00～FDFFH　256 字 A 律扩展表；

FE00～FEFFH　256 字 sine 表；

FF00～FF7FH　保留（机内自检程序）；

FF80～FFFFH　中断矢量表，FF80H 是复位向量，DSP 复位后，首先执行 FF80H 的指令，FF80H 处存放的是矢量表，是一条跳转指令，跳转到 ROM 中的引导程序。

器件复位时，复位、中断和陷阱中断的向量映像在地址 FF80H 开始的程序存储器空间。

复位后，这些向量可以被重新映像在程序存储器空间任何 128 字页的开始。这样，可以把向量表移出引导 ROM，并重新配置其地址。

3. 程序存储器空间扩展

TMS320C54x/C54xx 的各种型号片内存储器容量大小不等，片外寻址空间差别也很大，主要表现在数据空间（$\overline{DS}$）、I/O 空间（$\overline{IS}$）都是 64K，而程序空间（$\overline{PS}$）随地址线不同而不同。地址线的数目有 16 个、20 个、23 个，相应的程序空间分别为 64K、1M、8M。通过页扩展内存的方法，C548、C549 和 C5410 使程序存储器的寻址空间可达 8192K 字，C5402 达 1024K 字，C5420 达 256K 字。为此，这些型号的芯片有 23 根地址线（C5402 有 20 根地址线，C5420 有 18 根地址线）、一个附加的存储器映像专用寄存器——扩展程序计数器（XPC）以及 6 条可对扩展的程序存储器空间寻址的指令。

C5402 有 20 根地址线，程序存储空间为 1M，分成 16 页，每页 64K，如图 2-12 所示。

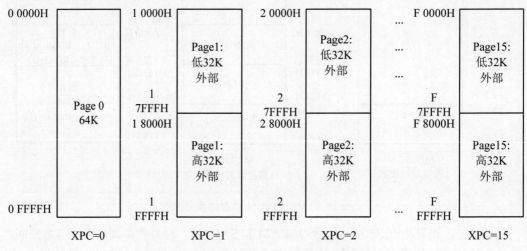

图 2-12　TMS320C5402 扩展程序存储器图

当片内 RAM 不映像在程序存储器空间，即 OVLY=0 时，页 1 到页 15 的低 32K 字为外部扩展程序存储器；当片内 RAM 映像在程序存储器空间，即 OVLY=1 时，程序存储空间所有页的低 32K 字都映像到片内 RAM。

由寄存器 XPC 决定扩展程序存储器的页号，该寄存器映像在数据存储器空间，其地址为 001Eh。器件复位时，XPC 的内容初始化为 0。

当片内 ROM 处于使能状态（即 MP/$\overline{MC}$=0）时，片内 ROM 仅在 0 页内有效，不映像到其他页面中去。

2.4.3　数据存储器

C54x 的数据存储器空间为 64K 字。不仅片内 DARAM 和 SARAM，可以映像到数据存储器空间（对于 C5402 片内 16K RAM 映像到数据空间的地址范围是 0000H～3FFFH），还可以通过对 PMST 的 DROM 位的设置，将部分片内 ROM 配置在数据存储器空间。

DROM=1，部分片内 ROM 映像到数据存储空间，即 F000H～FEFFH 定义为内部 ROM，FF00H～FFFFH 保留。

DROM=0，内部 ROM 不映像到数据空间，F000H～FFFFH 定义为外部存储器。

为了提高并行能力，片内 DARAM 细分成若干个数据块，每 80H（128）个存储单元为一个数据块，称为一页，数据页指针 DP 记录数据存储器的高 9 位地址。其中第 0 页（0000H～007FH）：0000H～001FH 是存储器映像 CPU 寄存器地址，0020H～005FH 是存储器映像片内外设寄存器的地址，0060H～007FH 是 32K 字暂存寄存器。表 2-6 是 TMS320VC5402 常用 CPU 寄存器和一些外设寄存器的地址映像表。有关串口、DMA 寄存器在表中未列出，其映像地址请参考第 7 章的有关内容。

表 2-6　存储器映像寄存器

名称	地址	说明
IMR	0	中断屏蔽寄存器
IFR	1	中断标志寄存器
ST0	6	状态寄存器 0
ST1	7	状态寄存器 1
AL	8	累加器 A 低 16 位
AH	9	累加器 A 高 16 位
AG	AH	累加器 A 最高 8 位
BL	BH	累加器 B 低 16 位
BH	CH	累加器 B 高 16 位
BG	DH	累加器 B 最高 8 位
TREG	EH	暂存器
TRN	FH	状态转移寄存器
AR0～7	10H～17H	辅助寄存器
SP	18H	堆栈指针
BK	19H	循环缓冲大小
BRC	1AH	块重复计数器
RSA	1BH	块重复起始地址寄存器
REA	1CH	块重复终止地址寄存器
PMST	1DH	处理器方式状态寄存器
XPC	1EH	扩展程序计数器
TIM	24H	定时器 0 寄存器
PRD	25H	定时器 0 周期寄存器
TCR	26H	定时器 0 控制寄存器
SWWSR	28H	软件等待状态寄存器
BSCR	29H	分区转换控制寄存器
SWCR	2BH	软件等待状态控制寄存器
HPIC	2CH	主机接口控制寄存器
TIM1	30H	定时器 1 寄存器
PRD1	31H	定时器 1 周期寄存器
TCR1	32H	定时器 1 控制寄存器
GPIOCR	3CH	通用 I/O 控制寄存器，控制主机接口和 TOUTl
GPIOSR	3DH	通用 I/O 状态寄存器，主机接口作通用 I/O 时有用
CLKMD	58H	时钟方式寄存器

有几个寄存器未映像到存储器地址上，它们是程序计数器 PC，又称 PC 指针；主机接口寄存器 HPIA 和 HPID，DSP 无法访问，只能被主机访问。所有映射到数据存储器地址的寄存器统称为存储器映像寄存器（MMR），采用存储器映射的方法，可以简化 CPU 和片内外设的访问方式，使程序对寄存器的存取、累加器与其他寄存器之间的数据交换变得方便。寻址存储器映像 CPU 寄存器不需要插入等待周期，寻址存储器映像片内外设寄存器需要插入 2 个机器周期。

2.4.4　I/O 存储器

除程序存储器空间和数据存储器空间外，C54x 系列器件还提供 I/O 存储器空间，I/O 口空间用以与外部存储器映象的外设接口。I/O 存储器空间为 64K 字（0000h～FFFFh），有两条指令 PORTR 和 PORTW 可以对 I/O 外设寻址，读写时序与程序存储器空间或数据存储器空间有很大的不同。详见第 7 章的有关内容。

2.5　TMS320C54x 片内外设简介

1. 通用 I/O 引脚

TMS320C54x 通过它的 I/O 空间提供通用 I/O 口。C54x 有两根软件可控制的 I/O 线，分别是跳转控制输入引脚 $\overline{BIO}$ 和外部标志输出引脚 XF。

$\overline{BIO}$ 引脚可用于监视外部接口器件的状态，特别是在不允许打断的、时间要求严格的程序中，$\overline{BIO}$ 可用于替代中断，程序可以根据 $\overline{BIO}$ 的输入状态有条件地跳转。

外部标志输出引脚 XF 可用于指示 CPU 的状态，用于与外部接口器件的握手。XF 信号可以由软件控制。通过对 ST1 中的 XF 位置 1（SSBX　XF）得到高电平，清除（RSBX　XF）而得到低电平。

2. 定时器

TMS320C54x 带有定时器电路，每个定时器有一个 4 位预分频器 PSC 和一个 16 位定时计数器 TIM。CLKOUT 时钟先经 PSC 预分频后，用分频的时钟再对 TIM 作减 1 计数，当 TIM 减为 0 时，将在定时器输出管脚 TOUT 上产生一个脉冲，同时产生定时器中断请求。

3. 时钟发生器

系统设计者可以选择器件的时钟源。器件的时钟可以来自晶体振荡器：在引脚 X1 和 X2/CLKIN 接一枚晶体，内部振荡器就可以工作；器件的时钟还可以来自外部时钟：外部时钟直接从 X2/CLKIN 引脚输入，X1 脚悬空。

TMS320C54x 的时钟发生器包括一个内部的振荡器和一个锁相环（PLL）电路。目前，TMS320C54x 系列有两种锁相环电路，有的型号是可硬件设置的锁相环电路，有的是软件可编程锁相环电路。PLL 可以使 TMS320C54x 的外部时钟信号频率比 CPU 机器时钟（CLKOUT）频率低。

4. 主机接口（HPI）

在 C54x 系列中，只有 542，545，548 和 549 提供了标准 8 位 HPI 接口。C54xx 系列都提供了 8 位或 16 位的增强 HPI 接口。外部主机或主处理器可以通过 HPI 接口读写 C54x 的片内 RAM，从而大大提高数据交换能力。

标准 HPI 接口中外部主机只能访问固定位置的 2K 大小的片内 RAM，而增强 HPI 接口可以访问整个内部 RAM。增强 8 位 HPI 只有同步模式，而标准 8 位 HPI 有异步模式，即可以在 DSP 的时钟 CLOCK 不工作时访问内部 RAM。在增强模式中，主机和 C54x 都能访问 RAM，而标准模式中，可以实现 RAM 的选择访问。

5. 串行口

TMS320C54x 配备了若干灵活性很强的串行接口，这些串口可提供全双工、双向的通信功能，可与编解码器、串行 A/D 转换器和其他串行器件通信。串行接口也可以用于微处理器之间的通信，特别是时分多路串行接口（TDM），尤其适合于多微处理器系统中的相互通信。TMS320C54x 系列有 4 种类型的串行接口：标准同步串行接口（SP）、缓冲串行接口（BSP）、时分多路串行接口（TDM）和多通道缓冲串口（McBSP）。缓冲串行接口（BSP）是在标准同步串行接口的基础上增加了一个自动缓冲单元（ABU），ABU 利用独立于 CPU 的专用总线，让串行口直接读写 TMS320C54x 的内部存储器。利用时分多路（TDM）串口，TMS320C54x 可以与多达 7 个其他器件进行串行通信，因此，TDM 接口为多处理器应用提供了一种简单而有效的接口，时分多路是把时间分成若干间期，周期性地按顺序与不同器件通信。

6. 软件可编程等待状态发生器

软件可编程等待状态发生器可以将外部总线周期扩展到 14 个机器周期，以使 TMS320C54x 与低速外部设备接口。

7. 可编程分区转换逻辑

可编程分区转换逻辑允许 TMS320C54x 在外部存储器分区之间切换时不需要外部为存储器插等待状态。

关于 TMS320C54x 片内外设的详细内容请参见第 7 章。

2.6　TMS320C54x 中断系统

中断由硬件或软件驱动产生，这些中断使 C54x 暂时停止主程序的执行而转去执行中断服务程序（ISR）。一般中断是由硬件设备产生的，这些硬件设备需要给 C54x 写入数据或从 C54x 中取数（如 ADC、DAC 或其他处理器），也可以用一些特殊的信号（如完成计数的定时器）请求中断。

1. 中断类型

C54x 支持软件中断和硬件中断。软件中断由程序指令产生（INTR、TRAP 或 RESET）。硬件中断由设备的一个信号产生，包括两种类型：①外部硬件中断由外部中断口的信号触发；②内部硬件中断由片内外设的信号触发。

当多个硬件中断同时请求时，C54x 根据优先权不同对其进行响应，C5402 中断源的中断向量及硬件中断优先权如表 2-7 所示，其中 1 具有最高优先权。

表 2-7　C5402 中断源的中断向量及硬件中断优先权

中断号 K	优先权	中断名称	地址	功能
0	1	$\overline{\text{RS}}$ /SINTR	00H	复位（硬件和软件复位）
1	2	$\overline{\text{NMI}}$ /SINT16	04H	非屏蔽中断
2	-	SINT17	08H	软件中断 17
3	-	SINT18	0CH	软件中断 18

续表

中断号 K	优先权	中断名称	地址	功能
4	-	SINT19	10H	软件中断 19
5	-	SINT20	14H	软件中断 20
6	-	SINT21	18H	软件中断 21
7	-	SINT22	1CH	软件中断 22
8	-	SINT23	20H	软件中断 23
9	-	SINT24	24H	软件中断 24
10	-	SINT25	28H	软件中断 25
11	-	SINT26	2CH	软件中断 26
12	-	SINT27	30H	软件中断 27
13	-	SINT28	34H	软件中断 28
14	-	SINT29	38H	软件中断 29
15	-	SINT30	3CH	软件中断 30
16	3	$\overline{INT0}$/SINT0	40H	外部用户中断 0
17	4	$\overline{INT1}$/SINT1	44H	外部用户中断 1
18	5	$\overline{INT2}$/SINT2	48H	外部用户中断 2
19	6	TINT0/SINT3	4CH	定时器 0 中断
20	7	BRINT0/SINT4	50H	McBSP0 接收中断
21	8	BXINT0/SINT5	54H	McBSP0 发送中断
22	9	DMAC0/SINT6	58H	DAM 0 通道中断
23	10	TINT1/DMAC1/SINT7	5CH	定时器 1 中断（默认）或 DAM 1 通道中断
24	11	$\overline{INT3}$/SINT8	60H	外部用户中断 3
25	12	HPINT/SINT9	64H	HPI 中断
26	13	BRINT1/DMAC2/SINT10	68H	McBSP1 接收中断（默认）或 DAM 2 通道中断
27	14	BXINT1/DMAC3/SINT11	6CH	McBSP1 发送中断（默认）或 DAM 3 通道中断
28	15	DMAC4/SINT12	70H	DAM 4 通道中断
29	16	DMAC5/SINT13	74H	DAM 5 通道中断
	-	保留	78H～7FH	保留

中断又分为可屏蔽中断和非屏蔽中断。

（1）可屏蔽中断。可以用软件来屏蔽或开放的中断。C54x 最多可以有 16 个用户可屏蔽中断（SINT15～SINT0），有的处理器只用到了其中的一部分，例如，C5402 用这些中断中的14 个（其他的在内部置为高）。由于这些中断中有些可以用软件或硬件初始化，所以会有两个名字。对于 C5402，这些中断的硬件名是：$\overline{INT3}$ ～ $\overline{INT0}$（外部用户中断）；BRINT0、BXINT0、BRINT1 和 BXINT1（缓冲串口中断）；TINT0～TINT1（定时器中断）；HPINT（HPI 接口中断）；DMAC0、DMAC4、DMAC5（DMA 通道中断）。

（2）非屏蔽中断。这些中断不能被软件屏蔽。C54x 总能响应这类中断、响应中断后转去执行中断服务程序。C54x 非屏蔽中断包括所有的软件中断和两个外部硬件中断：$\overline{RS}$（reset）和 $\overline{NMI}$（$\overline{RS}$ 和 $\overline{NMI}$ 也可以用软件设置）。$\overline{RS}$ 是对 C54x 所有操作方式都有影响的非屏蔽中断，而 $\overline{NMI}$ 不影响 C54x 操作方式，但 $\overline{NMI}$ 中断响应时，所有其他中断将被禁止。

2. 中断标志寄存器（IFR）和中断屏蔽寄存器（IMR）

中断标志寄存器（IFR）是存储器映象的 CPU 寄存器。一个可屏蔽中断在 IFR 中有其相应的中断标志位，当 CPU 接收到可屏蔽中断请求时，IFR 相应的位置 1，直到中断得到处理为止。如图 2-13 所示为 C5402 中断标志寄存器（IFR）结构图。

15	14	13	12	11	10	9	8	7	6	5	4	3	2	1	0
Resvd		DMAC5	DMAC4	BXINT1 or DMAC3	BRINT1 or DMAC2	HPINT	INT3	TINT1 or DMAC1	DMAC0	BXINT0	BRINT0	TINT0	INT2	INT1	INT0

图 2-13　中断标志寄存器（IFR）结构图

下面四种方法可以清除中断标志：

- C54x 复位（$\overline{RS}$ 为低电平）。
- 中断得到处理。
- 将 1 写到 IFR 中的适当位（相应的位变为 0），相应的未处理完的中断被清除，如 STM #0FFFFH IFR；清中断标志寄存器。
- 用适当的中断号来执行 INTR 指令。

IFR 任何一位的 1 都代表一个未响应的中断。要清除一个中断，可以给 IFR 的相应位写 1。把当前 IFR 的内容写入 IFR 可以清除所有未响应的中断。

中断屏蔽寄存器（IMR）也是存储器映象的 CPU 寄存器，用来屏蔽外部和内部的可屏蔽中断，其结构图同 IFR 完全一致。如果 ST1 中的中断屏蔽位 INTM=0，IMR 中的某一位是 1，表示允许（开放）相应的中断。$\overline{NMI}$ 和 $\overline{RS}$ 都不包括在 IMR 中，IMR 不能屏蔽这两个中断。通过读 IMR，可以检查中断是否被屏蔽；通过写 IMR，可以屏蔽中断或解除中断屏蔽。

3. 中断响应过程

（1）接受中断请求。当有中断请求时，在 IFR 中相应的标志位置 1。不管 DSP 是否响应中断，相应的标志位都为 1，当中断响应后，这个标志自动清除。

外部硬件中断由外部接口的信号请求，来自外部的硬件中断有 $\overline{RS}$、$\overline{NMI}$、$\overline{INT3} \sim \overline{INT0}$。内部硬件中断由片内外设的信号请求，C5402 内部硬件中断有 BRINT0、BXINT0、BRINT1、BXINT1、TINT、HPINT、DMA 通道中断。

软件中断由程序中的指令 INTR、TRAP 和 RESET 产生。

INTR K，可执行任何中断服务程序，入口地址由指令操作字 K 决定，表 2-7 给出了 K 和中断服务程序入口地址之间的对应关系。INTR 软件中断是不可屏蔽中断，不受 ST1 中的中断屏蔽位 INTM 的影响，当响应 INTR 中断时，ST1 中的 INTM 置 1，用以屏蔽可屏蔽中断。

TRAP K，指令与 INTR 指令有同样的功能，只是响应 TRAP 中断时不影响 INTM 位。

RESET，是非屏蔽软件复位指令，这条复位指令影响状态寄存器 ST0 和 ST1，但不影响处理器方式寄存器 PMST，因此，RESET 复位指令与硬件复位时对 IPTR 和外设寄存器的初始化是不同的。响应 RESET 复位指令时，INTM 置 1 以屏蔽可屏蔽中断。

（2）响应中断。CPU 接收到硬件或软件的中断请求后，要判断是否响应该中断。软件中断和非屏蔽的硬件中断立即被响应，而可屏蔽的硬件中断只有在以下条件满足时才能被响应：

- 优先级最高的中断。当同时有几个硬件请求中断时，C54x 根据优先级对其进行响应。
- 状态寄存器 ST1 中的 INTM 位是 0，表示允许可屏蔽中断。可以用 RSBX INTM 指令来对 INTM 复位。
- 中断屏蔽寄存器 IMR 中相应的位是 1。

当响应一个中断后，INTM 位被置 1，使用 RETE 指令退出中断服务程序后，INTM 重新使能。CPU 响应中断时，PC 转到合适地址取出中断向量，并发出中断响应信号 $\overline{\text{IACK}}$，清除相应的中断标志位。

（3）执行中断服务程序（ISR）。响应中断后，CPU 做如下工作：

- 把程序计数器（PC）的值（返回地址）压入堆栈；
- 把中断向量的地址装入 PC（中断向量地址与中断的对应关系，参见表 2-7）；
- 取出位于中断向量地址处的指令。如果是延迟分支转移指令，其后有一条双字指令或两条单字指令，那么 CPU 也取出这些指令字；
- 执行分支转移指令，程序转到中断服务程序。如果分支转移是延迟的，那么其后的两个指令字在转移前先执行；
- 执行中断服务程序直到遇到中断服务程序中的返回指令；
- 从堆栈中弹出返回地址并装入 PC；继续执行主程序。

执行中断服务程序时，某些寄存器也要被压入堆栈——保护现场。当程序从 ISR（由 RC[D]、RETE[D]或 RETF[D]）返回时，需要恢复这些寄存器的内容——恢复现场。由于 CPU 寄存器和外设寄存器都是存储器映象寄存器，所以可用 PSHM 或 POPM 指令将这些寄存器压入或弹出堆栈，也可以用 PSHD 和 POPD 指令将数据存储器的值压入或弹出堆栈。在保护现场时应注意：第一，压入堆栈的顺序，恢复时的顺序与压入堆栈时的顺序正好相反；第二，BRC 必须在恢复 ST1 中的 BRAF 位前恢复，否则，若在恢复 BRC 之前中断服务程序中的 BRC=0，则先前恢复的 BRAF 位会被清 0。

如图 2-14 所示为中断操作流程图，一旦将一个中断传给 CPU，CPU 会按如下的方式进行操作。

（1）如果请求的是一个可屏蔽中断，则操作过程如下：

①设置 IFR 的相应标志位。

②测试应答条件（INTM=0 并且相应的 IMR=1）。如果条件为真，则 CPU 应答该中断，产生一个 $\overline{\text{IACK}}$ 信号（中断应答信号）；否则，忽略该中断并继续执行主程序。

③当中断已经被应答后，IFR 相应的标志位被清除，并且 INTM 位被置 1（屏蔽其他可屏蔽中断）。

④PC 值保存到堆栈中。

⑤CPU 分支转移到中断服务程序（ISR）并执行 ISR。

⑥ISR 由返回指令结束，返回指令将返回的值从堆栈中弹出给 PC。

⑦CPU 继续执行主程序。

（2）如果请求的是一个不可屏蔽中断，则操作过程如下：

①CPU 立刻应答该中断，产生一个 $\overline{\text{IACK}}$ 信号（中断应答信号）。

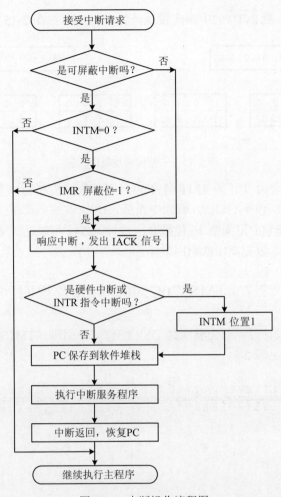

图 2-14　中断操作流程图

②如果中断是由 $\overline{RS}$、$\overline{NMI}$ 或 INTR 指令请求的，则 INTM 位被置 1（屏蔽其他可屏蔽中断）。

③如果 INTR 指令已经请求了一个可屏蔽中断，那么相应的标志位被清除为 0。

④PC 值保存到堆栈中。

⑤CPU 分支转移到中断服务程序（ISR）并执行 ISR。

⑥ISR 由返回指令结束，返回指令将返回的值从堆栈中弹出给 PC。

⑦CPU 继续执行主程序。

注意：INTR 指令通过设置中断模式位（INTM）来禁止可屏蔽中断，但 TRAP 指令不会影响 INTM。

4. 重新映象中断向量地址

C54x 的中断向量表是可重定位的，即在 DSP 复位时，中断向量表的起始地址固定为 0FF80H，复位后，此表的起始地址可由用户指定。

中断向量可重新被映象到程序存储器的任何一个 128 字页开始的地方（除保留区域外）。中断向量地址由 PMST 中的中断向量指针 IPTR（9 位）和中断向量号（0~31）左移两位后组成。例如，$\overline{INT0}$ 的中断号是 16 或 10H，左移两位后为 40H，若 IPTR=0001H（即中断向量表的起始地址为 0080H），则 $\overline{\text{INT0}}$ 的中断向量地址为 00C0H，如图 2-15 所示。

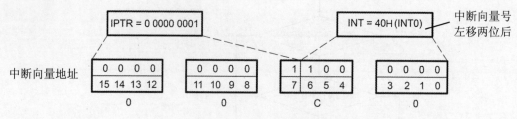

图 2-15 中断向量地址的产生

复位时，IPTR 位全为 1（即 IPTR=1FFh），因此硬件复位后中断向量表的起始地址为 0FF80H。

C54x 的每个中断向量占用 4 个 16 位指令字地址，C54x 可以在这 4 个地址上放 4 条指令，一般是放迟延跳转指令，以提高中断响应效率。

2.7 TMS320C5402 引脚及说明

在 DSP 硬件系统设计时，首先要清楚 DSP 的每一个引脚，TMC320VC5402 的引脚如图 2-16 所示。其功能说明见表 2-8。

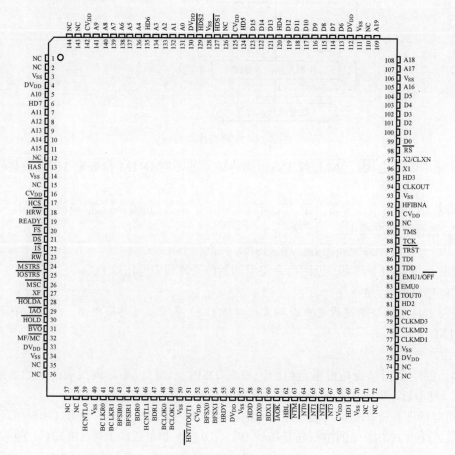

图 2-16 TMC320VC5402 的引脚

表 2-8　TMS320VC5402 引脚说明

名称	类	说明
数据信号		
A0～A19 （地址线）	O/Z	地址总线，只有对程序片外空间寻址时，A16～A19 才有效。数据空间和 I/O 空间仅用 A0～A15。当 DSP 进入 HOLD 模式或 $\overline{OFF}$=0 时，地址线变为高阻
DO～D15 （数据线）	I/O/Z	DSP 和片外的程序、数据、I/O 空间传数时，会置这些数据线为输入（读）或输出（写）；不进行片外操作时、$\overline{RS}$ 有效、HOLD 模式及 $\overline{OFF}$=0 都置数据线为高阻
初始化、中断和复位信号		
$\overline{IACK}$	O/Z	当 DSP 响应一个中断时，此信号为低，$\overline{OFF}$=0 时变为高阻
$\overline{INT0～3}$	I	外部中断引脚，低电平有效可屏蔽。不使用时，通过 4.7K 电阻上拉到 DV_{DD}
$\overline{NMI}$	I	不可屏蔽中断
$\overline{RS}$	I	复位引脚，DSP 的硬件复位操作通过该引脚完成。强令 DSP 终止当前操作，从地址 FF80h 开始执行，影响多种寄存器和状态位
MP/$\overline{MC}$	I	DSP 在复位时采用此引脚电平，若为低，则为微计算机模式，DSP 将片内 4K ROM 映射到程序地址高端，并开始执行，一般 DSP 片内程序 ROM 中有引导程序，因此 DSP 进行用户程序引导；若该引脚为高电平，DSP 采用微处理器工作方式，不访问片内程序 ROM，直接访问外部程序存储器，并执行用户程序。PMST 寄存器记录了这一位且可被修改
多处理器信号		
$\overline{BIO}$	I	根据此信号电平，DSP 可以进行条件跳转、条件执行等操作
XF	O/Z	标志输出，DSP 用软件可改变此值，$\overline{OFF}$=0 时为高阻
存储器控制信号		
$\overline{DS}$	O/Z	对数据空间片外访问时为低，否则为高，$\overline{OFF}$=0 时为高阻
$\overline{PS}$	O/Z	对程序空间片外访问时为低，否则为高，$\overline{OFF}$=0 时为高阻
$\overline{IS}$	O/Z	对 I/O 空间访问时为低，否则为高，$\overline{OFF}$=0 时为高阻
$\overline{MSTRB}$	O/Z	对片外的程序空间，数据空间访问时为低，否则为高，$\overline{OFF}$=0 时为高阻
READY	I	若为高电平，表示通知 DSP 外设数据准备好，不再需要硬件等待；若 READY 为低，则 DSP 将继续本次访问，在下一个时钟重新检测 READY 管脚
$\overline{IOSTRB}$	O/Z	DSP 进行 I/O 访问时为低，但其低电平持续时间比 $\overline{IS}$ 短
R/$\overline{W}$	O/Z	为高表示 DSP 从片外读，为低表示向片外写，平时总为高。$\overline{OFF}$=0 时为高阻
$\overline{HOLD}$	I	$\overline{HOLD}$ 是总线申请信号引脚，它有效表示对 DSP 的地址、数据和控制线申请控制，请求 DSP 进入 HOLD 模式
$\overline{HOLDA}$	O/Z	DSP 收到 $\overline{HOLD}$ 信号并响应之后，置此管脚为低，并进入 HOLD 模式，即 DSP 放弃对片外访问总线的控制权，令其引脚上的 A0～19，D0～15，$\overline{DS}$，$\overline{PS}$，$\overline{IS}$，$\overline{MSTRB}$，$\overline{IOSTRB}$，R/W 等信号为高阻。$\overline{OFF}$=0 时该引脚为高阻
$\overline{MSC}$	O/Z	在软件等待期内，此管脚为低，平时为高，$\overline{OFF}$=0 时为高阻

续表

名称	类	说明
$\overline{\text{IAQ}}$	O/Z	当指令地址出现在地址线上时为低，$\overline{\text{OFF}}$=0 时为高阻
振荡器/定时器信号		
CLKOUT	O/Z	主时钟输出，$\overline{\text{OFF}}$=0 时为高阻
CLKMD1～3	I	时钟模式选择，决定 DSP 内部主时钟如何由外时钟倍频或分频而得到
X2/CLKIN	I	时钟输入，也可和 X1 一起产生时钟
X1	O	时钟输出，与 X2 一起加上外接晶体、电容产生时钟
TOUT0	O/Z	定时器 0 计数至 0 时，在此管脚输出一个脉冲，脉宽为一个主时钟周期
TOUT1/HINT	O/Z	定时器 1 计数至 0 时，在此管脚输出一个脉冲，脉宽为一个主时钟周期，但此脚另一作用为主机接口中断信号 HINT，仅在主机接口禁止时才用于定时器 1 的输出
串行口的信号		
BCLKR0～1	I/O/Z	串口 0/1 的数据接收时钟，复位后默认为输入
BDR0～1	I	串口数据接收
BFSR0～1	I/O/Z	串口数据接收帧同步信号，复位后默认为输入
BCLKX0～1	I/O/Z	串口发数时钟，复位后默认为输入
BDX0～1	O/Z	串口发数端
BFSX0～1	I/O/Z	串口发数帧同步信号，复位后默认为输入
主机接口（HPI）信号		
HD0～7	I/O/Z	主机接口（HPI）的 8 位数据线，主机是一个外部控制器，通过 DSP 的主机接口与 DSP 交换数据。当 HPI 被关闭时，HD0～7 为可编程的通用 I/O，复位时，DSP 采样 HPIENA 以决定 HPI 是否使能
HCNTL0～1	I	主机利用它们来选择 DSP 的 3 个 HPI 寄存器之一进行访问，HPIENA=0 时这两个信号带有内部上拉电阻
HBIL	I	字节标识，用以表明访问的是 16 位数据的第一个或第二个字节，HPIENA=0 时带有内部上拉电阻
$\overline{\text{HCS}}$	I	主机片选，为低时表示主机访问在进行，HPIENA=0 时带内部上拉电阻
$\overline{\text{HDS}}$1～2	I	数据选通，为低时表示主机访问在进行，HPIENA=0 时带内部上拉电阻
$\overline{\text{HAS}}$	I	地址选通，数据/地址线复用的主机利用此信号特地址线锁存到 HPI 的地址寄存器中，HPIENA=0 时带内部上拉电阻
HR/W	I	为高时表示主机读数，为低时表示主机写数
HRDY	O/Z	DSP 用于通知主机下一次访问是否可以进行，$\overline{\text{OFF}}$=0 时为高阻
TOUT1/$\overline{\text{HINT}}$	O/Z	DSP 通过软件改变此信号以向主机发出中断请求，与 TOUT1 复用管脚
HPIENA	I	在复位时，DSP 检测到此为高，则 HPI 使能，若为低则 HPI 功能被禁止，它带有内部上拉电阻，若悬空不接则认为是高
电源引脚		
CVDD	PWR	给内核提供 1.8V 电源
DVDD	PWR	给 I/O 提供 3.3V 电源

续表

名称	类	说明
VSS	GND	地
IEEE 1149.1 测试引脚		
TCK	I	JTAG 测试时钟
TDI	I	JTAG 测试数据输入，有内部上拉电阻
TDO	O/Z	JTAG 测试数据输出，有内部上拉电阻
TMS	I	JTAG 测试模式选择，有内部上拉电阻
$\overline{\text{TRST}}$	I	JTAG 测试复位，有内部上拉电阻
NC		未用管脚
EMU0	I/O/Z	仿真器引脚
EMU1/$\overline{\text{OFF}}$	I/O/Z	仿真器引脚

习题二

一、填空题

1. TMS320C54x DSP 中传送执行指令所需的地址需要用到_____、_____、_____和_____ 4 条地址总线。

2. DSP 的基本结构是采用_____，即程序和数据是分开的。

3. TMS320C54x DSP 采用改进的哈佛结构，围绕_____条_____位总线建立。

4. DSP 的内部存储器类型可分为随机存取存储器（RAM）和只读存储器（ROM）。其中 RAM 又可以分为两种类型：_____和_____。

5. TMS320C54x DSP 的内部总存储空间为 192K 字，分成 3 个可选择的存储空间：_____空间、_____空间和_____空间 。

6. TMS320C54x DSP 具有_____个_____位的累加器。

7. 溢出方式标志位 OVM=1 且运算溢出，若为正溢出，则 ACC 中的值为_____。

8. 桶形移位器的移位数有三种表达方式：_____；_____；_____。

9. DSP 可以处理双 16 位或双精度算术运算，当 C16=_____为双精度运算方式，当 C16=_____为双 16 位运算方式。

10. TMS320C54x 系列 DSP 的 CPU 具有三个 16 位寄存器来作为 CPU 状态和控制寄存器，它们是：_____、_____和_____。

11. TMS320C54x DSP 软硬件复位时，中断向量为_____。

12. TMS320C54x DSP 主机接口 HPI 是_____位并行口。

13. TMS320C54x DSP 的中断源中_____级别最高。

14. 若 PMST 寄存器的值为 01A0H,中断矢量为 INT3,则中断响应时,程序计时器指针 PC 的值为_____。

15. TMS320C54x 有两个通用引脚，即 BIO 和 XF，_____输入引脚可用于监视外部接口器件的状态；_____输出引脚可以用于与外部接口器件的握手信号。

二、选择题

1. 以下控制位中,（　　）用来决定程序空间是否使用内部 RAM。

　　A．MP/$\overline{\text{MC}}$　　　　　　B．OVLY　　　　　　C．DROM　　　　　　D．SXM

2．下列说法中错误的是（　　）。

　　A．每个 DARAM 块在单周期内能被访问 2 次

　　B．每个 SARAM 块在单周期内能被访问 1 次

　　C．片内 ROM 主要存放固化程序和系数，只能作为程序空间

　　D．DARAM 和 SARAM 既可以被映射到数据存储空间，也可以映射到程序空间

3．C54x 进行 32 位长数据读操作时使用的数据总线是（　　）

　　A．CB 和 EB　　　　　B．EB 和 DB　　　　　C．CB 和 DB　　　　　D．CB、DB 和 EB

4．要使 DSP 能够响应某个可屏蔽中断，下面说法正确的是（　　）

　　A．需要把状态寄存器 ST1 的 INTM 位置 1，且中断屏蔽寄存器 IMR 相应位置 0

　　B．需要把状态寄存器 ST1 的 INTM 位置 0，且中断屏蔽寄存器 IMR 相应位置 1

　　C．需要把状态寄存器 ST1 的 INTM 位置 1，且中断屏蔽寄存器 IMR 相应位置 1

　　D．需要把状态寄存器 ST1 的 INTM 位置 0，且中断屏蔽寄存器 IMR 相应位置 0

三、简答题

1．请描述 TMS320C54x 的总线结构。

2．写出提取 B=03 6543 4321 中的指数值的指令，执行后 T 中的值为多少？

3．TMS320C54x 芯片的 CPU 包括哪些部分？其功能是什么？

4．TMS320C54x 有几个状态和控制寄存器？它们的功能是什么？

5．TMS320C54x 片内存储器一般包括哪些种类？如何配置 TMS320C54x 片内存储器。

6．TMS320C54x 片内外设主要有哪些？

7．当 TMS320C54x CPU 接收到可屏蔽的硬件中断时，满足哪些条件才能响应中断？

8．TMS320C54x 的中断向量表是如何重定位的？

第 3 章　TMS320C54x 指令系统

本章导读

　　TMS320C54x 的汇编指令系统有两种形式：助记符形式和代数式形式，两种指令形式具有相同功能，本章介绍助记符指令系统。关于助记符指令，学习本章时，不必完全去记这些指令，只是大概了解有哪几类指令，常用指令的使用详见第 6 章软件开发调试实例。

　　当硬件执行指令时，寻找指令所指定的参与运算的操作数的方法就是寻址方式，解决参与运算的操作数从哪来？运算的结果放到哪里去？TMS320C54x DSP 提供了7 种基本数据寻址方式，可以根据程序要求采用不同的寻址方式，以提高程序执行速度和代码效率。

本章要点

- 寻址方式
- 指令系统

3.1　数据寻址方式

TMS320C54x DSP 提供以下 7 种基本数据寻址方式：

（1）立即数寻址：指令中有一个固定的立即数。

（2）绝对地址寻址：指令中有一个固定的地址（16 位）。

（3）累加器寻址：按累加器的内容作为地址去访问程序存储器中的一个单元。

（4）直接寻址：指令编码中含有的 7 位地址与 DP 或 SP 一起合成数据存储器中操作数的实际地址。

（5）间接寻址：通过辅助寄存器寻址。

（6）存储器映射寄存器寻址：修改存储器映射寄存器中的值，而不影响当前数据页面指针 DP 和当前堆栈指针 SP 的值。

（7）堆栈寻址：把数据压入或弹出系统堆栈。

表 3-1 列出寻址指令中用到的缩写符号及其含义。

表 3-1　寻址指令中用到的缩写符号及其含义

缩写符号	含义
Smem	16 位单数据存储器操作数
Xmem	在双操作数指令及某些单操作数指令中所用的 16 位双数据存储器操作数，从 DB 总线上读出

续表

缩写符号	含义
Ymem	在双操作数指令中所用的 16 位双数据存储器操作数，从 CB 总线上读出；在读同时并行写的指令中表示写操作数
dmad	16 位立即数——数据存储器地址（0～65535）
pmad	16 位立即数——程序存储器地址（0～65535）
PA	16 位立即数——I/O 口地址（0～65535）
src	源累加器（A 或 B）
dst	目的累加器（A 或 B）
lk	16 位长立即数

3.1.1　立即寻址

在立即寻址方式中，指令中包括了立即操作数。一条指令中可对两种立即数编码，一种是短立即数（3、5、8 或 9 位），另一种是 16 位的长立即数。短立即数指令编码为一个字长，16 位立即数的指令编码为两个字长。

立即数寻址指令中在数字或符号常数前面加一个"#"号来表示立即数，如：

```
LD   #0,ARP            ;ARP=0（#k3）
LD   #3,ASM            ;ASM=3（#k5）
LD   #50,DP            ;DP=50（#k9）
LD   #1234,A           ;A=1234（#lk）
```

3.1.2　绝对寻址

在绝对寻址方式中，指令中包含要寻址的存储单元的 16 位地址。有 4 种绝对寻址的指令：①数据存储器（dmad）寻址；②程序存储器（pmad）寻址；③端口地址（PA）寻址；④*(lk)寻址。

在绝对寻址方式中，指令中包含一个固定的 16 位地址，能寻址所有 64K 存储空间，但包含有绝对寻址的指令编码至少为两个字，因此运行速度慢，需要较大的存储空间。

1. 数据存储器（dmad）寻址

使用数据存储器寻址的指令有：

```
MVDK Smem, dmad            MVDM dmad, MMR
MVKD dmad, Smem            MVMD MMR, dmad
```

数据存储器寻址使用符号（符号地址）或一个表示 16 位地址的立即数来指明寻址的数据存储单元的 16 位绝对地址。例如：

```
MVKD   SAMPLE,*AR5;
```

将数据存储器 SAMPLE 地址单元的数据复制到由 AR5 所指的数据存储单元中。这里符号 SAMPLE 是程序中的标号或已经定义好的符号常数，代表数据存储单元的地址。又如：

```
MVKD 1000h, *AR5;
```

将数据存储器 1000h 单元的数据复制到由 AR5 所指的数据存储单元中。

2. 程序存储器（pmad）寻址

使用程序存储器寻址的指令有：

```
FIRS Xmem, Ymem, pmad            MACD Smem, pmad, src
```

MACP Smem, pmad, src　　　　　　MVDP Smem, pmad

MVPD pmad, Smem

程序存储器（pmad）寻址使用符号（符号地址）或一个表示 16 位地址的立即数来给出程序空间的地址。例如，把程序存储器中标号为 TABLE 单元中的值复制到 AR7 所指定的数据存储器中去，指令可写为：

MVPD　TABLE,*AR7;

可以将经常用的系数驻留在程序 ROM 存储器中，复位后利用该指令将系数传送到数据存储区，这样不用配置数据 ROM。

3. 端口地址（PA）寻址

使用端口地址的指令有：

PORTR　PA, Smem

PORTW　Smem, PA

端口地址（PA）寻址使用一个符号（符号地址）或一个表示 16 位地址的立即数来给出外部 I/O 口地址。例如：

PORTR　FIFO,*AR5;

表示从 FIFO 单元端口读入一个数据，传送到由 AR5 所指的数据存储单元中。这里 FIFO 是一个 I/O 端口地址标号。

4. 长立即数*(lk)寻址

长立即数*(lk)寻址用于所有支持单数据存储器操作数（Smem）的指令。

长立即数*(lk)寻址使用一个符号（符号地址）或一个表示 16 位地址的立即数来指定数据存储空间的一个地址。例如，把数据空间中地址为 BUFFER 单元中的数据传送到累加器 A，指令可写为：

LD　*(BUFFER),A

(lk)寻址不需要改变数据页指针 DP 的值和初始化任何一个 ARx 就可以对整个数据空间寻址。当采用绝对寻址时，指令编码要增加一个字，原来一个字的指令要变成两个字，而原来两个字的指令要变成三个字。注意：绝对寻址中采用(lk)形式的指令不能与循环指令（RPT 和 RPTZ）配合使用。

3.1.3　累加器寻址

累加器寻址是将累加器中的内容作为地址，用来对存放数据的程序存储器寻址。用于完成程序存储空间与数据存储空间之间的数据传输。

共有两条指令可以采用累加器寻址：

READA　Smem

WRITA　Smem

READA 是把累加器 A（低 16 位）所确定的程序存储器单元中的一个字传送到单数据存储（Smem）操作数所确定的数据存储器单元中。WRITA 是把 Smem 操作数所确定的数据单元中的一个字传送到累加器 A 确定的程序存储器单元中。在重复模式中，A 的内容自动增加。

3.1.4　直接寻址

在直接寻址方式中，指令中包含数据存储器地址（dma）的低 7 位，这 7 位 dma 作为地址偏移量，结合基地址（由数据页指针 DP 或堆栈指针 SP 给出）共同形成 16 位的数据存储器地址。使用这种寻址方式，用户可在不改变 DP 或 SP 的情况下，对一页内的 128 个存储单元随机寻址。采用这种寻址方式的好处是指令为单字指令，数据存储器地址（dma）的低 7 位放在指令字中。

数据页指针 DP 和堆栈指针 SP 都可以用来与数据存储器地址低 7 位结合产生一个实际地址。ST1 中的直接寻址编辑方式位 CPL 用于选择 DP 或 SP 来产生地址。

CPL=0（通过 RSBX CPL 指令可以使 CPL=0），数据存储器地址（dma）的低 7 位与 DP 中的 9 位字段相连组成 16 位的数据存储器地址，如图 3-1 所示。

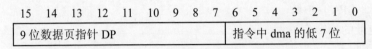

图 3-1　DP 作为基地址的直接寻址方式

CPL=1（通过 SSBX CPL 指令可以使 CPL=1），数据存储器地址（dma）的低 7 位与 SP 的 16 位地址相加形成 16 位的数据存储器地址，如图 3-2 所示。

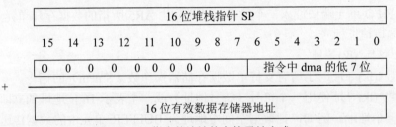

图 3-2　SP 作为基地址的直接寻址方式

将 64K 数据存储空间，分成 512 页，每页有 128 个单元，9 位的 DP 指向数据存储空间的 512 个数据页（0～511）中的一页，直接寻址使用一个符号或一个数给出 7 位地址偏移量，即指向该页中的某个单元。使用这种寻址方式时要注意对 DP 进行初始化，如下面一段程序所示：

```
.bss   x  128,1          ; 为 x 开辟 128 单元在同一页中
.text
LD   #0, A               ; 累加器 A 初始化为 0
LD   #x, DP              ; 对 DP 进行初始化，DP 指向 x 所在页
ADD  #1,A,A             ;
STL  A,@ x               ; 把 A 中的值存放在 x 中
ADD  #1,A,A             ;
STL  A, @x+128           ; 又回到页的开始（模 128）
```

直接寻址标识可以在变量前加@，如@x，或在偏移量前加@，如@5。其实@标识不是必须的，可有可无。

3.1.5　间接寻址

在间接寻址方式中，通过辅助寄存器中的 16 位地址可以访问 64K 数据空间的任何一个存储单元。间接寻址方式中使用两个辅助寄存器算术单元（ARAU0 和 ARAU1）和 8 个 16 位的辅助寄存器（AR0～AR7），进行无符号数算术运算，产生地址。

间接寻址有很大的灵活性，在单条指令中不仅可以读写数据存储器中的一个 16 位操作数，而且在单条指令中可以同时访问数据存储器空间的两个单元：读两个独立的存储器单元，读写

两个连续的存储器单元，读一个存储器单元和写另一个存储器单元。

1. 单操作数寻址

表 3-2 列出了单数据存储器（Smem）操作数间接寻址类型。

表 3-2　单数据存储器操作数间接寻址类型

方式位（MOD）	操作数语法	功能	说明
0000 (0)	*ARx	地址=ARx	ARx 中的内容就是数据存储器的地址
0001 (1)	*ARx–	地址=ARx ARx= ARx-1	寻址结束后，ARx 中的地址减 1[①]
0010 (2)	*ARx+	地址=ARx ARx=Arx+1	寻址结束后，ARx 中的地址加 1[①]
0011 (3)	*+ARx	地址=ARx + 1 ARx=ARx + 1	ARx 中的地址加 1 后再寻址[①][②]
0100 (4)	*ARx–0B	地址=ARx ARx=B(ARx–AR0)	寻址结束后，以位倒序借位的方式从 ARx 中减去 AR0 的值
0101 (5)	*ARx–0	地址=ARx ARx=ARx–AR0	寻址结束后，从 ARx 中减去 AR0 的值
0110 (6)	*ARx+0	地址=ARx ARx=ARx +AR0	寻址结束后，把 AR0 的值加到 ARx 中
0111 (7)	*ARx+0B	地址= ARx ARx=B(ARx + AR0)	寻址结束后，以位倒序进位的方式把 AR0 的值加到 ARx 中
1000 (8)	*ARx–%	地址=ARx ARx=circ(ARx – 1)	寻址结束后，ARx 中的地址按循环减的方法减 1[①]
1001 (9)	*ARx–0%	地址=ARx ARx=circ(ARx – AR0)	寻址结束后，按循环减的方法从 ARx 中减去 AR0 的值
1010 (10)	*ARx+%	地址=ARx ARx=circ(ARx + 1)	寻址结束后，ARx 中的地址按循环加的方法加 1[①]
1011 (11)	*ARx+0%	地址=ARx ARx= circ(ARx + AR0)	寻址结束后，按循环加的方法把 AR0 的值加到 ARx 中
1100 (12)	*ARx(lk)	地址=ARx + lk ARx=ARx	ARx 中的值加上 16 位长偏移（lk）的和作为地址，寻址结束后，ARx 中的值不变[③]
1101 (13)	*+ARx(lk)	地址=ARx + lk ARx=ARx + lk	将一个 16 位带符号数加至 ARx 后进行寻址[③]
1110 (14)	*+ARx(lk)%	地址=circ(ARx + lk) ARx=circ(ARx + lk)	将一个 16 位带符号数按循环加的方法加到 ARx，然后再寻址[③]
1111 (15)	*(lk)	地址= lk	利用 16 位无符号数作为地址寻址（相当于绝对寻址方式）[③]

注①：寻址 16 位字时增量/减量为 1，32 位字时增量/减量为 2。

注②：这种方式只能用于写操作指令。

注③：这种方式不允许对存储器映象寄存器寻址。

MOD = 0，1，2，3 为增 1、减 1 寻址方式，注意先增后寻址(*+ARx)只能用于写操作。

MOD = 12，13 为加偏移量寻址方式，前一种 ARx 的值不更新，对于后一种 ARx 的值更新。

　　MOD=5，6 为变址寻址方式，与加偏移量寻址方式相比，变址寻址方式不需要额外的偏移地址指令字，而且地址偏移量是在代码执行阶段确定的，因此可以调整变址步长。

　　特殊的间接寻址方式有循环寻址和位倒序寻址。下面分别加以介绍。

　　（1）循环寻址。在卷积、相关和 FIR 滤波等算法中，都要求在存储器中设置一个循环缓冲区。一个循环缓冲区就是一个包含了最新数据的滑动窗口，当新的数据来到时，新数据就会覆盖缓冲区中最早的数据。循环缓冲区实现的关键是循环寻址。C54x 间接寻址中以后缀"%"表示循环寻址的方式。使用循环寻址要遵循以下 3 条规则：

　　①大小为 R 的循环缓冲区必须从一个 N 位（N 是满足 $2^N > R$ 条件的最小整数）边界开始。例如，R=31 转换为二进制为 011111，即 N=5，所以循环缓冲区必须从低 5 位为 0 的地址 XXXX XXXX XXX0 0000 开始，又如，R=32 转换为二进制为 100000，即 N=6，所以循环缓冲区必须从低 6 位为 0 的地址 XXXX XXXX XX00 0000 开始。

　　②循环缓冲区大小寄存器（BK）用于确定循环缓冲区的大小，用以下指令将 R=31 值加载到 BK 寄存器中：

```
STM  #31  BK
```

　　③要指定一个辅助寄存器 ARx 指向循环缓冲区的一个单元。

　　循环缓冲区的有效基地址（EFB）就是用户选定的辅助寄存器（ARx）的低 N 位置 0 后所得到的值。循环缓冲区的尾地址（EOB）是通过用 BK 的低 N 位代替 ARx 的低 N 位得到的。循环缓冲区的 INDEX 就是 ARx 的低 N 位，step 就是加到辅助寄存器或从辅助寄存器中减去的值，注意步长必须小于缓冲区的大小。循环寻址的算法如下：

```
if   0≤ index+step < BK
      index = index + step
else  if   index + step≥BK
      index = index + step - BK
else  if   index + step< 0
      index = index + step + BK
```

　　循环寻址可用于单数据存储器操作数寻址，也可用于双数据存储器操作数寻址。当 BK=0 时，ARx 的值不修正。表 3-2 中 MOD = 8，9，10，11，14 为循环寻址方式，不同的指令其步长和正负不同。

　　例如：若 BK=10，AR1=100H

```
LD   *+AR1(8)%, A      ;寻址 108H 单元
STL   A,*+AR1(8)%      ;寻址 106H 单元
```

　　（2）位倒序寻址。在 FFT 运算时，其输出、输入序列中必有其一要混序，所谓混序就是位倒序。对于 16 点 FFT 运算，其原序和位倒序寻址对应关系如表 3-3 所示。

表 3-3　位倒序寻址

原序		位倒序	
十进制数	二进制数	二进制数	十进制数
0	0000	0000	0
1	0001	1000	8
2	0010	0100	4
3	0011	1100	12

续表

原序		位倒序	
十进制数	二进制数	二进制数	十进制数
4	0100	0010	2
5	0101	1010	10
6	0110	0110	6
7	0111	1110	14
8	1000	0001	1
9	1001	1001	9
10	1010	0101	5
11	1011	1101	13
12	1100	0011	3
13	1101	1011	11
14	1110	0111	7
15	1111	1111	15

　　C54x 提供的位倒序寻址功能,提高了在 FFT 算法程序中使用存储器的效率及其执行速度。在这种寻址方式中,AR0 存放的整数 N 是 FFT 点数的一半。另外一个辅助寄存器指向数据存放的单元。当使用位倒序寻址把 AR0 加到辅助寄存器中时,地址以位倒序的方式产生,即进位是从左向右,而不是从右向左。间接寻址中*ARx+0B/-0B 表示位倒序寻址。

　　设 FFT 长度 N=16,则 AR0 赋值为 8,AR2 表示在存储区中数据的基地址$(01100000)_2$,位倒序方式读入数据情况如下:

　　*AR2+0B ; AR2 = 0110 0000　（第 0 个值）
　　*AR2+0B ; AR2 = 0110 1000　（第 1 个值）
　　*AR2+0B ; AR2 = 0110 0100　（第 2 个值）
　　*AR2+0B ; AR2 = 0110 1100　（第 3 个值）
　　*AR2+0B ; AR2 = 0110 0010　（第 4 个值）
　　*AR2+0B ; AR2 = 0110 1010　（第 5 个值）
　　*AR2+0B ; AR2 = 0110 0110　（第 6 个值）
　　*AR2+0B ; AR2 = 0110 1110　（第 7 个值）

　　2. 双操作数寻址

　　双操作数寻址用于执行两次读操作或一次读一次写并行存储指令中。在一个机器周期内通过两个 16 位数据总线（C 和 D）读两个操作数,Xmem 表示从 DB 总线上读出的 16 位操作数,Ymem 表示从 CB 总线上读出的 16 位操作数;或在一次读和一次写并行存储指令中,Xmem 表示读操作数,Ymem 表示写操作数。

　　双操作数间接寻址指令格式如图 3-3 所示。

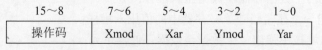

15~8	7~6	5~4	3~2	1~0
操作码	Xmod	Xar	Ymod	Yar

图 3-3　双操作数间接寻址指令格式

双操作数间接寻址指令代码都是 1 个字长，由于只有 2 位（Xar 或 Yar 的值）可以用于选择辅助寄存器，所以只能选择 4 个寄存器，所用辅助寄存器只能是 AR2、AR3、AR4、AR5。由于只有 2 位（Xmod 或 Ymod 的值）可以用于选则间接寻址类型，所以双数据存储器操作数间接寻址类型为*ARx、*ARx-、*ARx+、*ARx+0% 四种。

双操作数间接寻址特点是：占用程序空间小，运行速度快。

例如：

```
STM    #x , AR2
STM    #a , AR3
RPTZ   A , #3              ;两个机器周期
MAC    *AR2+ , *AR3+,A     ;双操作数寻址, 1 个机器周期
```

使用双操作数乘法指令和 RPT 指令，完成 N 项乘积求和的运算共需 N+2 个机器周期。

3.1.6　存储器映象寄存器寻址

存储器映象寄存器寻址用于修改存储器映象寄存器（MMR）中的内容，而不影响当前数据页指针 DP 和当前堆栈指针 SP。由于这种方式不需要修改 DP 和 SP，对寄存器的写操作开销最小。存储器映象寄存器寻址可用于直接寻址和间接寻址。

在直接寻址方式中，不管当前 DP 或 SP 的值如何，强制数据存储器地址的高 9 位为 0。利用指令中数据存储器地址（dma）的低 7 位访问 MMR，相当于基地址为 0 的直接寻址方式。

在间接寻址方式中，使用当前辅助寄存器的低 7 位作为地址访问 MMR。指令执行后，辅助寄存器中的高 9 位清为 0。例如，在存储器映象寄存器寻址方式中，用 AR1 指向存储器映象寄存器，它的值为 FF25h，由于 AR1 的低 7 位是 25h，因而它指向定时器周期寄存器 PRD。指令执行后 AR1 的值为 0025h。

只有 8 条指令能使用存储器映象寄存器寻址，即：

```
LDM    MMR, dst
MVDM   dmad, MMR
MVMD   MMR, dmad
MVMM   MMRx, MMRy
POPM   MMR
PSHM   MMR
STLM   src, MMR
STM    #lk, MMR
```

3.1.7　堆栈寻址

当发生中断或子程序调用时，系统堆栈自动保存 PC 值。堆栈也可以用于保存和传递其他数据。堆栈由高地址向低地址增长，处理器使用 16 位的存储器映象寄存器——堆栈指针（SP）对堆栈进行寻址，SP 总是指向压入堆栈的最后一个数据。

有 4 条使用堆栈寻址的指令：

● PSHD：把一个数据存储器数据压入堆栈；
● PSHM：把一个存储器映象寄存器中的值压入堆栈；
● POPD：从堆栈中弹出一个数据至数据存储器单元；
● POPM：从堆栈中弹出一个数据至存储器映象寄存器。

在压入堆栈操作时，SP 先减 1，然后将数据压入堆栈；在弹出堆栈操作时，数据从堆栈中弹出后，SP 再加 1。

3.2 指令系统中的符号和缩写

在介绍 C54x 指令系统之前，首先说明在指令系统的描述中使用的符号和缩写，如表 3-4 所示。

表 3-4 指令系统中的符号和缩写

符号	含义
A	累加器 A
ALU	算术逻辑单元
AR	辅助寄存器，泛指
ARx	指定某个特定的辅助寄存器（0≤x≤7）
ARP	ST0 中的 3 位辅助寄存器指针位，用 3 位表示当前的辅助寄存器
ASM	ST1 中的 5 位累加器移位方式位（-16≤ASM≤15）
B	累加器 B
BRAF	ST1 中的块重复指令有效标志
BRC	块重复计数器
BITC	4 位 BITC，决定位测试指令对指定的数据存储单元的哪一位（0≤BITC≤15）测试
C16	ST1 中的双 16 位/双精度运算方式位
C	ST0 中的进位位
CC	2 位条件码（0≤CC≤3）
CMPT	ST1 中的兼容方式位，决定 ARP 是否可以修正
CPL	ST1 中的编辑方式位
cond	表示一种条件的操作数，用于条件执行指令
[D]	延迟选项
DAB	D 地址总线
DAR	DAB 地址寄存器
dmad	16 位立即数数据存储器地址（0≤dmad≤65 535）
Dmem	数据存储器操作数
DP	ST0 中的 9 位数据存储器页指针（0≤DP≤511）
dst	目的累加器（A 或 B）
dst_	另一个目的累加器：如果 dst=A，则 dst_=B；如果 dst=B，则 dst_=A
EAB	E 地址总线
EAR	EAB 地址寄存器
extpmad	23 位立即数程序存储器地址
FRCT	ST1 中的小数方式位

续表

符号	含义
hi(A)	累加器 A 的高 16 位（位 31～16）
HM	ST1 中的保持方式位
IFR	中断标志寄存器
INTM	ST1 中的全局中断屏蔽位
K	少于 9 位的短立即数
k3	3 位立即数（0≤k3≤7）
k5	5 位立即数（-16≤k5≤15）
k9	9 位立即数（0≤k9≤511）
lk	16 位长立即数
Lmem	使用长字寻址的 32 位单数据存储器操作数
mmr,MMR	存储器映象寄存器
MMRx MMRy	存储器映象寄存器，AR0～AR7 或 SP
n	XC 指令后面的字数，n=1 或 n=2
N	RSBX 和 SSBX 指令中指定修改的状态寄存器：N=0，ST0；N=1，ST1
OVA	ST0 中累加器 A 的溢出标志
OVB	ST0 中累加器 B 的溢出标志
OVdst	目的累加器（A 或 B）的溢出标志
OVdst_	另一个目的累加器（A 或 B）的溢出标志
OVsrc	源累加器（A 或 B）的溢出标志
OVM	ST1 中的溢出方式位
PA	16 位立即数表示的端口地址（0≤PA≤65 535）
PAR	程序存储器地址寄存器
PC	程序计数器
pmad	16 位立即数程序存储器地址（0≤dmad≤65 535）
Pmem	程序存储器操作数
PMST	处理器方式状态寄存器
prog	程序存储器操作数
[R]	舍入选项
RC	重复计数器
REA	块重复结束地址寄存器
rnd	舍入
RSA	块重复起始地址寄存器
RTN	RETF[D]指令中用到的快速返回寄存器
SBIT	用 RSBX、SSBX 和 XC 指令所修改的指定状态寄存器的位号（0≤SBIT≤15）
SHFT	4 位移位数（0≤SHFT≤15）

续表

符号	含义
SHIFT	5 位移位数（-16≤SHIFT≤15）
Sind	间接寻址的单数据存储器操作数
Smem	16 位单数据存储器操作数
SP	堆栈指针
src	源累加器 A 或 B
ST0, ST1	状态寄存器 0，状态寄存器 1
SXM	ST1 中的符号扩展方式位
T	暂存器
TC	ST0 中的测试/控制标志位
TOS	堆栈顶部
TRN	状态转移寄存器
TS	由 T 寄存器的 5～0 位所规定的移位数
uns	无符号数
XF	ST1 中的 XF 引脚状态位
XPC	程序计数器扩展寄存器
Xmem	在双操作数指令以及某些单操作数指令中所用的 16 位双数据存储器操作数
Ymem	在双操作数指令中所用的 16 位双数据存储器操作数

3.3　指令系统

C54x 指令系统按功能可以分为 4 类：算术运算指令、逻辑运算指令、程序控制指令以及加载和存储指令。本节仅列出 4 类指令一览表供查阅，表中给出了助记符指令的语法、指令功能的表达式表示、指令功能的文字说明以及指令的字数和执行周期数，表中的指令字数和执行周期均为采用片内 DARAM 作为数据存储器。当使用长偏移间接寻址或以 Smem 绝对寻址时，应当增加 1 个字和 1 个机器周期。关于指令的使用及应用举例请参见第 6 章。

3.3.1　算术运算指令

C54x 的算术运算指令包括：加法指令、减法指令、乘法指令、乘累加指令与乘法减法指令、双字/双精度运算指令及专用指令。

1. 加法指令

加法指令列在表 3-5 中。C54x 的加法指令共有 13 条，可完成两个操作数的加法运算、移位后的加法运算、带进位的加法运算和不带符号位扩展的加法运算。指令格式如下：

操作码　源操作数 [,移位数]，目的操作数

① 操作码类型：ADD、ADDC、ADDM、ADDS。

ADD：不带进位；ADDC：带进位；ADDM：专用于立即数；ADDS：无符号数加法。

② 源操作数类型：Smem、Xmem、Ymem、#lk、src。

表 3-5　加法指令

语法	表达式	说明	字数	周期
ADD　Smem, src	src = src + Smem	操作数加至累加器	1	1
ADD　Smem, TS, src	src = src + Smem << TS	操作数移位后加至累加器	1	1
ADD　Smem, 16, src [, dst]	dst = src + Smem << 16	操作数左移 16 位加至累加器	1	1
ADD Smem [, SHIFT], src [, dst]	dst = src + Smem << SHIFT	操作数移位后加至累加器	2	2
ADD　Xmem, SHFT, src	src = src + Xmem <<SHFT	操作数移位后加至累加器	1	1
ADD　Xmem, Ymem, dst	dst = Xmem << 16 + Ymem << 16	两个操作数分别左移 16 位后加至累加器	1	1
ADD　# lk [, SHFT], src [, dst]	dst = src + #lk << SHFT	长立即数移位后加至累加器	2	2
ADD　# lk, 16, src [, dst]	dst = src + #lk << 16	长立即数左移 16 位后加至累加器	2	2
ADD　src [, SHIFT] [, dst]	dst = dst + src << SHIFT	累加器移位后相加	1	1
ADD　src, ASM [, dst]	dst = dst + src << ASM	累加器按 ASM 移位后相加	1	1
ADDC　Smem, src	src = src + Smem + C	操作数带进位加至累加器	1	1
ADDM　# lk, Smem	Smem = Smem + #lk	长立即数加至存储器	2	2
ADDS　Smem, src	src = src + uns(Smem)	无符号数加法，符号位不扩展	1	1

③移位数：TS、16、SHIFT、SHFT、ASM，正数左移，负数右移。

所移位数可由一个立即数（16、SHIFT、SHFT）、ST1 中的 ASM 位域、暂存器 T 中的（0～5）位（TS）决定。左移时低位添 0；右移时，如果 ST1 中的 SXM=1 高位进行符号扩展，如果 SXM=0 高位添 0。

④目的操作数：src、dst、Smem，指令中如果定义了 dst，结果放在 dst 中；否则，结果存在 src 中。

【例 3-1】ADD　*AR3+, 14, A

将 AR3 所指的数据存储单元内容，左移 14 位与 A 相加，结果放 A 中，AR3 加 1。

	操作前		操作后
A	00 0000 1200	A	00 0540 1200
B	1	B	1
AR3	0100	AR3	0101
SXM	1	SXM	1

Data Memory

0100h	1500	0100h	1500

2．减法指令

加法指令列在表 3-6 中。加法指令共有 13 条。说明：

① SUBS　用于无符号数的减法运算；

　SUBB　用于带借位的减法运算（如 32 位扩展精度的减法）；

　SUBC　为条件减法。

② 使用 SUBC 重复 16 次减法，就可以完成除法功能，详见第 6 章。

表 3-6　减法指令

语法	表达式	说明	字数	周期
SUB Smem, src	src = src – Smem	从累加器中减去操作数	1	1
SUB Smem, TS, src	src = src – Smem << TS	从累加器中减去移位后的操作数	1	1
SUB Smem, 16, src [, dst]	dst = src – Smem << 16	从累加器中减去左移 16 位后的操作数	1	1
SUB Smem [,SHIFT],src [,dst]	dst = src – Smem << SHIFT	从累加器中减去移位后的操作数	2	2
SUB Xmem, SHFT, src	src = src – Xmem << SHFT	从累加器中减去移位后的操作数	1	1
SUB Xmem, Ymem, dst	dst = Xmem<<16–Ymem<<16	两个操作数分别左移 16 位后相减	1	1
SUB # lk [,SHFT], src[,dst]	dst = src – #lk << SHFT	长立即数移位后与累加器相减	2	2
SUB # lk, 16, src [, dst]	dst = src – #lk <<16	长立即数左移 16 位后与累加器相减	2	2
SUB src[, SHIFT] [, dst]	dst = dst – src << SHIFT	源累加器移位后和目的累加器相减	1	1
SUB src, ASM [, dst]	dst = dst – src << ASM	源累加器按 ASM 移位后与目的累加器相减	1	1
SUBB Smem, src	src = src – Smem – $\overline{C}$	从累加器中带借位减	1	1

SUBC Smem, src	If (src–Smem << 15)≥0
	src=(src–Smem<< 15)<<1+1
	Else
	　src = src << 1
		条件减法指令	1	1

SUBS Smem, src	src = src – uns(Smem)	无符号数减法	1	1

3．乘法指令

乘法指令列在表 3-7 中。C54x 的指令系统提供了 10 条乘法运算指令，其运算结果都是 32 位的，存放在累加器 A 和 B 中。而参与运算的乘数可以是 T 寄存器、立即数、存储单元和累加器 A 或 B 的高 16 位。不同的乘法指令完成不同的功能：

MPY：普通乘指令；

MPYR：带四舍五入指令（加上 2^{15} 再对 15～0 位清零）；

MPYA：A 累加器高端参与乘法；

MPYU：无符号乘；

SQUR：平方。

表 3-7　乘法指令

语法	表达式	说明	字数	周期
MPY　Smem, dst	dst = T * Smem	T 寄存器值和操作数相乘	1	1
MPYR　Smem, dst	dst = rnd(T * Smem)	T 寄存器值和操作数相乘（带舍入）	1	1
MPY Xmem, Ymem, dst	dst = Xmem * Ymem, T = Xmem	两个操作数相乘，乘积存放在累加器中	1	1
MPY Smem, # lk, dst	dst = Smem * #lk T = Smem	长立即数与操作数相乘	2	2
MPY # lk, dst	dst = T * #lk	长立即数与 T 寄存器值相乘	2	2
MPYA dst	dst = T * A(32– 16)	T 寄存器值与累加器 A 的高位相乘	1	1
MPYA Smem	B = Smem * A(32– 16), T = Smem	操作数与累加器 A 的高位相乘	1	1
MPYU Smem, dst	dst = uns(T) * uns(Smem)	无符号数乘法	1	1
SQUR Smem, dst	dst = Smem * Smem, T = Smem	操作数的平方	1	1
SQUR A, dst	dst = A(32– 16) * A(32– 16)	累加器 A 的高位平方	1	1

4．乘法－累加和乘法－减法指令

乘法－累加和乘法－减法指令列在表 3-8 中。这类指令共计 22 条，除了完成乘法运算外，还具有加法或减法运算。因此，在一些复杂的算法中，可以大大提高运算速度。

表 3-8　乘加和乘减指令

语法	表达式	说明	字数	周期
MAC Smem, src	src = src + T * Smem	操作数与 T 寄存器值相乘后加到累加器	1	1
MAC Xmem, Ymem, src [,dst]	dst= src + Xmem * Ymem T = Xmem	两个操作数相乘加到累加器中	1	1
MAC # lk, src [, dst]	dst = src + T * #lk	长立即数与 T 寄存器值相乘后加到累加器	2	2
MAC Smem, # lk, src [,dst]	dst = src + Smem * #lk T = Smem	长立即数与操作数相乘后加到累加器	2	2
MACR Smem, src	src = rnd(src + T * Smem)	操作数与 T 寄存器值相乘后加到累加器（带舍入[1]）	1	1
MACR Xmem, Ymem, src [,dst]	dst= rnd(src + Xmem * Ymem) T = Xmem	两个操作数相乘加到累加器中（带舍入[1]）	1	1

续表

语法	表达式	说明	字数	周期
MACA Smem [, B]	B = B + Smem * A(32–16) T = Smem	操作数与累加器 A 高位相乘后加到累加器 B	1	1
MACA T, src [, dst]	dst = src + T * A(32–16)	T 寄存器值与累加器 A 高位相乘	1	1
MACAR Smem [, B]	B =rnd(B + Smem * A(32–16)) T = Smem	T 寄存器值与累加器 A 高位相乘后加到累加器中 B（带舍入①）	1	1
MACAR Smem [, B]	dst = rnd(src + T * A(32–16))	T 寄存器值与累加器 A 高位相乘后加到源累加器（舍入①）	1	1
MACD Smem, pmad, src	Src = src + Smem * pmad T =Smem, (Smem+ 1) = Smem	操作数与程序存储器值相乘后加到累加器并延迟	2	3
MACP Smem, pmad, src	src = src + Smem * pmad T = Smem	操作数与程序存储器值相乘后加到累加器	2	3
MACSU Xmem, Ymem, src	src =src+ uns(Xmem) * Ymem T = Xmem	无符号数和有符号数相乘后加到累加器	1	1
MAS Smem, src	src = src – T * Smem	从累加器中减去操作数与 T 寄存器值的乘积	1	1
MASR Smem, src	src = rnd(src – T * Smem)	从累加器中减去操作数与 T 寄存器乘积（带舍入①）	1	1
MAS Xmem, Ymem, src [, dst]	dst = src – Xmem * Ymem T = Xmem	从源累加器中减去两个操作数乘积	1	1
MASR Xmem, Ymem, src [, dst]	dst =rnd(src – Xmem * Ymem) T = Xmem	从源累加器中减去两个操作数乘积（带舍入①）	1	1
MASA Smem [, B]	B = B – Smem * A(32–16) T = Smem	从累加器 B 中减去操作数与累加器 A 高位乘积	1	1
MASA T, src [, dst]	dst = src – T * A(32–16)	从源累加器中减去 T 寄存器值与累加器 A 高位乘积	1	1
MASAR T, src [, dst]	dst = rnd(src–T * A(32–16))	从源累加器中减去 T 寄存器值与累加器 A 高位乘积（带舍入①）	1	1
SQURA Smem, src	src = src + Smem * Smem T = Smem	操作数平方并累加	1	1
SQURS Smem, src	src = src – Smem * Smem T = Smem	从累加器中减去操作数平方	1	1

注：①带有 R 后缀，对乘法结果进行舍入处理（加 2^{15}，低 16 位清 0）。

参与运算的乘数可以是 T 寄存器、立即数、存储单元和累加器 A 或 B 的高 16 位。乘法运算结束后，再将乘积与目的操作数进行加法或减法运算。

5．双精度/双字算术运算指令

双精度/双字算术运算指令共计 6 条，列在表 3-9 中。C16=0，表中指令以双精度方式（32 位）执行；C16=1，表中指令以双 16 位方式（同时进行 2 次 16 位数的加或减）执行。

表 3-9　双精度（32 位操作数）指令

语法	表达式	说明	字数	周期
DADD Lmem,src[, dst]	If　C16 = 0 dst = Lmem + src If　C16 = 1 dst(39−16)=Lmem(31−16)+src(31−16) dst(15−0)= Lmem(15−0) +src(15−0)	双精度/双 16 位操作数加到累加器	1	1
DADST Lmem, dst	If　C16 = 0 dst = Lmem + (T << 16 + T) If　C16 = 1 dst(39−16) = Lmem(31−16) + T dst(15−0) = Lmem(15−0) − T	双精度/双 16 位操作数与 T 寄存器值相加/减	1	1
DRSUB Lmem, src	If　C16 = 0 src = Lmem − src If　C16 = 1 src(39−16)=Lmem(31−16)−src(31−16) src(15− 0) = Lmem(15−0)−src(15−0)	从双精度/双 16 位操作数中减去累加器值	1	1
DSADT Lmem, dst	If　C16 = 0 dst = Lmem − (T << 16 + T) If　C16 = 1 dst(39− 16) = Lmem(31− 16) − T dst(15− 0) = Lmem(15− 0) + T	长操作数与 T 寄存器值相加/减	1	1
DSUB Lmem, src	If　C16 = 0 src = src − Lmem If　C16 = 1 src(39−16)=src(31−16)−Lmem(31− 16) src(15− 0) = src(15− 0) − Lmem(15− 0)	从累加器中减去双精度/双 16 位操作数	1	1
DSUBT Lmem, dst	If　C16 = 0 dst = Lmem − (T << 16 + T) If　C16 = 1 dst(39− 16) = Lmem(31− 16) − T dst(15− 0) = Lmem(15− 0) − T	从长操作数中减去 T 寄存器值	1	1

指令中 Lmem 为 32 位长操作数，有两个连续地址的 16 位字构成，低地址为偶数，其内容为操作数的高 16 位，高地址的内容为操作数的低 16 位。

【例 3-2】DADD　*AR3+, A, B

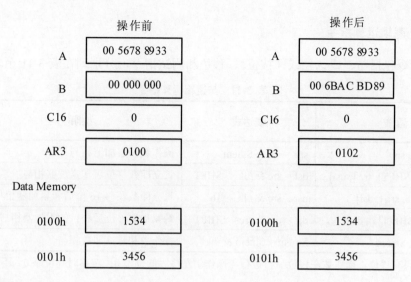

操作前

A	00 5678 8933
B	00 000 000
C16	0
AR3	0100

Data Memory

| 0100h | 1534 |
| 0101h | 3456 |

操作后

A	00 5678 8933
B	00 6BAC BD89
C16	0
AR3	0102

| 0100h | 1534 |
| 0101h | 3456 |

6. 专用指令

专用指令有 15 条，列在表 3-10 中。

表 3-10　专用指令

语法	表达式	说明	字数	周期
ABDST Xmem, Ymem	$B = B + |A(32- 16)|$ $A = (Xmem - Ymem) << 16$	Xmem 和 Ymem 之差的绝对值	1	1
ABS src [, dst]	$dst = |src|$	累加器取绝对值	1	1
CMPL src [, dst]	$dst = \sim src$	计算 src 的反码（逻辑反）	1	1
DELAY Smem	$(Smem + 1) = Smem$	把单数据存储单元 Smem 中的内容复制到紧接着的较高地址单元中	1	1
EXP src	$T =$ 源累加器符号位数-8	计算累加器指数值[①]	1	1
FIRS Xmem, Ymem, pmad	$B = B + A * pmad$ $A = (Xmem + Ymem) << 16$	系数对称 FIR 滤波器	2	3
LMS Xmem, Ymem	$B = B + Xmem * Ymem$ $A = A + Xmem << 16 + 2^{15}$	求最小均方值	1	1
MAX dst	$dst = max(A, B)$	比较累加器值，把较大值放到 dst 中	1	1
MIN dst	$dst = min(A, B)$	比较累加器值，把小值放到 dst 中	1	1
NEG src [, dst]	$dst = -src$	计算累加器值反值	1	1
NORM src [, dst]	$dst = src << TS$ $dst = norm(src, TS)$	规一化。按 T 寄存器中的内容对累加器进行规格化处理（左移或右移）	1	1
POLY Smem	$B = Smem << 16$ $A = rnd(A(32- 16) * T + B)$	用于多项式计算	1	1
RND src [, dst]	$dst = src + 2^{15}$	累加器舍入计算	1	1
SAT src	Src 的饱和计算	累加器饱和计算	1	1
SQDST Xmem, Ymem	$B = B + A(32- 16) * A(32- 16)$ $A = (Xmem - Ymem) << 16$	计算两点之间距离的平方	1	1

3.3.2　逻辑运算指令

逻辑指令包括与、或、异或（按位）、移位和测试指令，分别列在表 3-11 至表 3-15 中。

表 3-11　与逻辑运算指令

语法	表达式	说明	字数	周期
AND Smem, src	src = src & Smem	操作数和累加器相与	1	1
AND # lk [, SHFT], src [, dst]	dst = src & #lk <<SHFT	长立即数移位后和累加器相与	2	2
AND # lk, 16, src [, dst]	dst = src & #lk <<16	长立即数左移 16 位后和累加器相与	2	2
AND src [, SHIFT] [, dst]	dst = dst & src<<SHIFT	源累加器移位后和目的累加器相与	1	1
ANDM # lk, Smem	Smem = Smem & #lk	操作数和长立即数相与	2	2

注：如果有移位，操作数在移位后再进行与操作。左移时低位添 0；右移时高位添 0。不受 SXM 影响。

表 3-12　或逻辑运算指令

语法	表达式	说　明	字数	周期
OR Smem, src	src = src | Smem	操作数和累加器相或	1	1
OR # lk [, SHFT], src[,dst]	dst = src | #lk << SHFT	长立即数移位后和累加器相或	2	2
OR # lk, 16, src [, dst]	dst = src | #lk << 16	长立即数左移 16 位后和累加器相或	2	2
OR src [, SHIFT] [, dst]	dst = dst | src << SHIFT	源累加器移位后和目的累加器相或	1	1
ORM # lk, Smem	Smem = Smem | #lk	操作数和长立即数相或	2	2

表 3-13　异或逻辑运算指令

语法	表达式	说明	字数	周期
XOR　Smem, src	src = src∧Smem	操作数和累加器相异或	1	1
XOR　#lk [,SHFT,],src[,dst]	dst = src∧#lk << SHFT	长立即数移位后和累加器相异或	2	2
XOR　# lk, 16, src [, dst]	dst = src∧#lk << 16	长立即数左移 16 位后和累加器异或	2	2
XOR　src [, SHIFT] [, dst]	dst = ds∧src <<SHIFT	源累加器移位后和目的累加器异或	1	1
XORM # lk, Smem	Smem = Smem∧#lk	操作数和长立即数相异或	2	2

表 3-14　移位逻辑运算指令

语法	表达式	说明	字数	周期
ROL　src	Rotate left with carry in	累加器循环左移一位。进位位 C 的值移入 src 的最低位，src 的最高位移入 C 中，保护位清 0	1	1
ROLTC src	Rotate left with TC in	累加器带 TC 位循环左移。TC 的值移入 src 的最低位，src 的最高位移入 C 中，保护位清 0	1	1

续表

语法	表达式	说明	字数	周期
ROR src	Rotate right with carry in	累加器循环右移一位。进位位 C 的值移入 src 的最高位，src 的最低位移入 C 中，保护位清 0	1	1
SFTA src, SHIFT[, dst]	dst=src<< SHIFT {arithmetic shift}	累加器算术移位①	1	1
SFTC src	if src(31) = src(30) then src = src << 1	累加器条件移位。当累加器的第 31 位、30 位都为 1 或为 0 时(两个符号位)，累加器左移一位，TC=0；否则（一个符号位），TC=1	1	1
SFTL src, SHIFT [, dst]	dst = src << SHIFT {logical shift}	累加器逻辑移位①	1	1

注：①在执行 SFTA 和 SFTL 指令时，移位数定义为-16≤SHFIT≤15。SFTA 指令受 SXM 位（符号位扩展方式位）影响。当 SHFIT 为负值时，如果 SXM=1，SFTA 进行算术右移（累加器的 39~0 位进行移位），并保持累加器的符号位（把 src(39)位移到 dst(39-(39+(SHIFT + 1)))）；当 SXM=0 时，累加器的最高位添 0。当 SHFIT 大于 0 时，SFTA 进行算术左移，把 0 写进 dst((SHIFT–1)–0)。SFTL 指令不受 SXM 位影响，它对累加器的 31~0 位进行移位操作，移位时将 0 移到最高有效位 MSB 或最低有效位 LSB（取决于移位的方向）。

表 3-15　测试指令

语法	表达式	说明				字数	周期
BIT Xmem, BITC	TC = Xmem(15–BITC)	测试指定位。把 Xmem 存储单元值的第 15-BITC 位复制到 ST0 的 TC 位。例如 BIT *AR5+, 15-12 测试 AR5 所指单元的第 12 位				1	1
BITF Smem, # lk	TC = (Smem && #lk)	测试由立即数规定的位域。lk 常数在测试 bit 或 bits 是起屏蔽作用。如果所测试的 bit 或 bits 为 0，TC 位清 0；否则，TC 置 1				2	2
BITF Smem	TC = Smem(15–T(3– 0))	测试由 T 寄存器规定的位。把 Smem 存储单元值的第 15- T(3-0)位复制到 ST0 的 TC 位				1	1
CMPM Smem, # lk	TC = (Smem == #lk)	存储单元和长立即数比较，如果相等 TC 置 1，否则清 0				2	2
CMPR CC, ARx	Compare ARx with AR0	辅助寄存器 ARx 内容与 AR0 内容比较。比较由条件 CC（条件代码）值决定。如果满足条件，TC 置 1，否则清 0。CC 值及其表示的条件和说明如下				1	1
		条件	CC 值	说明			
		EQ	00	测试 ARx 是否等于 AR0			
		LT	01	测试 ARx 是否小于 AR0			
		GT	10	测试 ARx 是否大于 AR0			
		NEQ	11	测试 ARx 是否不等于 AR0			

3.3.3 程序控制指令

程序控制指令包括分支转移指令、子程序调用指令、中断指令、返回指令、重复指令、堆栈操作指令及混合程序控制指令，分别列在表 3-16 至表 3-22 中。

表 3-16 分支指令

语法	表达式	说明	字数	周期（非延迟/延迟）
B[D] pmad	PC = pmad(15–0)	无条件分支转移	2	4/2
BACC[D] src	PC = src(15–0)	用指定的累加器（A 或 B）的低 16 位作为地址转移	1	6/4
BANZ[D] pmad, Sind	if (Sind≠0) then PC = pmad(15–0)	辅助寄存器内容不为 0，转移到指定程序地址	2	4/2 条件满足 2/2 不满足
BC[D] pmad,cond [, cond [, cond]]	if (cond(s)) then PC = pmad(15–0)	条件分支转移	2	5/3 条件满足 3/3 不满足
FB[D] extpmad	PC = pmad(15–0) XPC = pmad(22–16)	无条件远程分支转移	2	4/2
FBACC[D] src	PC = src(15–0) XPC = src(22–16)	按累加器规定的地址远程分支转移	1	6/4

注：后缀 D 表示延迟分支转移，可以使一条指令的执行时间减少 2 个周期，先执行分支指令后续的 2 条指令，然后再分支转移。

表 3-17 调用指令

语法	表达式	说明	字数	周期（非延迟/延迟）
CALA[D] src	--SP, PC + 1[3] = TOS PC = src(15– 0)	按累加器规定的地址调用子程序	1	6/4
CALL[D] pmad	--SP, PC + 2[4] = TOS PC = pmad(15– 0)	无条件调用子程序	2	4/2
CC[D] pmad, cond [, cond [, cond]]	if (cond(s)) then —SP PC + 2[4] = TOS PC = pmad(15– 0)	条件调用子程序	2	5/3 条件满足 3/3 不满足
FCALA[D] src	--SP, PC + 1[3] = TOS PC = src(15–0) XPC = src(22–16)	按累加器规定的地址远程调用子程序	1	6/4
FCALL[D] extpmad	--SP, PC + 2[4] = TOS PC = pmad(15–0) XPC = pmad(22–16)	无条件远程调用子程序	2	4/2

表 3-18　中断指令

语法	表达式	说明	字数	周期
INTR K	--SP , ++PC = TOS PC = IPTR(15–7) + K << 2 INTM = 1	不可屏蔽的软件中断 关闭其它可屏蔽中断	1	3
TRAP K	--SP , ++PC = TOS PC = IPTR(15–7) + K << 2	不可屏蔽的软件中断 不影响 INTM 位	1	3

表 3-19　返回指令

语法	表达式	说明	字数	周期 （非延迟/延迟）
FRET[D]	XPC = TOS, ++ SP, PC = TOS,++SP	远程返回	1	6/4
FRETE[D]	XPC = TOS, ++ SP, PC = TOS, ++SP, INTM = 0	开中断，从远程返回	1	6/4
RC[D] cond [, cond [, cond]]	if (cond(s)) then PC = TOS, ++SP	条件返回	1	5/3 条件满足 3/3 不满足
RET[D]	PC = TOS, ++SP	返回	1	5/3
RETE[D]	PC = TOS, ++SP, INTM = 0	开中断，从中断返回	1	5/3
RETF[D]	PC = RTN, ++SP, INTM = 0	开中断，从中断快速返回	1	3/1

表 3-20　重复指令

语法	表达式	说明	字数	周期
RPT Smem	Repeat single, RC = Smem	重复执行下一条指令（Smem）+1 次	1	1
RPT # K	Repeat single, RC = #K	重复执行下一条指令 k+1 次	1	1
RPT # lk	Repeat single, RC = #lk	重复执行下一条指令 lk+1 次	2	2
RPTB[D]　pmad	Repeat block, RSA=PC+ 2[4], REA = pmad, BRAF = 1	块重复指令	2	4/2
RPTZ　dst,　# lk	Repeat single, RC = #lk, dst = 0	重复执行下一条指令 lk+1 次，目的累加器清 0	2	2

表 3-21　堆栈操作指令

语法	表达式	说明	字数	周期
FRAME K	SP = SP + K	把短立即数 K 加到 SP 中	1	1
POPD Smem	Smem = TOS, ++SP	把栈顶数据弹出到 Smem 数据存储单元中，然后 SP 加 1	1	1
POPM MMR	MMR = TOS, ++SP	把栈顶数据弹出到 MMR，然后 SP 加 1	1	1
PSHD Smem	--SP, Smem = TOS	SP 减 1 后，将数据压入堆栈	1	1
PSHM MMR	--SP, MMR = TOS	SP 减 1 后，将 MMR 压入堆栈	1	1

表 3-22　混合程序控制指令

语法	表达式	说明	字数	周期
IDLE K	idle(K)	保持空转状态，直到非屏蔽中断和复位[①]	1	4
MAR Smem	If CMPT = 0, then modify ARx If CMPT = 1 and ARx ≠AR0, then modify ARx, ARP = x If CMPT = 1 and ARx = AR0, then modify AR(ARP)	修改辅助寄存器的值。CMPT=1，修改 ARx 的内容及修改 ARP 值为 x；CMPT=0，只修改 ARx 的内容，而不改变 ARP 值	1	1
NOP	no operation	空操作，除了执行 PC+1 外不执行任何操作	1	1
RESET	software reset	非屏蔽的软件复位	1	3
RSBX N, SBIT	STN (SBIT) = 0	对状态寄存器 ST0、ST1 的特定位清 0。N 指定修改的状态寄存器，SBIT 指定修改的位。状态寄存器中的域名能够用来代替 N 和 SBIT 作为操作数	1	1
SSBX N, SBIT	STN (SBIT) = 1	对状态寄存器 ST0、ST1 的特定位置 1	1	1
XC n, cond [,cond[,cond]]	If (cond(s)) then execute the next n instructions; n = 1 or 2	条件执行指令	1	1

注：①K=1，诸如定时器、串口等片内外设在空闲状态时仍有效，外围中断与复位操作及外部中断能使处理器从空闲状态中解放出来；K=2，诸如定时器、串口等片内外设在空闲状态时无效，复位操作及外部中断能使处理器从空闲状态中解放出来；K=3，诸如定时器、串口等片内外设在空闲状态时无效，锁相环 PLL 被停止，复位操作及外部中断能使处理器从空闲状态中解放出来。该指令不能重复执行。

3.3.4　加载和存储指令

加载和存储指令包括：加载指令、存储指令、条件存储指令、并行加载和存储指令、并行加载和乘法指令、并行存储和加/减法指令、混合加载和存储指令，分别列在表 3-23 至表 3-30 中。加载指令是将存储器内容或立即数赋给目的寄存器；存储指令是把源操作数或立即数存入存储器或寄存器。

表 3-23　载指令

语法	表达式	说明	字数	周期
DLD Lmem, dst	dst = Lmem	双精度/双 16-Bit 长字加载目的累加器	1	1
LD Smem, dst	dst = Smem	把数据存储器操作数加载到累加器	1	1
LD Smem, TS, dst	dst = Smem << TS	操作数按 TREG（5～0）移位后加载到累加器	1	1
LD Smem, 16 , dst	dst = Smem << 16	操作数左移 16 位后加载累加器	1	1
LD Smem[,SHIFT],dst	dst = Smem << SHIFT	操作数 Smem 移位后加载累加器	2	2
LD Xmem, SHFT, dst	dst = Xmem << SHFT	Xmem 移位后加载累加器	1	1
LD #K, dst	dst = #K	短立即数 K 加载累加器	1	1
LD #lk [,SHFT],dst	dst = #lk << SHFT	长立即数移位后加载累加器	2	2

续表

语法	表达式	说明	字数	周期
LD #lk, 16, dst	dst = #lk << 16	长立即数左移 16 位后加载累加器	2	2
LD src, ASM [,dst]	dst = src << ASM	源累加器按 ASM 移位后加载目的累加器	1	1
LD src [,SHIFT],dst	dst = src << SHIFT	源累加器移位后加载目的累加器	1	1
LD Smem, T	T = Smem	操作数加载 T 寄存器	1	1
LD Smem, DP	DP = Smem(8–0)	9 位操作数加载 DP	1	3
LD #k9, DP	DP = #k9	9 位立即数加载 DP	1	1
LD #k5, ASM	ASM = #k5	5 位立即数加载 ASM	1	1
LD # k3, ARP	ARP = #k3	3 位立即数加载 ARP	1	1
LD Smem, ASM	ASM = Smem(4–0)	操作数低 5 位加载 ASM	1	1
LDM MMR, dst	dst = MMR	将 MMR 加载到目的累加器	1	1
LDR Smem, dst	dst(31–16)=rnd(Smem)	操作数舍入加载累加器高位	1	1
LDU Smem, dst	dst = uns(Smem)	无符号操作数加载 dst 低端（15～0），dst 保护位和高端（39～16）清 0	1	1
LTD Smem	T = Smem, (Smem + 1) = Smem	操作数加载到 T 寄存器和紧跟着的较高地址的数据单元	1	1

表 3-24　存储指令

语法	表达式	说明	字数	周期
DST src, Lmem	Lmem = src	累加器值存入长字单元中	1	2
ST T, Smem	Smem = T	存储 T 寄存器值	1	1
ST TRN, Smem	Smem = TRN	存储 TRN 寄存器值	1	1
ST # lk, Smem	Smem = #lk	存储长立即数	2	2
STH src, Smem	Smem = src<< –16	存储累加器高位（31～16）	1	1
STH src, ASM, Smem	Smem = src<<(ASM–16)	累加器按 ASM 移位后存储累加器高位	1	1
STH src, SHFT, Xmem	Xmem = src<<(SHFT–16)	累加器按 SHFT 移位后存储累加器高位	1	1
STH src[,SHIFT],Smem	Smem = src <<(SHIFT–16)	累加器按 SHIFT 移位后存储高位	2	2
STL src, Smem	Smem = src	存储累加器低位（15～0）	1	1
STL src, ASM, Smem	Smem = src << ASM	累加器按 ASM 移位后存储累加器低位	1	1
STL src, SHFT, Xmem	Xmem = src << SHFT	累加器按 SHFT 移位后存储累加器低位	1	1
STL src[,SHIFT],Smem	Smem = src << SHIFT	累加器按 SHIFT 移位后存储累加器低位	2	2
STLM src, MMR	MMR = src	累加器低位存储到 MMR	1	1
STM # lk, MMR	MMR = #lk	长立即数 lk 存储到 MMR	2	2

表 3-25　条件存储指令

语法	表达式	说明	字数	周期
CMPS src, Smem	If src(31–16) > src(15–0) Then Smem = src(31–16) If src(31–16)≤src(15–0) Then Smem = src(15–0)	比较源累加器的高 16 位和低 16 位，把较大值存入单数据存储单元	1	1
SACCD src, Xmem, cond	If (cond) 　Xmem = src << (ASM–16)	如果条件（cond）满足，累加器按 ASM 移位后的高位存储到 Xmem 单元	1	1
SRCCD Xmem, cond	If (cond) Xmem = BRC	如果条件（cond）满足，把块循环计数器 BRC 中的值存储到 Xmem 单元	1	1
STRCD Xmem, cond	If (cond) Xmem = T	如果条件（cond）满足，把 TREG 中的值存储到 Xmem 单元	1	1

表 3-26　并行加载和存储指令

语法	表达式	说明	字数	周期
ST src, Ymem || LD Xmem, dst	Ymem = src << (ASM-16) || dst = Xmem << 16	源累加器按 ASM 移位后高位存储到 Ymem 单元中，同时并行执行把 Xmem 单元中值加载到目的累加器高位	1	1
ST src, Ymem || LD Xmem, T	Ymem = src << (ASM–16) || T = Xmem	源累加器按 ASM 移位后高位存储到 Ymem 单元中，同时并行执行把 Xmem 单元中值加载到 T 寄存器	1	1

表 3-27　并行加载和乘法指令

语法	表达式	说明	字数	周期
LD Xmem, dst || MAC Ymem, dst_	dst = Xmem << 16 || dst_ = dst_ + T * Ymem	双数据存储器操作数左移 16 位加载累加器高位，并行乘加运算	1	1
LD Xmem, dst || MACR Ymem, dst_	dst = Xmem << 16 || dst_ =rnd(dst_+T* Ymem)	双数据存储器操作数左移 16 位加载累加器高位，并行乘加运算（带舍入）	1	1
LD Xmem, dst || MAS Ymem, dst_	dst = Xmem << 16 || dst_ = dst_ –T * Ymem	双数据存储器操作数左移 16 位加载累加器高位，并行乘法减法运算	1	1
LD Xmem, dst || MASR Ymem, dst_	dst = Xmem << 16 ||dst_ =rnd(dst_ –T*Ymem)	双数据存储器操作数左移 16 位加载累加器高位，并行乘法减法运算（带舍入）	1	1

表 3-28　并行存储和加/减法指令

语法	表达式	说明	字数	周期
ST src, Ymem || ADD Xmem, dst	Ymem = src << (ASM-16) || dst = dst_ + Xmem<<16	按 ASM 移位后存储累加器高位并行加法运算	1	1
ST src, Ymem || SUB Xmem, dst	Ymem = src << (ASM–16) ||dst =(Xmem << 16)–dst_	按 ASM 移位后存储累加器高位并行减法运算	1	1

表 3-29 并行存储和乘法指令

语法	表达式	说明	字数	周期
ST src, Ymem || MAC Xmem, dst	Ymem = src << (ASM − 16) || dst = dst + T * Xmem	按 ASM 移位后存储累加器高位并行乘法累加运算	1	1
ST src, Ymem || MACR Xmem, dst	Ymem = src << (ASM − 16) || dst = rnd(dst + T * Xmem)	按 ASM 移位后存储累加器高位并行乘法累加运算（带舍入）	1	1
ST src, Ymem || MAS Xmem, dst	Ymem = src << (ASM − 16) || dst = dst − T * Xmem	按 ASM 移位后存储累加器高位并行乘法减法运算	1	1
ST src, Ymem || MASR Xmem, dst	Ymem = src << (ASM − 16) || dst = rnd(dst − T * Xmem)	按 ASM 移位后存储累加器高位并行乘法减法运算（带舍入）	1	1
ST src, Ymem || MPY Xmem, dst	Ymem = src << (ASM − 16) || dst = T * Xmem	按 ASM 移位后存储累加器高位并行乘法运算	1	1

表 3-30 混合加载和存储指令（数据块传送指令）

语法	表达式	说明	字数	周期
MVDD Xmem, Ymem	Ymem = Xmem	数据存储器内部传送数据。Xmem 存储单元值复制到 Ymem 存储单元中	1	1
MVDK Smem,dmad	dmad = Smem	数据存储器内部指定地址传送数据。把单数据存储器操作数寻址的 Smem 单元内容复制到由 16-Bit 立即数 dmad 寻址的数据存储单元中	2	2
MVDM dmad, MMR	MMR = dmad	把由 16-Bit 立即数 dmad 寻址的数据存储单元内容复制到 MMR	2	2
MVDP Smem, pmad	pmad = Smem	数据存储器向程序存储器传送数据。把单数据存储器操作数寻址的 Smem 单元内容复制到由 16-Bit 立即数 pmad 寻址的程序存储单元中	2	4
MVKD dmad, Smem	Smem = dmad	数据存储器内部指定地址传送数据。把 16-Bit 立即数 dmad 寻址的数据存储单元内容复制到单数据存储器操作数寻址的 Smem 单元中	2	2
MVMD MMR, dmad	dmad = MMR	MMR 向数据存储器指定地址传送数据	2	2
MVMM MMRx, MMRy	MMRy = MMRx	MMRx 向 MMRy 传送数据	1	1
MVPD pmad, Smem	Smem = pmad	程序存储器向数据存储器传送数据	2	3
PORTR PA, Smem	Smem = PA	从 PA 口读入数据。从外部 I/O 口（PA—16-bit 立即数地址）把数据读到 Smem 单元中	2	2
PORTW Smem, PA	PA = Smem	向 PA 口输出数据。把 Smem 单元中的 16-bit 数据写到外部 I/O 口 PA 中去	2	2
READA Smem	Smem = A	按累加器 A 寻址读程序存储器并存入数据存储器	1	5
WRITA Smem	A = Smem	把数据存储单元中的值写到由累加器 A 寻址的程序存储器中	1	5

习题三

一、填空题

1．在 C54x DSP 寻址和指令系统中，Xmem 和 Ymem 表示_____，Dmad 为 16 位立即数，表示_____，Pmad 为 16 位立即数，表示_____。

2．C54x DSP 的指令系统有_____和_____形式。

3．在堆栈操作中，PC 当前地址为 4020h，SP 当前地址为 0033h，运行 PSHM AR2 后，PC=_____，SP=_____（假设 PSHM 为单字指令）。

4．立即数寻址指令中在数字或符号常数前面加一个_____号来表示立即数。

5．位倒序寻址方式中，AR0 中存放的是_____。

6．双数据存储器操作数间接寻址所用辅助寄存器只能是_____。

7．在 TMS320C54X 中没有提供专门的除法指令，一般是使用_____指令完成无符号数除法运算。

8．含有 29 个字的循环缓冲器必须从最低_____位为 0 的地址开始。

二、指令执行前有关寄存器及数据存储器单元情况如下图所示，请在下图分别填写指令执行后有关寄存器及数据存储器单元的内容

1．ADD　*AR3+, 14, A

	指令执行前		指令执行后
A	00 0000 1200	A	
C	1	C	0
AR3	0100	AR3	
SXM	1	SXM	1

数据存储器		数据存储器	
0100h	1500	0100h	

2．PUSH　*AR3+

	指令执行前		指令执行后
AR3	0200	AR3	
SP	8000	SP	

数据存储器		数据存储器	
0200h	07FF	0200h	
7FFFh	07FF	7FFFh	

3. POPM　AR5

<table>
<tr><td></td><td>指令执行前</td><td></td><td>指令执行后</td></tr>
<tr><td>AR5</td><td>0055</td><td>AR5</td><td></td></tr>
<tr><td>SP</td><td>03F0</td><td>SP</td><td></td></tr>
</table>

<table>
<tr><td>数据存储器</td><td></td><td>数据存储器</td><td></td></tr>
<tr><td>03F0h</td><td>0060</td><td>03F0h</td><td></td></tr>
</table>

4. BANZ 2000h, *AR3-

<table>
<tr><td></td><td>指令执行前</td><td></td><td>指令执行后</td></tr>
<tr><td>PC</td><td>1000</td><td>PC</td><td></td></tr>
<tr><td></td><td>005</td><td></td><td></td></tr>
</table>

三、简答题

1. TMS320C54x 提供哪几种数据寻址方式？举例说明它们是如何寻址的？

2. 在循环寻址方式中，如何确定循环缓冲的起始地址？如循环缓冲大小为 32，其起始地址必须从哪开始？

3. 若辅助寄存器 AR0 的值为 0x0010H，AR3 的值为 0x0310H，循环缓冲起始地址为 0300H，BK=31，请分别给出下列寻址方式修改后的辅助寄存器的值。

*AR3+%

*AR3+0%

*AR3-%

*+AR3(-2)

*AR0(#0100)

4. 请描述 TMS320C54x 的位倒序寻址方式。设 FFT 长度 N=16，AR0 应赋值为多少？若 AR2 中存放的数据存储器地址为 FF00H，则经过 8 次*AR2+0B 寻址，访问的内存单元地址依次为多少？

5. 双数据存储器操作数间接寻址使用哪种类型？所用辅助寄存器只能是哪几个？其特点是什么？

6. 直接寻址方式有哪两种？其实际地址如何生成？当 SP=2000H，DP=2，偏移地址为 25H 时，分别寻址的是哪个存储空间的哪个单元？

7. TMS320C54x 指令系统包括哪几种基本类型的操作？

第 4 章　TMS320C54x 软件开发

　　根据系统的实现目标，完成硬件系统和算法设计后，接下来要进行软件系统的开发设计。软件开发设计主要是根据系统要求所设计的算法和所选的 DSP 芯片编写相应的 DSP 程序。这涉及两方面的内容，一方面是选择编程语言；另一方面是选择软件开发环境和开发工具。关于编程语言可以选择汇编语言，也可以选择 C 语言，汇编语言编程过程复杂，但程序执行效率高，C 语言编程容易，但程序执行效率不如汇编语言。关于软件开发环境，有集成开发环境 CCS（Code Composer Studio）和非集成开发环境（代码生成工具）。本章介绍 TMS320C54x 软件开发流程及代码生成工具、COFF 目标文件格式、汇编伪指令、链接命令文件的编写与使用、汇编语言源文件的书写格式以及 C 语言编程。关于集成开发环境 CCS（Code Composer Studio）的内容请参见第 5 章 TI DSP 集成开发环境（CCS）。

- TMS320C54x 软件开发流程及开发工具
- TMS320C54x 目标文件格式
- TMS320C54x 汇编伪指令
- TMS320C54x 链接命令文件的编写与使用
- TMS320C54x 汇编语言源文件的书写格式
- TMS320C54x C 语言编程

4.1　软件开发流程及开发工具

4.1.1　软件开发流程

　　图 4-1 是 TMS320C54x DSP 进行软件开发的流程图，图中阴影部分是常用软件开发流程，其他部分为选项。

　　从图 4-1 中可以看出，用户可以采用 C 语言或汇编语言编写源文件（.c 或.asm），经 C 编译器、汇编器生成 COFF 格式的目标文件（.obj），再用链接器进行链接，生成在 C54x 上可执行的目标代码（.out），然后利用调试工具（软件仿真器 simulator 或硬件仿真器 emulator）对可执行的目标代码进行仿真和调试。当调试完成后，通过 Hex 代码转换工具，将调试后的可执行目标代码（.out）转换成 EPROM 编程器能接受的代码（.hex），将该代码固化到 EPROM 中或加载到用户的应用系统中，以便 DSP 目标系统脱离计算机单独运行。

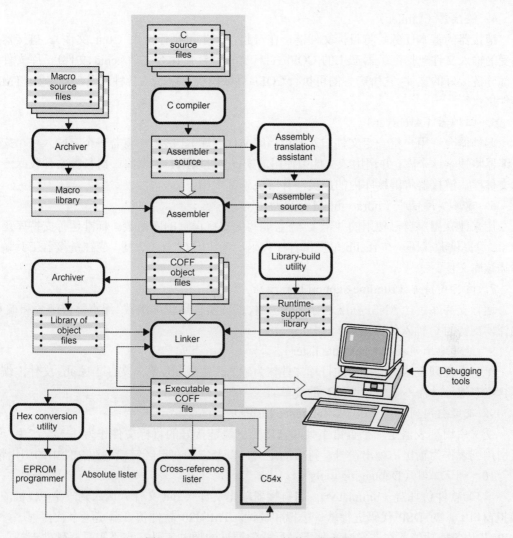

图 4-1　TMS320C54x DSP 软件开发流程

4.1.2　软件开发工具

1. 建立源程序

用 C 语言或汇编语言编写源程序，扩展名分别为.c 和.asm。采用汇编语言或 C 语言编写的源程序均为文本文件，可以在任何一种文本编辑器中进行。

2. C 编译器（C Compiler）

用来将 C 语言源程序（.c）自动编译为 C54x 的汇编语言源程序（.asm）。

3. 汇编器（Assembler）

将汇编语言的源程序文件汇编成机器语言的目标程序文件（.obj 文件），其格式为 COFF（公用目标文件格式），即通常指的.obj 文件。汇编语言源程序可以包括汇编语言指令（instruction）、汇编伪指令（assembler directives）和宏指令（macro directives）。C5000 系列提供两种指令集,用户可以选择助记符指令集（Mnemonic Instruction Set）或代数指令集（Algebraic Instruction Set），但两者不能混用。

4. 链接器（Linker）

链接器的基本任务是将目标文件链接在一起，产生可执行模块（.out 文件）。链接器可以接受的输入文件包括汇编器产生的 COFF 目标文件、链接命令文件(.cmd 文件)、库文件，以及部分链接好的文件。它所产生的可执行 COFF 目标模块可以装入各种开发工具，或由 TMS320器件来执行。

5. 归档器（Archiver）

归档器允许用户将一组文件归入一个档案文件（库）。例如，将若干个宏归入一个宏库，汇编器将搜索这个库，并调用源文件中使用的宏。也可以用归档器将一组目标文件收入一个目标文件库，链接器将链接库内的成员，并解决外部引用。

6. 建库实用程序（library-build utility）

用来建立用户自己使用的并用 C 语言编写的支持运行的库函数。标准运行支持库函数在rts.src 里提供源代码，在 rts.lib 里提供目标代码，若使用 C 语言开发，应在链接器工具调试时添加该库文件。

7. 运行支持库（runtime-support library）

运行支持库包含 ANSI 标准运行支持函数、编译器公用程序函数、浮点算数函数和被 C54x编译器支持的 C 输入输出函数。

8. 绝对地址列表器（absolute lister）

绝对地址列表器将链接后的目标文件作为输入，生成.abs 输出文件，对.abs 文件汇编产生包含绝对地址（而不是相对地址）的清单。

9. 交叉引用列表器（Cross-Reference Lister）

交叉引用列表器是一个查错工具，它接受已经链接好的目标文件作为输入，产生一个交叉引用列表作为输出，列出符号、符号的定义，以及它们在已经链接的源文件中的引用情况。

10. 调试工具（Debugging tools）

（1）软件仿真器（Simulator）。将链接器输出文件（.out 文件）调入到一个 PC 机的软件模拟窗口下，对 DSP 代码进行软件模拟和调试。TMS320 软件仿真器是一个软件程序，模拟DSP 芯片各种功能并在非实时条件下进行软件调试的调试工具，它不需目标硬件支持，只需在计算机上运行。

（2）硬件在线仿真器（XDS Emulator）。为可扩展的开发系统仿真器（XDS510），可以用来进行系统级的集成调试，是进行 DSP 芯片软、硬件开发的最佳工具。XDS510 是德州仪器公司(TI)为其系列 DSP 设计用以系统级调试的专用硬件仿真器(Emulators)，其全称为 TMS320扩展开发系统 XDS（eXtended Development System）。XDS510 使用 JTAG 标准，该扫描式仿真（Scan-Based Emulator）是一种独特的、非插入式的系统仿真、集成调试方法。使用这种方法，程序可以从片外或片内的目标存储器实时执行，在任何时钟速度下都不会引入额外的等待状态。TMS320 器件的结构可以实现通过内部的、由单一串口访问的移位寄存器扫描通道来实现扫描式仿真。该扫描通道提供对内部器件寄存器和状态机的访问，允许完全的可观察和控制。即便 DSP 焊接在目标系统中，这种非插入式的方法仍然可以工作。

（3）评估模块（EVM 板）。TMS320 的评估模块（EVM）是廉价的开发板，用于对 DSP芯片的性能评估、标准程序检查，也可以用来组成一定规模的用户 DSP 系统。

11. 十六进制转换公用程序（Hex Conversion Utility）

TI 的软件仿真器和硬件仿真器接收可执行的 COFF 文件（.out）作为输入。在程序设计和调试阶段，都是利用仿真器与 PC 机进行联机在线仿真，通过硬件仿真器将可执行的 COFF 文件从 PC 机下载到 DSP 目标系统的程序存储器中运行和调试。当程序调试仿真通过后，希望 DSP 目标系统成为一个独立的系统，一般是将程序存储在片外断电不会丢失的外部程序存储器（如 FLASH、EPROM）中。上电后通过 DSP 自举引导程序（BOOTLOADER），将程序代码从速度相对较慢的 EPROM 搬移到速度较快的 DSP 片内 RAM 或片外 RAM 中运行。但大多数可擦除存储器不支持 COFF 文件。十六进制转换公用程序将 COFF 文件（.out）转化为标准的 ASCII 码十六进制文件格式，从而可写入 EPROM，并且还可以自动生成支持 BOOTLOADER 从 EPROM 引导加载 DSP 程序的固化代码。

TI 公司的 TMS320C54xV3.50 版代码生成工具程序如表 4-1 所示。由于各类 DSP 软件工具在最近几年更新很快，工具程序名可能与表中不一致，在使用时一定要注意用相同版本的系列程序。不过，TI 公司推出的 CCS 集成环境将上述各步骤集成在一个窗口环境下，大大方便了软件设计。用 CCS 集成环境开发软件就不必调用这些工具程序，只需在下拉菜单中操作即自动执行各工具程序。第 5 章将以 CCS5000 为例，详细介绍集成开发环境的使用。

表 4-1　TMS320C54xV3.50 版代码生成工具程序

程序名	作用	程序名	作用
CL500.exe	编译汇编链接程序，将 C 程序转换成.out 文件	AR500.exe	文档管理程序，对目标文件库进行增加、删除、提取、替代等操作
AC500.exe	C 文法分析程序，对.c 文件进行文法分析，生成.if 中间文件	ASM500.exe	COFF 汇编应用程序，将汇编语言程序转换为 COFF 目标文件.obj
OPT500.exe	优化程序，对.if 文件进行优化，生成.opt 文件	HEX500.exe	代码格式转换程序，将.out 文件转换为指定格式的文件
CG500.exe	代码生成程序，将.if 或.opt 文件生成.asm 文件	LNK500.exe	链接程序，将目标文件链接成.out 文件
CLIST.exe	交叉列表程序，对 CG500 生成的.asm 文件进行交叉列表，生成.cl 文件	MK500.exe	库生成应用程序

4.2　公共目标文件格式

4.2.1　COFF 文件的基本单元——段

汇编器和链接器建立的目标文件，是一个可以在 TMS320 器件上执行的文件。这些目标文件的格式称之为公共目标文件格式，即 COFF（Common Object File Format）。COFF 使模块化编程和管理变得更加方便，因为当编写一个汇编语言程序时，可以按照代码段和数据段来考虑问题。汇编器和链接器都有一些伪指令来建立并管理各种各样的段。

段（Sections）是 COFF 文件中最重要的概念。一个段就是最终在存储器映象中占据连续空间的一个数据或代码块。目标文件中的每一个段都是相互独立的。一般地，COFF 目标文件包含 3 个缺省的段：

.text 段：此段通常包含可执行代码。

.data 段：此段通常包含已初始化的数据。

.bss 段：此段通常为未初始化的数据保留存储空间。

此外，汇编器和链接器允许编程者建立和链接自定义的段，这些段使用起来与.text 段、.data 段、.bss 段类似。

段可以分为两大类，即已初始化段和未初始化段。已初始化段包含程序代码和数据，.text 段和.data 段以及用.sect 汇编伪指令创建的段都属于已初始化段。未初始化段为未初始化数据在存储器中保留空间，.bss 段以及用.usect 汇编伪指令创建的段都属于未初始化段。

汇编器在汇编过程中，根据汇编伪指令用适当的段将各部分程序代码和数据连在一起，构成目标文件。链接器的一个主要功能是将段定位至目标存储器中。在汇编器汇编形成的目标文件中，其程序块或数据块的地址都是不确定的，确定块地址的工作一般由链接器来完成。由于大多数系统包含多个不同类型的存储器（EPROM、RAM 等），采用段可以使用户更有效地利用目标存储器。所有的段可以独立地进行重定位，因此可以将不同的段分配至各种目标存储器中。如图 4-2 所示为目标文件中的段与目标系统中存储器的关系。

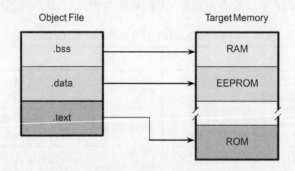

图 4-2　目标文件中的段与目标存储器的关系

4.2.2　汇编器对段的处理

汇编器通过段伪指令自动识别各个段，并将段名相同的语句汇编在一起。汇编器有 5 个汇编伪指令来完成这种功能，即：

.bss　　　　（未初始化段）
.usect　　　（未初始化段）
.text　　　（已初始化段）
.data　　　（已初始化段）
.sect　　　（已初始化段）

如果在程序中未用任何段伪指令，则汇编器将把所有的程序块或数据块统一汇编至.text 段中。

1. 未初始化段

未初始化段主要用来在存储器中保留空间，通常将它们定位到 RAM 中。这些段在目标文件中没有实际内容，只是保留空间而已。程序可以在运行时利用这些空间建立和存储变量。未初始化段是通过使用.bss 和.usect 汇编伪指令建立的，两条伪指令的句法分别为：

　　　　.bss　　　符号,字数
符号　　.usect　　"段名",字数

其中，"符号"为指向由.bss 或.usect 命令保留的第一个字，它对应于为变量保留空间第一个字的变量名，可以在其他任何段中被访问，也可用.global 命令定义为全局符号；"字数"表示空间的大小，即保留存储单元的个数；"段名"指程序员自己定义的未初始化段的名字。

每次使用.bss 伪指令，汇编器就在对应的段保留预留字数的存储空间；每次使用.usect 指令，汇编器就在指定的自定义段保留预留字数的存储空间。汇编器遇到.bss 和.usect 指令不结束当前段的汇编去开始一个新的段，它们仅仅让汇编器暂时退出当前段的汇编。.bss 和.usect 指令可以出现在一个初始化段的任何地方而不会影响该段的内容。

2. 已初始化段

已初始化段包含可执行代码或已初始化数据。这些段的内容存储在目标文件中，加载程序时再放到 C54x 存储器中。每个已初始化段可以独立地进行重定位，并且可以引用在其他段中定义的符号，链接器自动解决段之间符号引用的问题。三个用于建立初始化段的伪指令句法分别为：

```
.text      [段起点]
.data      [段起点]
.sect      "段名" [,段起点]
```

其中，段起点是任选项，如果选用，就是为段程序计数器（SPC）定义一个起始值，SPC 值只能定义一次，且必须是在第一次遇到这个段时定义。如果缺省，则 SPC 从 0 开始。

当汇编器遇到上述命令时，立即停止当前段的汇编，且开始将随后的代码或数据汇编到指定的段中。段是通过迭代过程建立的，例如，当汇编器首次遇到一个.data 命令时，.data 段是空的，.data 后面的语句被汇编到.data 段中，直到遇到一个.text 或.sect 命令为止。如果汇编器在后面又遇到.data 命令，则将.data 后面的语句汇编到已存在的.data 段中语句的后面，这样建立唯一的.data 段可以在存储器中分配一个连续的空间。

3. 命名段

命名段就是程序员自己定义的段，它与缺省的.text、.data 和.bss 段一样使用，但与缺省段分开汇编。例如，重复使用.text 命令在目标文件中只建立一个.text 段，链接后，这个.text 段也作为一个单位分配到存储器中。有时候程序员想把一部分程序放到不同于.text 的存储器中，则可以使用命名段，这样就可以将命名代码段放在与.text 不同的存储器中。同样也可将初始化数据汇编到与.data 段不同的存储器中，将未初始化的变量汇编到与.bss 段不同的存储器中。产生命名段的伪指令为：

```
符号    .usect    "段名",字数
        .sect     "段名" [,段起点]
```

其中，.usect 伪指令建立的段与.bss 段类似，为变量在 RAM 中保留空间。.sect 伪指令建立包含代码和初始化数据的段，类似于.text 和.data 的段。最多可以创建 32767 个不同的命名段，段名可以多至 200 个字符。每次用一个新名字调用这些伪指令时，就产生一个新的命名段。每次用一个已经存在的名字调用这些伪指令时，汇编器就将代码或数据（或保留空间）汇编进相应名称的段。注意，不同的伪指令不能使用相同的段名。

4. 子段

子段（Subsections）是大段中的小段。链接器可以像处理段一样处理子段。采用子段可以使存储器图更加紧密。子段的命名句法为：

基段名:子段名

当汇编器在基段名后发现冒号，则紧跟其后的就是子段名。可以为子段单独分配存储空

间，或者在相同的基段名下与其他段组合在一起。例如，在.text 段内建立一个名为_func 的子段，可以用如下命令：

    .sect   ".text:_func"

子段也有两种，用.sect 命令建立的是已初始化段，用.usect 命令建立的是未初始化段。

    5. 段程序计数器（SPC）

汇编器为每个段安排一个独立的程序计数器，即段程序计数器（SPC）。SPC 表示一个程序代码段或数据段内的当前地址。开始时，汇编器将每个 SPC 置 0，当汇编器将程序代码或数据加到一个段内时，相应的 SPC 增加。如果汇编器再次遇到相同段名的段，继续汇编至相应的段，且相应的 SPC 在先前的基础上继续增加。

    【例 4-1】段伪指令应用举例。

下面列出的是汇编语言程序经汇编后输出的列表文件（.lst），表示了各个段 SPC 值的调整过程。列表文件（.lst）由四部分组成，自左向右分别为：

第一部分（Field1）：源程序的行号。

第二部分（Field2）：段程序计数器。

第三部分（Field3）：目标代码。

第四部分（Field4）：源程序。

```
2                                  ************************************************
3                                  ** Assemble an initialized table into .data.    **
4                                  ************************************************
5        000000                                              .data
6        000000      0011    coeff           .word        011h,022h,033h
         000001      0022
         000002      0033
7                                  ************************************************
8                                  **      Reserve space in .bss for a variable.      **
9                                  ************************************************
10       000000                                   .bss buffer,10
11                                 ************************************************
12                                 **        Still in .data.                          **
13                                 ************************************************
14       000003      0123    ptr          .word   0123h
15                                 ************************************************
16                                 ** Assemble code into the .text section.        **
17                                 ************************************************
18       000000                                   .text
19       000000      100f    add:         LD 0Fh,A
20       000001      f010    aloop:       SUB #1,A
         000002      0001
21       000003      f842                 BC   aloop, AGEQ
         000004      0001'
22                                 ************************************************
23                                 ** Another initialized table into .data.       **
```

```
24                              ***************************************
25          000004                              .data
26          000004      00aa    ivals           .word 0AAh, 0BBh, 0CCh
            000005      00bb
            000006      00cc
27                              ***************************************
28                              ** Define another section for more variables. **
29                              ***************************************
30          000000              var2            .usect    "newvars", 1
31          000001              inbuf           .usect    "newvars",  7
32                              ***************************************
33                              **          Assemble more code into .text.        **
34                              ***************************************
35          000005                              .text
36          000005      110a    mpy:            LD 0Ah,B
37          000006      f166    mloop:          MPY #0Ah,B
            000007      000a
38          000008      f868                    BC mloop,BNOV
            000009      0006'
39                              ***************************************
40                              ** Define a named section for int. vectors.     **
41                              ***************************************
42          000000                              .sect    "vectors"
43          000000      0011                    .word 011h, 033h
44          000001      0033
```

在此例中，一共建立了 5 个段：

.text：段内包含 10 个 16-bit 的程序代码。

.data：段内包含 7 个字的初始化数据。

vectors：是一个用.sect 命令建立的命名段，包含两个初始化数据。

.bss：在存储器中为变量保留 10 个字的存储单元。

newvars：是一个用.usect 命令建立的命名段，在存储器中为变量保留 8 个字的存储单元。

例 4-1 产生的目标代码如图 4-3 所示。第一列表示产生目标代码的源程序的行号，第二列表示汇编进这些段的目标代码。

4.2.3　链接器对段的处理

链接器对段的处理有两个功能。首先，它将汇编器产生的 COFF 目标文件（.obj 文件）中的各种段作为输入段，当有多个文件进行链接时，它将输入段组合起来，在可执行的 COFF 输出模块中建立各个输出段。其次，链接器为输出段选择存储器地址。链接器有两个命令完成上述功能，即：

MEMORY 命令——定义目标系统的存储器配置图，包括对存储器各部分的命名，以及规定它们的起始地址和长度。

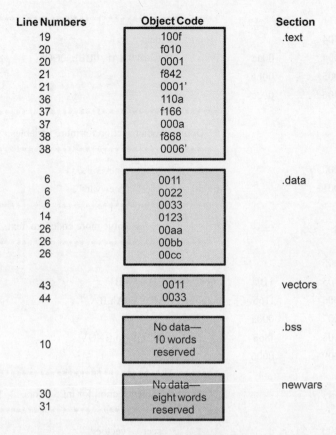

图 4-3　例 4-1 产生的目标代码

　　SECTIONS 命令——告诉链接器如何将输入段组合成输出段，以及在存储器何处存放输出段。子段可以用来更精确地编排段，可用链接器 SECTIONS 命令指定子段。

　　若不用这两个命令，链接器将采用默认的存储器分配方法。如图 4-4 所示，file1.obj 和 file2.obj 作为链接器的输入文件进行链接，链接器将两个文件的.text 段组合在一起形成一个.text 段，然后结合两个文件的.data 段，再结合.bss 段，最后将命名段结合在一起，并从地址 0080H 开始按上述顺序一个段接一个段地按图 4-4 所示放置在存储器中。

　　由于大多数系统包含多个不同类型的存储器（EPROM、ROM、RAM 等），一般希望将不同段分配至指定的存储器类型中，此时可以使用 MEMORY 和 SECTIONS 两条命令在链接器命令文件（扩展名为.cmd）中说明（详见 4.6 节）。

4.2.4　重新定位

1. 链接时重新定位

　　汇编器将每个段的起始地址处理为 0，而所有需要重新定位的符号（标号）在段内都是相对于 0 地址的。实际上，不可能所有的段都从 0 地址开始，因此链接器通过以下方法将段重新定位：

● 将各个段定位到存储器空间中，每个段都从合适的地址开始。

● 将符号值调整到相对于新的段地址的数值。

● 调整对重新定位后符号的引用。

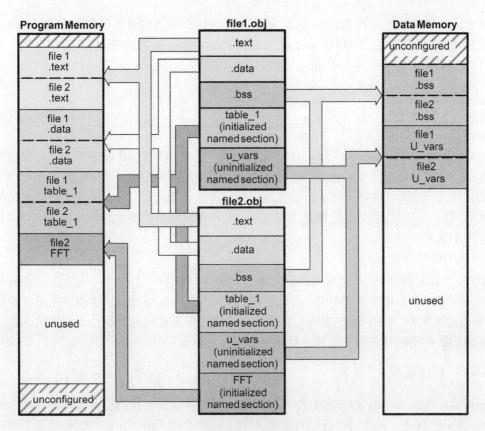

图 4-4　链接器默认的存储器分配

【例 4-2】产生重定位入口的一段程序（列表文件）代码。

```
1                           .ref   X
2                           .ref   Z
3      000000               .text
4      000000 F073          B   Y          ;产生重定位入口
       000001 0006'
5      000002 F073          B   Z          ;产生重定位入口
       000003 0000!
6      000004 F020          LD #X, A       ;产生重定位入口
       000005 0000!
5      000006 F7E0     Y:   RESET
```

目标代码后面的标记表示链接时需要重定位，含义如下：

!　未定义的外部引用

'　.text 段重定位

"　.data 段重定位

+　. sect 段重定位

-　.bss 和.usect 段重定位

在例 4-2 中，X、Y 和 Z 需要重新定位。Y 是在这个模块的.text 段中定义的，X 和 Z 在另一模块中定义。当程序汇编时，X 和 Z 的值为 0（汇编器假定所有未定义的外部符号的值为 0），Y 的值为 6（相对于.text 段的地址 0）。汇编器产生 3 个重定位入口，对 X 和 Z 的引用是外部

引用（列表文件中用！字符表示），对 Y 的引用是内部引用（列表文件中用'字符表示）。假定代码链接后，X 重定位在 7100H，.text 段重定位的起始地址为 7200H，链接器使用两个重定位入口在目标代码中修改这两个引用。

```
f073  B  Y          变为      f073
0006'                         7206'
f020  LD  #X , A     变为      f020
0000!                         7100!
```

COFF 目标文件中的每一个段都有一个重定位入口表，该表包含段中每个重定位引用的重定位入口。链接器对符号重定位时，利用这些入口修正对符号的引用值，链接器在处理完之后就将重定位入口删除，以防止在重新链接或加载时再次重新定位。一个没有重定位入口的文件称为绝对文件，即它的所有地址都是绝对地址。若希望链接器保持重定位入口表，则调用链接器时使用-r 选项。

2. 运行时重新定位

有时，希望将代码装入存储器的一个地方，而运行在另一个地方。例如，一些关键的执行代码必须装入在系统的 ROM 中，但希望在较快的 RAM 中运行。链接器提供了一个简单的处理该问题的方法。利用 SECTIONS 命令选项让链接器定位两次。第一次使用装入关键字设置装入地址，再用运行关键字设置运行地址（详见 4.6 节）。

4.2.5 程序装入

链接器产生可执行的 COFF 目标模块，可执行的目标模块和链接器输入的目标文件具有相同的 COFF 格式，但在可执行的目标文件中，对段进行了结合并在目标存储器中进行了重定位。为了运行程序，可执行目标模块必须装入目标存储器。有几种方法可以用来装入程序，具体使用哪种取决于执行环境。最常用的两种方法如下：

（1）硬件仿真器和 CCS 集成开发环境，具有内部的装入器，调用装入器的 LOAD 命令即可装入可执行程序。装入器读取可执行文件并将程序复制进目标系统的存储器，一般用于调试、验证程序运行。

（2）将代码固化在片外存储器中，采用 Hex 转换工具（Hex conversion utility），例如 Hex500将可执行的 COFF 目标模块（.out 文件）转换成几种其他目标格式文件，然后将转换后的文件用编程器将代码写入 EPROM/Flash。由于 Flash 修改方便快捷，无需紫外线擦除器，因此建议在 DSP 电路调试阶段用 Flash，而定型后可改用可靠性好的 ROM 或 EPROM。Flash 与 EPROM管脚基本兼容，如 29F040 与 27C040，只要对调两管脚连线即可。

4.2.6 COFF 文件中的符号

COFF 文件中有一个符号表，用于存储程序中的符号信息。链接器对符号重定位时使用该表，调试工具也使用该表来提供符号调试。

外部符号指在一个模块中定义，在另一个模块中使用的符号。可使用.def、.ref 或.global 汇编伪指令将符号定义为外部符号。

.def 定义符号，在当前模块中定义，可以在别的模块中引用的符号；

.ref 引用符号，在当前模块中引用在别的模块中定义的符号；

.global 定义全局符号，可用于以上任何一种情况。

【例 4-3】以下代码说明符号的定义。

```
x:   ADD #56h , A        ;定义 x
     B   y               ;引用 y
     .def   x            ;在此模块中定义，可以在别的模块中引用的符号
     .ref   y            ;在此模块中引用在别的模块中定义的符号
```

汇编器把 x 和 y 都放在目标文件的符号表中。每当遇到一个外部符号，无论是定义的还是引用的，汇编器都将在符号表中产生一个条目，汇编器还产生一个指到每段的专门符号，链接器使用这些符号将其他引用符号重新定位。

当这个文件和其他目标文件链接时，一遇到符号 x 就定义其他文件中引用的符号 x。遇到符号 y，链接器就检查其他文件对 y 的定义。链接器必须使所引用的符号与相应的定义匹配，若链接器找不到某个符号的定义，就给出不能辨认所引用符号的出错信息。

4.3　汇编器概述

汇编器的的作用是将汇编语言源程序转换成机器语言目标文件。

1. 汇编器功能

（1）将汇编语言格式的源文件，汇编成可重新定位的 C54x 目标文件（.obj）；

（2）产生列表文件（.lst 文件，可选），可对该列表进行控制；

（3）允许把代码分段，对每一个目标代码段提供一个段指针 SPC；

（4）定义和引用全局符号，并提供源文件交叉引用表（可选）；

（5）汇编条件程序块；

（6）支持宏功能，允许定义宏命令。

2. 汇编程序的运行

C54x 的汇编程序（汇编器）名为 asm500.exe。要运行汇编程序，可键入如下命令：

asm500 [input file[object file[listing file]]][-options]

其中，input file——汇编语言源程序名，缺省扩展名.asm。如果不键入文件名，则汇编程序会提示输入一个文件名。

object file——由汇编程序建立的目标文件名。如果没有提供目标文件名，则汇编程序就用输入文件名为目标文件名，.obj 为扩展名。

listing file——汇编程序建立的列表文件名，.lst 作为扩展名。

-options——汇编器的选项，为汇编器的使用提供各种选择，常用选项如表 4-2 所示。

表 4-2　汇编器 asm500 的选项

选项	含义
-a	建立一个绝对列表文件。当选用-a 时，汇编器不产生目标文件
-c	使汇编语言文件中大小写没有区别
-d	为名字符号设置初值。格式为-d name[=value]这与汇编文件开始处插入 name.set[=value]是等效的。如果 value 漏掉了，此名字符号被置为 1
-hc	将选定的文件复制到汇编模块。格式为-hc filename 所选定的文件被插入到源文件语句的前面，复制的文件将出现在汇编列表文件中

续表

选项	含义
-hi	将选定的文件包含到汇编模块。格式为-hi filename 所选定的文件包含到源文件语句的前面，所包含的文件不出现在汇编列表文件中
-i	规定一个目录。汇编器可以在这个目录下找到.copy、.include 或.mlib 命令所命名的文件。格式为-i pathname 最多可规定 10 个目录，每一条路径名的前面都必须加上-i 选项
-l	（小写 L）生成一个列表文件
-mg	源文件是代数式指令
-q	抑制汇编的标题以及所有的进展信息
-s	把所有定义的符号放进目标文件的符号表中。汇编程序通常只将全局符号放进符号表中。当利用-s 选项时，所定义的标号以及汇编时定义的常数也都放进符号表内
-x	产生一个交叉引用表，并将它附加到列表文件的最后，还在目标文件上加上交叉引用信息。即使没有要求生成列表文件，汇编程序总还是要建立列表文件的

选项对大小写不敏感。选项前一定要有一短划（连字符）。选项可以出现在命令行上命令后的任何位置。无参数单字选项可以组合在一起，例如，-lc 就等于-l-c。有参数的单字选项，例如-i，必须单独选用。表 4-2 所列选项中，-l、-s 以及-x 选项用得最多，这样，运行汇编程序的命令为：

asm500　abc　-l-s-x

其中，abc 为源程序名。该源程序经汇编后将生成一个列表文件、目标文件、符号表（在目标文件中）以及交叉引用表（在列表文件中）。

4.4　常用汇编伪指令

伪指令（Directives）不生成最终代码（即不占据存储单元），但对汇编器、链接器有重要的指示作用，包括段（Section）定义、条件汇编、文件引用、宏定义等。TMS320 系列各种 DSP 的伪指令相同。常用的汇编伪指令如表 4-3 所示。

表 4-3　常用伪指令

汇编伪指令	作用	举例
.title	紧跟其后的是用双引号括起的源程序名	.title　"example. asm"
.end	结束汇编命令	放在汇编语言源程序的最后
.text	紧随其后的是汇编语言程序正文	.text 段是源程序正文。经汇编后，紧随.text 后的是可执行程序代码
.data	紧跟其后的是已初始化数据	有两种数据形式：.int 和.word
.int	.int 用来设置一个或多个 16 位无符号整型量常数	table:　.word　1，2，3，4 　　　　.word　8，6，4，2
.word	.word 用来设置一个或多个 16 位带符号整型量常数	表示在标号为 table 的程序存储器开始的 8 个单元中存放初始化数据 1、2、3、4、8、6、4 和 2，table 的值为第一个字的地址

汇编伪指令	作用	举例
.bss	.bss 为未初始化变量保留存储空间	.bss　x，4 表示在数据存储器中空出 4 个存储单元存放变量 x1、x2、x3 和 x4，x 代表第一个单元的地址
.sect	建立包含代码和数据的自定义段	.sect "vector"定义向量表，紧随其后的是复位向量和中断向量，名为 vectors
.usect	为未初始化变量保留存储空间的自定义段	STACK　.usect　"STACK",10h 表示在数据存储器中留出 16 个单元作为堆栈区，名为 STACK（栈顶地址）

1. 段定义伪指令

为便于链接器将程序、数据分段定位于指定的（物理存在的）存储器空间，并将不同的 obj 文件链接起来，TI 公司的 DSP 软件设计使用了程序、数据、变量分段定义的方法。段的使用非常灵活，但常用以下约定：

.text——此段存放程序代码。

.data——此段存放初始化了的数据。

.bss——此段存入未初始化的变量。

.sect '名称' ——定义一个有名段，放初始化了的数据或程序代码。

符号名 .usect "段名"，字数——为一个有名称的段保留一段存储空间，但不初始化。

通常在 out 文件中至少有前 3 种段（由汇编器产生），.sect 和.usect 段是用户自定义的有名称段。这 5 种段的地址都是可浮动的，段中每条指令或每个数据存储单元的地址都是相对于段首（地址为 0）地址的相对量，用段指针（SPC）来计算，将来 DSP 实际系统中的地址可以由链接器来重定位。

2. 初始化常数（数据和存储器）伪指令

.byte value_l,…,value_n 或.char value_1,…,value_n——当前段初始化一个或者多个连续的字节或字，每个值的宽度限制为 8 位。

.word value_l,…,value_n 或 .int value_l,…,value_n——把一个或多个 16 位整数，连续放置到存储器中。

.long value_l,…,value_n——初始化一个或多个 32 位整数，放置到当前段 2 个连续存储单元。

.float value_l,…,value_n——初始化一个或者多个 32 位，IEEE 单精度浮点常数，连续放置到存储器中（从当前段指针开始），自动对准最接近的长字边界。

.xfloat value_l,…,value_n——初始化一个或多个 32 位，IEEE 单精度浮点常数，但是在长字边界不对齐。

.double value_l,…,value_n——初始化一个或者多个 64 位，IEEE 双精度浮点常数。

.string "string_1",…, "string_n"——初始化一个或者多个文本字符串。

.space size——在当前段保留存储空间，size 的单位为位。

3. 对齐段程序计数器（SPC）指令

.align [size]——将 SPC 对齐由参数 size 指定的一个边界，参数必须是 2 的指数。例如：

size=1 时，对准 SPC 到字的边界；

size=2 时，对准 SPC 到长字的边界/偶地址边界；

size=128 时，对准 SPC 到页边界；默认为页边界。

.even——等于.align 2。

4. 引用其他文件的指令

.copy ["]filename["]——从其他文件引用源代码，其内容可以是程序、数据、符号定义等。从 copy 的文件中读取的源语句输出到清单文件中。

.include ["]filename["]——和.copy 不同的是从 include 的文件中读取的源语句不输出到清单文件中。

.def symbol_1[,…,symbol_n] ——指定在当前模块定义并且可能在其他模块使用的一个或多个符号。

.global symbol_1[,…,symbol_n] ——指定一个或多个全局（外部）符号。

.ref symbol_1[,…,symbol_n] ——指定在当前模块使用并且可能在其他模块定义的一个或多个符号。

5. 条件汇编伪指令

.if、.elseif、.else、.endif 伪指令告诉汇编器按照表达式的计算结果对代码块进行条件汇编。

.if expression——标志条件块的开始，仅当条件为真（expression 的值非 0 即为真）时汇编代码。

.elseif expression——标志若.if 条件为假，而.elseif 条件为真时要汇编代码块。

.else——标志若.if 条件为假时要汇编代码块。

.endif——标志条件块的结束，并终止该条件代码块。

6. 其他伪指令

.mmregs——定义存储器映射寄存器的符号名，这样就可以用 AR0、PMST 等助记符替换实际的存储器地址。

.end——程序块结束。

.set——定义符号常量，如 K .set 256，汇编器将把所有符号 K 换成 256。

.label symbol——定义一个符号，用于指向在当前段内的装入地址而不是运行地址。

7. 宏定义和宏调用

TMS320C54x 汇编支持宏语言。如果程序中需要多次执行某段程序，可以把这段程序定义（宏定义）为一个宏，然后在需要重复执行这段程序的地方调用这条宏。

宏定义如下：
```
macname    .macro   [parameter 1][,…,parameter n]
……
    [.mexit]
    .endm
```
其中，macname——宏指令名，必须放在源程序语句的标号位置。

.macro——作为宏定义第 1 行的记号，必须放在助记符操作码位置。

[parameter n]——任选的替代符号。

[.mexit]——跳转到.endm 语句。当检测到宏展开将失败，没有必要完成剩下的宏展开时，.mexit 命令将起作用。

.endm——结束宏定义，终止宏。

【例 4-4】宏定义、调用和扩展（C54x）。

① 宏定义。

```
add3    .macro  p1,p2,p3,ADDRP      ;ADDRP=p1+p2+p3
        LD    p1,A
        ADD   p2,A
        ADD   p3,A
        STL   A,ADDRP
        .end
```

② 调用宏。

```
.global  abc,def,ghi,adr
add3     abc,def,ghi,adr
```

其调用执行以下操作：

```
LD    abc,A
ADD   def,A
ADD   ghi,A
STL   A,adr
```

汇编器将每条宏调用语句都展开为相应的指令序列，编写宏时，应先定义宏，再调用宏。宏的作用与调用子程序/函数有类似之处，在源程序中有助于分层次地书写程序，简明清晰，不同之处在于每个宏调用都被汇编器展开，多次调用同一宏时生成的目标代码将比调用子程序时生成的代码长。宏的优点是省去了跳转、返回等子程序调用时的操作，因此执行速度较快。

限于篇幅，仅介绍常用汇编伪指令，其他可参考 TMS320C54x Assembly Language Tools User's Guide（SPRU102）Texas Instruments。

4.5　汇编语言程序编写方法

汇编语言编程可以使用助记符指令集（Mnemonic Instruction Set）或代数指令集（Algebraic Instruction Set），但两种不能混用，本节以助记符指令集为例介绍汇编语言程序编写方法。DSP 汇编语言源程序以.asm 为扩展名。

汇编语言源程序文件中可能包含下列汇编语言要素：①汇编伪指令；②汇编语言指令；③注释。

4.5.1　汇编语言源程序格式

程序的编写必须符合一定的格式，以便汇编器将源文件转换成机器语言的目标文件。

助记符指令一般包含 4 个部分，其一般组成形式为：

[标号][:]　　助记符　[操作数]　　[;注释]

例如：

```
SYM1    .set 2                      ;符号  SYM1 = 2
Begin:  LD  #SYM1, AR1              ;将 2 装入  AR1
        .word 016h                  ;初始化字  (016h)
```

其书写规则为：

①所有语句必须以标号、空格、星号或分号开始；

②所有包含汇编伪指令的语句必须在一行完全指定；

③标号可选，若使用标号，则标号必须从第一列开始；

④每个区必须用一个或多个空格分开，TAB 键与空格等效；

⑤程序中可以有注释，注释在第一列开始时前面需标上星号（*）或分号（;），但在其他列开始的注释前面只能标分号。

1. 标号区

所有汇编指令和大多数汇编伪指令前面都可以带有标号，供本程序或其他程序调用。标号可以长达 32 个字符，由 A~Z、a~z、0~9、_和$符号组成，且第一个字符不能是数字，区分大小写。标号后面可以带有冒号（:），但冒号并不作为标号的一部分。使用标号时，标号的值是段程序计数器（SPC）的当前值。例如，用.word 伪指令初始化几个字，标号指向第一个字的地址。下面例子中标号 Start 的值为 40H。

　　　　　⋮　　⋮　　⋮　　⋮　　⋮

9　　000000 ;假定汇编了其他代码
10　　000040 000A Start: .word 0Ah,3,7
　　　000041 0003
　　　000042 0007

当标号独自占一行时，SPC 值不增加，标号指向下一行指令的地址，相当于 label　.set　$（$提供 SPC 的当前值），例如：

3　　000043 Here:
4　　000043 0003 .word 3

2. 助记符区

助记符用来表示指令所完成的操作，助记符区不能从第一列开始，否则被认为是标号。助记符可以是以下操作码之一：①机器指令助记符（例如：ABS、MPYU、STH）；②汇编伪指令（例如：.data、.list、.set）；③宏伪指令（例如：.macro、.mexit）；④宏调用。

3. 操作数区

操作数区是一个操作数列表，可以是常数、符号或常数与符号构成的表达式。操作数间需用"，"号隔开。

汇编器允许指定常数、符号或表达式作为地址、立即数或间接地址。操作数前缀规定如下：

#前缀——表示操作数为立即数，例如：

Label:ADD　#123 , B　　　　　;表示将操作数 123（十进制）和累加器 B 中的内容相加

*前缀——操作数为间接地址。使用操作数的内容作为地址。例如：

Label:LD *AR4 , A　　　　;操作数*AR4 为间接地址，将 AR4 中的内容作为地址，
　　　　　　　　　　　　;然后将该地址的内容装入到指定的累加器 A

@前缀——将操作数作为直接地址，即操作数由直接地址码赋值。

4. 注释区

注释用来说明指令功能，便于用户阅读。

注释可位于句首或句尾，位于句首时，以"*"或";"开始，位于句尾时，以分号";"开始；注释可单独一行或数行；注释是任选项；注释打印在列表文件中，但不影响汇编工作。

4.5.2　汇编语言中的常数和字符串

DSP 汇编程序中常数与字符串如表 4-4 所示。字符串可用于下列伪指令中：①.copy：作为复制伪指令中的文件名；②.sect：作为命名段伪指令中的段名；③.byte：作为数据初始化伪

指令中的变量名④.string：作为该伪指令的操作数。

表 4-4　COFF 常数与字符串

数据形式	举例
二进制	1110001b 或 1111001B（多达 16 位，后缀为 b 或 B）
八进制	226q 或 572Q（多达 6 位，后缀为 q 或 Q 或加前缀数字 0）
十进制	1234 或+1234,-1234（缺省型）（数的范围为-32768～65535）
十六进制	0A40h 或 0A40H 或 0xA40（多达 4 位，后缀为 h 或 H，必须以数字开始，或加前缀 0x）
浮点数	1.623e-23（仅 C 语言程序中能用，汇编程序中不能用）
字符常数	'D'、'"D'（单引号内的一个或两个字符，在内部表示为 8 位的 ASCII 值。若单引号也作为其中的一个字符时需要用两个连续的单引号，如'"D'）
字符串	.copy "filename"、.sect "section name"（双引号内的一串字符）

4.5.3　汇编源程序中的符号

符号用于作标号、常数和替代符号。符号名可长达 200 个字符，可由 A～Z、a～z、0～9、$和_组成，且第一个字符不能是数字。符号分大小写，例如 ABC、Abc 和 abc，汇编器将它们区分为 3 个不同的符号。符号仅在定义它的汇编程序中有效，除非用.global 或.def 伪指令声明为外部符号。如果在调用汇编器时使用-c 选项，则不区分大小写，汇编器将变所有符号为大写。

1. 标号

作为标号（label）的符号，是与程序中的位置有关的符号地址。在文件中局部使用的标号必须是唯一的。标号还可以作为.global、.ref、.def、.bss 等汇编伪指令的操作数。

2. 符号常数

使用符号常数可以用一个有意义的符号名代表一个常数，例如，用.set 伪指令定义符号常数：

```
K         .set 1024
maxbuf    .set 2*K
value     .set 0
delta     .set 1
```

也可以使用.set 伪指令将符号常数赋给寄存器，此时，符号名作为寄存器的别名。例如：

```
AuxR1     .set    AR1
          MVMM    AuxR1, SP
```

汇编器-d 选项也可以定义符号常数。

3. 预先定义的符号常数

汇编器有几个预先定义的符号，包括：$，代表段程序计数器（SPC）的当前值；寄存器符号 AR0～AR7；汇编器将存储器映像寄存器设置为符号。

4. 替代符号

利用.asg 伪指令将一个字符串赋给替代符号，当汇编器遇到替代符号时，就用它的字符串值替代它，替代符号可以重新定义。其语法为：

.asg ["]字符串["],替代符号

例如：

```
.asg "*+", INC                      ;间接寻址自动增加
.asg "*–", DEC                      ;间接寻址自动减
.asg "10, 20, 30, 40", coefficients ;参数
.byte coefficients
```

4.5.4 汇编源程序中的表达式

表达式可以是常数、符号或由算术运算符结合的常数和符号。表达式值的有效范围为 -32768～32767。

1. 运算符

表 4-5 列出了可以用在表达式中的运算符，C54x 汇编器使用和 C 语言一样的优先级。

汇编时执行算术运算后，汇编器检查上溢和下溢的条件，一旦出现上溢和下溢，汇编器就发出值被截断的警告。汇编器不检查乘法的上溢和下溢。

表 4-5 可以用在表达式中的运算符

优先级	符号	含义
	( )	括弧内的表达式最先计算
1	+、-、~、!	一元加、减、反码、逻辑非（单操作数运算符）
2	*、/、%	乘、除、模运算
3	+、-	加、减
4	<<、>>、	左移、右移
5	<、<=、>、>=	小于、小于等于、大于、大于等于
6	=[=]、!=	等于、不等于
7	&	按位与
8	^	按位异或
9			按位或

2. 合格的表达式

某些汇编伪指令要求合格的表达式做为操作数，合格的表达式中的符号应该是在引用之前已经定义了了的，表达式的值是绝对值。

【例 4-5】合格的表达式举例。

```
           .data
label1     .word   0
           .word   1
           .word   2
label2     .word   3
X          .set   50h
goodsym1   .set 100h + X    ;因为 X 的值在引用前已经定义，故是合格的表达式
goodsym2   .set $           ;对前面定义的局部标号的所有引用（包括当前的 SPC($)）都是合格的
goodsym3   .set label1 ;
goodsym4   .set label2 – label1 ;虽然标号 label1 和 label2 不是绝对符号，但它们是定义在
                              ;相同段的局部标号，所以汇编器可以计算它们的差值
```

表 4-6 总结了关于绝对符号、可重定位符号以及外部符号之间的正确操作。表达式中不能包含可重定位符号和外部符号的乘和除，也不能包含对其他段的可重定位符号。

表 4-6　带有绝对符号、可重定位符号的表达式

A	B	A+B	A-B
绝对	绝对	绝对	绝对
绝对	外部	外部	非法
绝对	可重新定位	可重新定位	非法
可重新定位	绝对	可重新定位	可重新定位
可重新定位	可重新定位	非法	绝对（但 A、B 必须在相同段）
可重新定位	外部	非法	非法
外部	绝对	外部	外部
外部	可重新定位	非法	非法
外部	外部	非法	非法

用.global 伪指令定义为全局符号的符号和寄存器，可以用在表达式中，在表 4-6 中定义为外部符号。可重新定位的寄存器也可以出现在表达式中，这些寄存器的地址相对于定义它们的寄存器段是可重新定位的，除非将它们声明为外部符号。

4.6　链接器及链接命令文件的编写与使用

4.6.1　连接器概述

链接器的主要任务是根据链接命令文件（.cmd），将一个或多个 COFF 目标文件链接起来，生成存储器映像文件（.map）和可执行的输出文件（.out）。

TMS320C54x 链接器有两个功能强大的指令，即 MEMORY 和 SECTIONS 用于编写链接命令文件。在链接过程中，链接器将各个目标文件合并，并完成以下工作：

①将各个段配置到目标系统的存储器；②对各个符号和段进行重新定位，并给它们指定一个最终的地址；③解决输入文件之间未定义的外部引用。

1. 链接器运行的三种方法

（1）lnk500

链接器会提示如下信息：

Command files:　　　（要求键入一个或多个命令文件）

Object files [.obj]:　　（要求键入一个或多个需要链接的目标文件）

Output Files [a.out]:　（要求键入一个链接器所生成的输出文件名）

Options：　　　　　　（要求附加一个链接选项）

（2）lnk500　file1.obj　file2.obj　-o　link.out

在命令行中指定选项和文件名，目标文件为 file1.obj、file2.obj，命令选项为-o，输出文件为 link.out。

（3）lnk500　linker.cmd

linker.cmd: 链接命令文件。

在执行上述命令之前，需将链接的目标文件、链接命令选项以及存储器配置要求等编写到链接命令文件 linker.cmd 中。

2. 链接命令选项

在链接时，连接器通过链接命令选项控制链接操作。链接命令选项可以放在命令行或命令文件中，所有选项前面必须加一短划线"-"。除-l 和-i 选项外，其他选项的先后顺序并不重要。选项之间可以用空格分开。最常用选项为-m 和-o，分别表示输出的地址分配表映像文件名和输出可执行文件名。常用链接器选项如表 4-7 所示。

表 4-7　常用链接器选项

选项	含义
-a	生成一个绝对地址的、可执行的输出模块。如果既不用-a 选项，也不用-r 选项，链接器就像规定-a 选项那样处理
-ar	生成一个可重新定位、可执行的目标模块。这里采用了-a 和-r 两个选项（可以分开写成-a -r，也可以连在一起，写作-ar），与-a 选项相比，-ar 选项还在输出文件中保留有重新定位信息
-e global_symbol	定义一个全局符号，该符号指定输出模块的入口地址
-f fill_vale	对输出模块各段之间的空单元设置一个 16 位数值（fill_value），如果不用-f 选项，则这些空单元都置 0
-i dir	更改搜索文档库算法，先到 dir（目录）中搜索。此选项必须出现在-l 选项之前
-l filename	命名一个文档库文件作为链接器的输入文件；filename 为文档库的某个文件名。此选项必须出现在-i 选项之后
-m filename	生成一个.map 映像文件，filename 是映像文件的文件名。.map 文件中说明存储器配置、输入、输出段布局以及外部符号重定位之后的地址等
-o filename	对可执行输出模块命名。如果默认，则此文件名为 a.out
-r	生成一个可重新定位的输出模块。当利用-r 选项且不用 -a 选项时，链接器生成一个不可执行的文件。例如：lnk500 -r　file1.obj　file2.obj，此命令将 file1.obj 和 file2.obj 两个目标文件链接起来，建立一个名为 a.out 的可重新定位的输出模块，a.out 可以和其他的目标文件重新链接，或在加载时重新定位

4.6.2　链接器命令文件的编写与使用

链接命令文件用来为链接器提供链接信息，可将链接操作所需的信息放在一个文件中，这在多次使用同样的链接信息时，可以方便地调用。链接命令文件为 ASCII 文件，可包含以下内容：

（1）输入文件名，即指定要链接的目标文件、文档库文件或其他命令文件。当调用其他命令文件时，该语句要放在命令文件的最后，因为链接器不能从调用的命令文件返回。

（2）链接器选项，可以用在链接器命令行，也可以编写在命令文件中。它们在命令文件中的使用方法与在命令行中相同。

（3）MEMORY 和 SECTIONS 链接伪指令，存储器伪指令 MEMORY，用来定义目标系统的存储器空间。段伪指令 SECTIONS 负责告诉链接器将输入文件中用.text、.data、.bss、.sect

等伪指令定义的段放到 MEMORY 命令描述的存储器空间的什么位置。

（4）赋值说明，用于给全局符号定义和赋值。

【例 4-6】链接器命令文件举例。

```
a.obj b.obj c.obj          /* 输入文件名*/
-o prog.out -m prog.map    /* 指定输出文件选项和存储器映象文件选项*/
MEMORY                     /* MEMORY 伪指令定义目标存储器配置*/
{
  RAM:   origin = 100h        length = 0100h
  ROM:   origin = 01000h      length = 0100h
}
SECTIONS                   /* SECTIONS 规定各个段放在存储器的什么位置*/
{
  .text:   > ROM
  .data:   > RAM
  .bss:    > RAM
}
```

1. MEMORY 伪指令及其使用

链接器要确定输出段应分配到存储器的位置，首先需要有一个目标存储器的模型，MEMORY 伪指令就是用来指定目标存储器的模型。在实际应用系统中，目标系统配置的存储器各不相同，通过这条伪指令，可以定义系统实际存在的存储器的类型和它们占用的地址。

MEMORY 伪指令的一般语法为：

```
MEMORY
{
    PAGE   0:   name [(attr)] : origin = constant, length = constant;
    ...
    PAGE   n:   name [(attr)] : origin = constant, length = constant;
}
```

MEMORY 伪指令在链接命令文件中用大写字母，后面紧跟着由大括弧括起来的一系列定义存储器范围的说明。

（1）PAGE 指定存储器空间页面，最多 255 个。通常 PAGE 0 用于程序存储器，PAGE 1 用于数据存储器。如果不指定 PAGE，链接器默认指定 PAGE 0。每一个 PAGE 代表一个完全独立的地址空间，页 0 上的已配置空间和页 1 上的已配置空间可以交叠。

（2）name 是存储器区间的取名，可由 1~64 个字符组成，包括 A-Z、a-z、$、.、_。名称对链接器没有特殊的含义，只是用来区分链接器区间，在输出文件或者符号里不再保留。在不同的 PAGE 里区间名可以相同，但在同一个 PAGE 里区间名不能相同，且不能重叠配置。

（3）attr 指定存储区的 1~4 种属性，属性为任选项，使用时必须放在小括号里。利用属性将输出段定位到存储器时加以限制。

R：指定该存储区可以读。

W：指定该存储区可以写。

X：指定该存储区可以装入可执行代码。

I：指定该存储区可以进行初始化。

如果不给存储区指定属性，默认为具有以上 4 种属性，可以不受限制地将任何输出段分配到该存储区。

（4）origin 指定存储区的起始地址，可以简写为 org 或 o，该值是一个 16 位二进制常数，可以用十进制、八进制或十六进制数表示。

（5）length 指定存储区的长度，可以简写为 len 或 l。

（6）fill 指定存储区间的填充值，该项为可选项，可以简写为 f，该值是一个 16 位二进制常数，可以用十进制、八进制或十六进制数表示，填充值用来填充没有分配输出段的存储空间。

2．SECTIONS 伪指令及其使用

SECTIONS 伪指令功能如下：

- 说明如何将输入段组合成输出段。
- 在可执行程序中定义输出段。
- 指定输出段在存储器中存放的位置。
- 允许对输出段重新命名。

SECTIONS 伪指令语法格式如下：

```
SECTIONS
  {
        name : [property [,property] [,property] ...]
        name : [property [,property] [,property] ...]
        name : [property [,property] [,property] ...]
  }
```

SECTIONS 伪指令在链接命令文件中用大写字母，后面紧跟着由大括弧括起来的是关于输出段的说明。每个输出段的说明都从段名开始，段名后面说明段的内容和如何给段分配存储单元等段的属性。这些属性包括以下内容：

（1）Load allocation，定义输出段装入地址，语法为：

```
load = allocation        或
allocation               或
> allocation
```

其中 allocation 指分配给输出段的地址。

（2）Run allocation，定义输出段运行时存储器地址，语法为：

```
run = allocation         或
run > allocation
```

链接器为每个输出段在目标存储器中分配两个地址，一个是装入地址，另一个是运行地址，一般这两个地址是相同的，但有时希望把程序的存储区和运行区分开，例如把程序装入ROM 中，然后在 RAM 中以较快的速度运行。可以用 SECTIONS 伪指令对这个段定位两次，一次设置装入地址，另一次设置运行地址。

（3）Input sections 定义组成输出段的输入段。在 SECTIONS 中一般不列出输入段的段名。

（4）Section type 为特殊的段类型定义标记（这里不介绍了）。

（5）Fill value 填充值，为未初始化空单元定义一个值。语法为：

```
fill = value              或
name: …{…} = value
```

段伪指令 SECTIONS，主要负责告诉链接器将输入文件中用.text、.data、.bss、.sect 等伪指令定义的段放到 MEMORY 命令描述的存储器区中，因此实际编写链接命令时，有些参数不一定用。放置段时，对于各输入 obj 文件中同名的段（如.text 段、.data 段），将按文件名出现顺序连续放到存储器区中。如果两种段都放同一区中，则按顺序先放第一个段，再连续放第二个段。

　　链接器会对存储器容量进行检查，当发现要放到一个区的各段总长度超过此区容量时，会给出错误提示。

　　设计者也可以不编写 MEMORY 命令和 SECTIONS 命令，这时链接器采用缺省的存储器分配方法，将所有的.text 输入段链接成一个.text 输出段（在可执行输出文件中），将所有的.data 输入段组合成一个.data 输出段，并将.text 和.data 段定位到配置为 PAGE 0 上的存储器，即程序存储空间。所有的.bss 输入段组合成一个.bss 输出段，并定位到配置为 PAGE 1 上的存储器，即数据存储空间。如果输入文件中包含有自定义初始化段，则将它们定位到程序存储空间，紧随.data 段之后，如果输入文件中包含自定义未初始化段，则将它们定位到数据存储空间，紧随.bss 段之后。

【例 4-7】SECTIONS 伪指令举例。

```
file1.obj    file2.obj         /*输入文件*/
-o prog.out                    /*用-o 参数指定输出文件名*/
SECTIONS
{
    .text:      load = ROM, run = 800h
    .const:     load = ROM
    .bss:       load = RAM
    .vectors:   load = FF80h
        {
            t1.obj(.intvec1)
            t2.obj(.intvec2)
        }
    .data:      align = 16
}
```

如图 4-5 所示为.vectors、.text、.const、.bss、.data 这些段在内存中的定位。

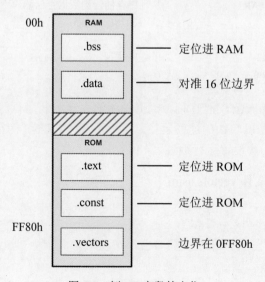

图 4-5　例 4-7 中段的定位

.bss 段组合了 file1.obj 和 file2.obj 的.bss 段，并被装入 RAM 存储区。

.data 段组合了 file1.obj 和 file2.obj 的.data 段，链接器将它放在可存放下它的任何空间，此例为 RAM 存储区，并对准 16 个字的边界。

.text 段组合了 file1.obj 和 file2.obj 的.text 段，并被装入 ROM 存储区，但运行时该段重新定位在地址 0800h。

.const 段组合了 file1.obj 和 file2.obj 的.Const，被装入 ROM 存储区。

.vectors 段由 t1.obj 文件中的.intvec1 和 t2.obj 文件中的.intvec2 组成。

3. 一个完整的 C54x 汇编程序

【例 4-8】这是一个完整的 C54x 汇编程序，其功能是编程计算 $y = \sum_{i=1}^{4} a_i x_i$，通过该例程可以加深对 C54x 汇编程序的了解，熟悉 C54x 的寻址方式和开发调试方法。

（1）编写汇编语言源程序 example.asm：

```
        .title    "example.asm"
        .mmregs
        .def    start
Stack   .usect    "STACK",10h
        .bss    a,4
        .bss    x,4
        .bss    y,1
        .data
table:  .word    1,2,3,4
        .word    8,6,-4,2
        .text
start:  STM    #0,SWWSR          ;插入 0 个等待状态
        STM    #STACK + 10h,SP   ;设置堆栈指针
        STM    #a,AR1            ;AR1 指向 a
        RPT    #7               ;移动 8 个数据
        MVPD    table,*AR1+      ;从程序存储器到数据存储器
        CALL    SUM             ;调用 SUM 子程序
end:    B      end
SUM:    STM    #a, AR3          ;子程序执行
        STM    #x, AR4
        RPTZ    A, #3
        MAC    *AR3+,*AR4+,A
        STL    A,@y
        RET
        .end
```

（2）编写复位向量文件 vectors.asm：

```
.title    "vectors.asm"
.ref    start
.sect    ".vectors"
B      start
.end
```

vectors.asm 文件中引用了 example.asm 中的标号"start"，这是在两个文件之间通过.ref 和.def 命令实现的。

（3）由汇编器分别对两个源文件进行汇编，生成目标文件 example.obj 和 vectors.obj。

（4）编写的命令文件用来链接两个目标文件（输入文件），生成一个映像文件 example.map 和一个可执行的输出文件 example.out。标号 start 是程序的入口。

假设目标存储器的配置如下：

程序存储器　　EPROM　　E000h～FFFFh（片外）

数据存储器　　SPRAM　　0060h～007Fh（片内）

　　　　　　　DARAM　　0080h～017Fh（片内）

链接命令文件 example.cmd 为：

```
vectors.obj
example.obj
-o   example.out
-m   example.map
-e   start
MEMORY
{
    PAGE 0:EPROM:org=0E000h,len=100h
          VECS:org=0FF80h,len=04h
    PAGE 1:SPRAM:org=0060h,len=20h
          DARAM:org=0080h,len=100h
}
SECTIONS
{
    .text        :>EPROM    PAGE 0
    .data        :>EPROM    PAGE 0
    .bss         :>SPRAM    PAGE 1
     STACK       :>DARAM    PAGE 1
    .vectors     :>VECS     PAGE 0
}
```

程序存储器配置了一个空间 VECS，它的起始地址 0ff80h，长度为 04h，并将复位向量段.vectors 放在 VECS 空间。

当 C54x 复位后，首先进入 0ff80h，再从 0ff80h 复位向量处跳转到主程序。

在命令文件中，有一条命令-e start，是软件仿真器的入口地址命令，目的是在软件仿真时，屏幕从 start 语句标号处显示程序清单，且 PC 也指向 start 位置（0e000h）。

（5）链接。经过链接器链接后，生成一个可执行的输出文件 example.out 和映像文件 example.map。

将可执行输出文件 example.out 装入目标系统后就可以运行了。系统复位后，PC 首先指向复位向量地址 0FF80h。在这个地址上，有一条 B start 指令，程序马上跳转到 start 语句标号，从程序起始地址 0e000h 开始执行主程序。

4.7　TMS320C54x C 语言编程

采用汇编语言编写应用程序的方法，具有执行速度快的优点，但是，编写汇编语言程序费时费力，而且在一种 DSP 上调试好的汇编程序可能无法移植到其他 DSP 上，使汇编语言设计的难度越来越大。而 C 程序不依赖或较少依赖具体的硬件，只要经配套的 C 编译器编译后就能运行在各种 DSP 上，所以 C 语言设计具有兼容性和可移植的优点，用 C 语言开发 DSP 程序可以缩短开发和升级 DSP 产品的周期。各个 DSP 芯片生产公司都相继推出了与 DSP 芯片相对应的 C 编译器，使得 DSP 芯片的应用软件可以直接用 C 语言编写而成。

但在某些场合 C 语言无法取代汇编，因为 C 语言不能最佳利用 DSP 芯片的内部资源，如 C54x 提供位反转寻址、滤波等，有时甚至无法用 C 语言实现，如标志位/寄存器设置等。因此目前常采用的方法为：C 语言和汇编语言的混合编程。关键代码用汇编编程，以最佳利用 DSP 芯片软硬件资源，也可利用 DSP 开发商提供的优化算法库（汇编程序）；一般性的代码均采用 C 语言编写，软件调试工具也支持 C 源码、C/汇编混合模式。

C5000 环境支持的 C 语言与标准 C 语言并无本质上的差别，例如：局部变量、全局变量、静态变量、动态变量等基本定义一致；以函数作为基本单位，函数的定义和引用方式完全一致；大部分变量、常量、数组、结构体、枚举、联合体、指针的定义语法结构也完全一致；宏定义、宏展开、宏调用的基本思想甚至语法规则上基本一致。C5000 环境下的 C 语言对标准 C 语言进行了一定的补充和扩展。即使对 C5000 不太熟悉，但只要掌握标准 C 语言编程的方法，也可以借助 TI 公司提供的 C5000 C 编译器等软件开发工具开发 C5000 系列芯片的应用程序。

4.7.1　C54x C 优化编译器

C54x C 优化编译器工具包括以下几个部分：

（1）分析器（parser）。分析器将 C 源文件输入到分析器中，分析器检查其有无语义、语法错误，然后产生程序的内部表示——中间文件（.IF 文件）。

（2）优化器（optimizer），优化器是分析器和代码产生器之间的一个可选途径，其输入是分析器产生的中间文件（*.if），优化器对其优化后，产生一个高效版本的文件（*.opt），其优化的级别作为选项由用户选择。

（3）代码产生器（code generator）。代码产生器以分析器产生文件（*.if）和/或优化器生成的文件（*.opt）作为输入，产生 TMS320C54x 汇编语言文件。

（4）内部列表公用程序（interlist utility）。内部列表公用程序产生扩展的汇编源文件，包含 C 文件中的语句和汇编语言注释。

（5）汇编器（assembler）。汇编器产生 COFF 目标文件。

（6）链接器（linker）。链接器产生可执行的目标文件。

在 CCS 环境下选择菜单命令 Project，在生成选项窗口的编译器标签中可进行编译、汇编选项设置，这些选项控制编译器、汇编器的操作。编译器标签包含基本（Basic）类（包括了优化器选项设置）、高级（Advanced）类（包括了代码产生选项设置）、Feedback 类（包括了内部列表选项设置）、文件（Files）类、汇编（Assembly）类、分析（Parser）类、预处理（Preprocessor）类、诊断（Diagnostics）类。其中 Assembly 类是用来控制汇编器的选项。各选项详细内容参考附录。

4.7.2　C54x 支持的 C 语言数据类型

1. 基本数据类型

ANSI C 语言中的基本数据类型在 C54x 的 C 语言编译器中都可以直接使用，但有些数据类型的占位宽有所不同。表 4-8 所示为 C54x 的 C 语言编译器支持的基本数据类型。

表 4-8　C54x 的 C 语言编译器支持的基本数据类型

类型	大小	表示	最小值	最大值
signed char	16bits	ASCII	-32768	32767
char,unsigned char	16bits	ASCII	0	65535
short,signed short	16bits	2s complement	-32768	32767
unsigned short	16bits	Binary	0	65535
int, signed int	16bits	2s complement	-32768	32767
unsigned int	16bits	Binary	0	65535
long,signed long	32bits	2s complement	-2147483648	2147483647
unsigned long	32bits	Binary	0	4294967295
enum	16bits	2s complement	-32768	32767
float	32bits	IEEE 32-bit	1.75494e-38	3.40282346e+38
double	32bits	IEEE 32-bit	1.75494e-38	3.40282346e+38
long double	32bits	IEEE 32-bit	1.75494e-38	3.40282346e+38
pointers	16bits	Binary	0	0xFFFF

2. C 语言的数据访问方法

（1）I/O 的访问。

C54x 器件支持 ioport 关键字，用于端口类型变量的定义，格式如下：

ioport　数据类型　porthex_num;

其中，ioport 为端口变量定义关键字；数据类型：只能是 char，short，int，unsigned 等 16 位类型；hex_num：该 I/O 端口的 16 进制格式表示的端口地址。

端口变量的定义必须在文件级声明，在函数级的声明并不支持。例如，要在端口 10H 上声明端口变量，并将 a 输出到该端口，再读取数据保存到 b 中，则函数可以这样实现：

```
ioport unsigned port10;        /* 定义地址为 10H 的 I/O 端口变量*/
int func()
{
...
port10=a;                      /* write a to port 10H */
...
b=port10;                      /* read port 10H into b */
...
}
```

端口变量可以和其他变量一样在计算等语句中使用，例如：

```
a=port10+b;        /*从端口 10H 读数，加上 b 后赋给 a */
port10+=a;         /*从端口 10H 读数，加上 a 后再写到端口 10H */
```

函数调用时，端口变量利用实值传递，不需要通过虚参，例如下面的语句第一句是正确的，第二句是错误的。

```
call(port10);      /*从端口 10H 读数并传递给函数 call*/
call(&port10);     /*不合法的传递*/
```

（2）DSP 片内寄存器的访问。

DSP 片内寄存器在 C 语言中一般采用指针方式来访问，常常采用的方法是将 DSP 寄存器地址的列表定义在头文件中（如 reg.h）。DSP 寄存器地址定义的形式为宏，如下所示：

```
#define  IMR    (volatile unsigned int *)0x0000
#define  IFR    (volatile unsigned int *)0x0001
#define  ST0    (volatile unsigned int *)0x0006
#define  ST1    (volatile unsigned int *)0x0007
#define  AL     (volatile unsigned int *)0x0008
#define  AH     (volatile unsigned int *)0x0009
#define  AG     (volatile unsigned int *)0x000A
#define  BL     (volatile unsigned int *)0x000B
#define  BH     (volatile unsigned int *)0x000C
#define  BG     (volatile unsigned int *)0x000D
#define  T      (volatile unsigned int *)0x000E
#define  TRN    (volatile unsigned int *)0x000F
#define  AR0    (volatile unsigned int *)0x0010
#define  AR1    (volatile unsigned int *)0x0011
#define  AR2    (volatile unsigned int *)0x0012
#define  SP     (volatile unsigned int *)0x0018
#define  BK     (volatile unsigned int *)0x0019
#define  BRC    (volatile unsigned int *)0x001A
#define  RSA    (volatile unsigned int *)0x001B
#define  REA    (volatile unsigned int *)0x001C
#define  PMST   (volatile unsigned int *)0x001D
#define  XPC    (volatile unsigned int *)0x001E
```

以上使用 volatile 关键字可以避免优化器的优化。

在主程序中，若要读出或者写入一个特定的寄存器，就要对相应的指针进行操作。下例通过指针操作对 SWWSR 和 BSCR 进行初始化。

```
#define  SWWSR  (volatile unsigned int *)0x0028
#define  BSCR   (volatile unsigned int *)0x0029
int func()
{
...
*SWWSR=0x2000;
*BSCR=0x0000;
...}
```

在 reg54xx.h 中包含了大多数的 MMR 定义，用户可以在文件中查看引用。

（3）DSP 存储器的访问。

同 DSP 片内寄存器的访问相类似，对存储器的访问也采用指针方式来进行。下例通过指针操作对内部存储器单元 0x3000 和外部存储器单元 0x8FFF 进行操作。

```
int *data1=0x3000;     /*内部存储器单元*/
int *data2=0x8FFF;     /*外部存储器单元*/
int func()
{
...
* data1=2000;
* data2=0;
...
}
```

4.7.3　存储器模式

1. 段

C54x 将存储器处理为程序存储器和数据存储器两个线性块。程序存储器包含可执行代码；数据存储器主要包含外部变量、静态变量和系统堆栈。编译器的任务是产生可重定位的代码，允许链接器将代码和数据定位进合适的存储空间。C 编译器对 C 语言编译后除了生成 3 个基本段，即.text、.data、.bss 外，还生成.cinit、.const、.stack、.sysmem 段。

其中，初始化段有：

.text：段包括可执行代码、字符串和编译器产生的常数。

.cinit：初始化变量和常数表。

.const：字符串和以 const 关键字定义的常量。

.switch：包含 switch 语句跳转表。

未初始化段有：

.bss：为全局变量和静态变量保留空间，在程序启动后，C 初始化引导程序将数据从.cinit 段复制到.bss 段。

.stack：为 C 的系统堆栈分配存储空间，用于变量传递及分配局部变量。

.sysmem：为动态分配存储器分配保留空间，为 C 语言函数 malloc、calloc、realloc 动态地分配存储器。若 C 程序中未用到这些函数，则 C 编译器不产生该段。

通常.text、.cinit、.switch 段可以链接到系统的 ROM 或 RAM 中，且必须是在程序存储器（page 0）中；.const 段可以链接到系统的 ROM 或 RAM 中，且必须是在数据存储器（page 1）中；.bss、.stack、.sysmem 段必须链接到系统的 RAM 中，且必须是在数据存储器（page 1）中。

2. C/C++系统堆栈

.stack 不同于 DSP 汇编指令定义的堆栈。DSP 汇编程序中要将堆栈指针 SP 指向一块 RAM，用于保存中断、调用时的返回地址，存放 PUSH 指令的压栈内容。

.stack 定义的系统堆栈实现的功能是保护函数的返回地址，分配局部变量，在调用函数时用于传递参数，保护临时结果。

.stack 定义的段大小（堆栈大小）可用链接器选项-stack *size* 设定，链接器还产生一个全局符号＿＿STACK_SIZE，并赋给它等于堆栈长度的值，以字为单位，缺省值为 1K。C 编译器不会检查堆栈容量是否够用，因此用户应计算出要用的最大堆栈容量以防止溢出。

3. 存储器分配

（1）运行时间支持函数。C/C++程序执行的某些任务，如 I/O、动态存储器分配、串操作等，并不是 C/C++语言本身的一部分，包括在 C/C++编译器中的运行时间支持函数是执行这些任务的标准 ANSI 函数。TMS320C54x C/C++编译器包含以下库：

● rts.lib 包含了标准运行时间支持目标库。

● rts.src 包含了标准运行时间支持子程序的源代码。

（2）动态存储器分配。C 编译器提供的运行时间支持函数包含几个允许在运行时为变量分配存储器的函数，如 malloc、calloc、realloc。动态分配由标准的运行时间支持库完成。为全局 pool 或 heap 分配的存储器空间定义在.sysmem 段，在链接器命令中用-heap *size* 选项设置.sysmem 段的长度。链接器还产生一个全局符号＿＿SYSMEM_SIZE，并赋给它等于堆（heap）长度的值，以字为单位，缺省值为 1K。

　　动态分配的目标不能直接寻址，通常用指针寻址，且存储器 pool 是独立的段（.sysmem 段），所以动态存储器 pool 的大小仅受在存储器堆（heap）中可使用的存储器容量的限制。为了保存.bss 段的空间，可以从 heap 中分配大的数组以代替将它们定义为全局变量或静态变量。例如，可以使用指针和 malloc 函数：

```
struct big *table;
table = (struct big *)malloc(100*sizeof (struct big));
```

来代替：

```
struct big table [100];
```

　　（3）静态和全局变量的存储器分配。在 C 程序中定义的外部变量或静态变量被分配一个唯一的连续空间，该空间的地址由链接器确定。编译器保证这些变量的空间分配在多少个字中，以使每个变量按字边界对准。在整个程序执行期间外部变量和静态变量都有效。

　　（4）位域/结构的对准。编译器为结构分配空间时，分配能容纳所有结构成员所需的字数。当结构成员中包含有 32 位长的长成员时，将对准两个字（32 位）的边界。所有的非位域类型成员对准于字的边界。位域按所需要的位进行分配，相邻位域组装进一个字的相邻位中，但位域不能跨两个字，如果一个位域要跨越两个字，则整个位域被分配到下一个字中。

　　4．C 语言编程链接命令文件的设计

　　独立 C/C++编程链接命令文件必须遵循以上原则，将 C 编译器生成的所有段定义到合适的存储器空间中，同时将运行支持库写入链接命令文件中。

　　例 4-9 是一个链接 C/C++程序的典型链接命令文件，其中选项：

　　-c 告诉链接器使用自动初始化的 ROM 方式；

　　-m 告诉链接器产生 map 文件；

　　-o 告诉链接器产生可执行的.out 文件；

　　C 程序包括 3 个 C 模块：main.c、file1.c、file2.c，被编译和汇编产生 main.obj、file1.obj、file2.obj 目标文件。这些目标文件被链接在一起。

　　-l 链接器选项列出链接器必须搜索的目标库，运行时间支持库 rts.lib。该链接命令文件为.stack 和.system 段分别开辟了 100H 个地址空间。

　　【例 4-9】独立 C/C++编程命令文件。

```
-c
-m file.map
-o file.out
main.obj
file1.obj
file2.obj
-l rts.lib
-stack 100h
-heep 100h
MEMORY
{
  PAGE   0:PROG:        origin=80h, length=0EFD0h
  PAGE   1:DATA:        origin=80h, length=03F80h
}
SECTIONS
  {
```

```
    .text               >PROG PAGE 0
    .cinit              >PROG PAGE 0
    .switch             >PROG PAGE 0
    .bss                >DATA PAGE 1
    .const              >DATA PAGE 1
    .sysmem             >DATA PAGE 1
    .stack              >DATA PAGE 1
}
```

4.7.4　寄存器规则

在 C 环境中定义了严格的寄存器规则。这些寄存器规则对于编写汇编语言和 C 语言的接口非常重要。如果编写的汇编程序不符合寄存器使用规则，则 C 环境将被破坏。寄存器规则明确了编译器如何使用寄存器以及在函数调用过程中如何保护寄存器。

（1）辅助寄存器：AR1、AR6、AR7 由被调用函数保护，若被调用函数在执行过程中修改 AR1、AR6、AR7，则在函数入口点将它们压入堆栈进行保护，在函数返回时恢复。AR0、AR2、AR3、AR4、AR5 由调用函数保护，在被调用函数中可以自由使用，而且不必恢复。

（2）堆栈指针 SP：堆栈指针 SP 在调用函数时必须保护，但它是自动保护的。

（3）ARP：在函数进入和返回时，必须为 0，即当前辅助寄存器为 AR0，函数执行时可以是其他值。

（4）在默认情况下，编译器总是假定 ST1 中的 OVM 在硬件复位时被清 0。若在汇编代码中对 OVM 置位为 1，返回到 C 环境时必须复位。

（5）寄存器变量：编译器为两个寄存器关键字声明的变量分配寄存器。编译器对这些寄存器变量使用 AR1 和 AR6。第一个变量必须声明为 AR1，第二个变量必须声明为 AR6。变量必须声明为全局变量，必须在变量列表和函数语句的第一块中声明。

4.7.5　函数调用规则

（1）局部帧的产生。函数被调用时，编译器在堆栈中建立一个帧以存储信息。当前的函数帧称为局部帧。C 环境利用局部帧保护调用者的有关信息、传递参数和生成局部变量块，每调用一个函数，就建立一个新的帧。所谓局部变量块是指局部帧中用来传递参数到其他函数的部分。

（2）参数传递。调用者将第一个参数（最左边）放进累加器 A，将剩下的参数以逆序压入堆栈，剩下的最左边的参数最后一个压入堆栈，即在最低的地址。若参数是浮点数或长型整数，则低位字先入栈，高位字后入栈。若参数中有结构形式，则调用函数给结构分配空间，其地址通过累加器 A 传递给被调函数。

（3）函数的返回。若函数返回一个值，则被调用函数将返回值放入累加器 A 中。如果返回一个结构体，则将结构体的内容复制到累加器 A 所指向的存储空间。如果没有返回值，则 A 被置为 0。撤销为局部帧分配的存储空间，恢复所有保存的寄存器。

（4）入口函数 c_int00。对于 DSP 芯片的完整软件系统而言，用户开发的 main 函数只是一个应用程序，那 main 函数的调用过程由谁负责呢？完成这一功能的函数代码在 boot.c 中，它保存在 rts.lib 中，因此在编译时需要将 rts.lib 添加到项目中。采用 C 语言编程时，芯片的复位中断程序缺省为 c_int00，c_int00 函数包含在运行支持库中 rts.lib，c_int00 完成系统初始化和 main 函数的调用。

4.7.6　中断处理

C 可以直接处理中断，用 C 语言编写中断子程序时，必须注意以下几点：

（1）中断的使能和屏蔽必须由程序员自己来设置。可以通过内嵌的汇编语句设置中断屏蔽寄存器 IMR。

（2）中断程序没有参数传递，即使说明，也会被忽略。

（3）中断处理程序不能被正常的 C 程序调用。

（4）为了使中断程序与中断一致，在相应的中断矢量中必须放置一条转移指令，跳转到中断服务程序。

（5）在汇编语言中，注意在符号名前面加上一个下划线，例如 c_int00 记为 _c_int00。

（6）中断程序使用的所有寄存器，包括状态寄存器和程序中调用函数使用的寄存器都必须予以保护。

（7）TMS320C54x C 编译器将 C 语言进行了扩展，中断可以利用 interrupt 关键字由 C/C++ 函数直接处理。例如：

```
interrupt void isr()
{
    ⋮
}
```

加上关键字 interrupt 定义了一个中断函数 inr()，为了能够让相应的中断信号调用中断函数，还需要在中断向量文件（vector.asm）中定义中断向量表，如下例所示：

```
        .ref _c_int00
        .ref _isr
        .sect "vectors"
RS:     BD    _c_int00
        NOP
        NOP
BRINT1: BD    _isr ;  McBSP1 接收中断
        NOP
        NOP
        .end
```

4.7.7　表达式分析

当 C 程序中需要计算整型表达式时，必须注意以下几点：

（1）算术上溢和下溢。C54x 用 16 位或 32 位的数据作为操作数时都将产生 40 位的结果，因此不能用预测的方式处理算术上溢和下溢。

（2）整除和取模。C54x 没有直接提供整除指令，因此所有整除、取模运算都需要调用运行时间支持函数库来实现。这些函数将运算表达式的右操作数传给堆栈，左操作数传给累加器 A，结果返回给累加器 A。

（3）C 代码对 16 位乘法结果高 16 位的访问。可以用以下方法访问 16 位乘法结果高 16 位，由 C 编译器执行完成而无需调用 32 位乘法的库函数。

①有符号结果。

int m1, m2;

int result;

result = ((long) m1 * (long) m2) >> 16;

②无符号结果。

unsigned m1, m2;

unsigned result;

result = ((unsigned long) m1 * (unsigned long) m2) >> 16;

C54x C 编译器将浮点数表示为 IEEE 单精度格式。单精度和双精度都表示为 32 位，两者没有区别。运行时间支持函数库提供了浮点运算的函数库，包括加法、减法、乘法、除法、比较、整数和浮点数的相互转换以及标准错误处理等。

4.8　用 C 语言和汇编语言混合编程

用 C 语言开发 DSP 程序，使 DSP 开发的速度大大加快，采用 C 编译器的优化功能可以提高 C 代码的效率，在 DSP 芯片的运算能力不是十分紧张时用 C 语言开发 DSP 程序是非常合适的。但是许多情况下，C 代码的效率还是无法与手工编写的汇编代码的效率相比，如 FFT 程序等。因为即使是最佳的 C 编译器，也无法在所有情况下都最佳地利用 DSP 芯片所提供的各种资源，如 TMS320C54x 提供的循环寻址、用于 FFT 的位反转寻址等；用 C 语言编写的中断程序，虽然可读性很好，但只要进入中断程序，不管程序中是否用到，中断程序就会对寄存器进行保护，从而降低中断程序的效率。如果中断程序被频繁调用，那么即使是一条指令也会影响全局。此外，用 C 语言实现 DSP 芯片的某些硬件控制也不如用汇编语言方便，有些甚至无法用 C 语言实现。因此，在很多情况下，DSP 应用程序往往需要用 C 语言和汇编语言混合编程的方法来实现，以达到最佳利用 DSP 芯片软、硬件资源的目的。

C 语言和汇编语言的混合编程方法主要有以下几种：

（1）独立编写 C 程序和汇编程序，分开编译或汇编形成各自的目标代码模块，然后用链接器将 C 模块和汇编模块链接起来。例如，FFT 程序一般采用汇编语言编写，对 FFT 程序用汇编器进行汇编，形成目标代码模块，与 C 模块链接就可以在 C 程序中调用 FFT 程序。

（2）从 C 程序中访问汇编程序变量。

（3）直接在 C 程序的相应位置嵌入汇编语句。

（4）将 C 程序编译生成相应的汇编程序，手工修改和优化 C 编译器生成的汇编代码。采用此种方法时，可以控制 C 编译器，使之产生具有交叉列表的 C 程序和与之对应的汇编程序，而程序员可以对其中的汇编语句进行修改。优化之后，对汇编程序进行汇编，产生目标文件。根据编者经验，只要程序员对 C 和汇编均很熟悉，这种混合汇编方法的效率可以做得很高。但是，由交叉列表产生的 C 程序对应的汇编程序往往读起来颇费劲，因此对一般程序员不提倡使用这种方法。

4.8.1　独立的 C 模块和汇编模块接口

这是一种常用的 C 模块和汇编模块接口方法。采用这种方法需注意的是，在编写汇编程序和 C 程序时必须遵循有关的调用规则和寄存器规则。如果遵循了这些规则，那么 C 函数和汇编函数之间接口是非常方便的。C 程序既可以调用汇编程序，也可以访问汇编程序中定义的变量。同样，汇编程序也可以调用 C 函数或访问 C 程序中定义的变量。

编写独立的 TMS320C54x 汇编模块，最重要的是必须遵守定点 C 编译器定义的函数调用规则和寄存器使用规则。遵循这两个规则就可以保证所编写的汇编模块不破坏 C 模块的运行环境。C 模块和汇编模块可以相互访问各自定义的函数或变量。在编写独立的汇编程序时，必须注意以下几点：

（1）不论是用 C 语言编写的函数还是用汇编语言编写的函数，都必须遵循寄存器使用规则。

（2）必须保护函数要用到的几个特定寄存器。这些特定寄存器包括 AR1、AR6、AR7 和 SP。其中，如果 SP 正常使用的话，则不必明确加以保护，换句话说，只要汇编函数在函数返回时弹出压入的对象，实际上就已经保护了 SP。其他寄存器则可以自由使用。

（3）中断程序必须保护所有用到的寄存器。

（4）从汇编程序调用 C 函数时，第一个参数（最左边）必须放入累加器 A 中，剩下的参数按自右向左的顺序压入堆栈。

（5）调用 C 函数时，注意 C 函数只保护了几个特定的寄存器，而其他寄存器 C 函数是可以自由使用的。

（6）长整型和浮点数在存储器中存放的顺序是低位字在高地址，高位字在低地址。

（7）如果函数有返回值，则返回值存放在累加器 A 中。

（8）汇编语言模块不能改变由 C 模块产生的.cinit 段，如果改变其内容将会引起不可预测的后果。

（9）编译器在所有标识符（函数名、变量名等）前加下划线 "_"。因此，编写汇编语言程序时，必须在 C 程序可以访问的所有对象前加 "_"。例如，在 C 程序中定义了变量 x，如果在汇编程序中要使用，即为_x。如果仅在汇编中使用，只要不加下划线，即使与 C 程序中定义的对象名相同，也不会造成冲突。

（10）任何在汇编程序中定义的对象或函数，如果需要在 C 程序中访问或调用，则必须用汇编指令.global 定义。同样，如果在 C 程序中定义的对象或函数需要在汇编程序中访问或调用，在汇编程序中也必须用.global 指令定义。

（11）编辑模式 CPL 指示采用何种指针寻址，如果 CPL=1，则采用堆栈指针 SP 寻址；如果 CPL=0，则选择页指针 DP 进行寻址。因为编译的代码在 ST1 的 CPL=1（编译模式）下运行，因此，寻址直接地址的数据单元的方法只能采用绝对寻址模式。例如，汇编程序将 C 中定义的全局变量 global_var 的值放入累加器，可写为如下形式：

```
LD   *(_global_var),A    ;当 CPL=1 时
```

如果在汇编函数中设置 CPL=0，那么在汇编程序返回前必须将其重新设置为 1。

【例 4-10】访问在 C 程序中定义的全局变量。

C 程序中应将变量或数组定义为全局或静态的，然后在汇编中也声明为全局符号，访问时变量名前加下划线。

① C 程序如下：

```
int i,j;
main()
{
}
```

② 汇编程序如下：

```
.global _i;                /*声明 i 为全局变量*/
.global _j;                /*声明 j 为全局变量*/
LD    *(_i),A
STL A,*(_j)
```

【例 4-11】在 C 程序中调用汇编语言函数。

① C 程序如下：

```
extern int asmfunc(int,int,int); /*声明外部汇编函数，函数名前没加下划线*/
int k=4,gvar;   /*定义全局变量*/
void main()
{ int x=1;
int y=2;
int z=3;
gvar=asmfunc(x,y,z); /*调用函数*/
}
```

② 汇编程序 asmfunc.asm 如下：

```
        .global _asmfunc,_k,_gvar
        .asg    1, arg_y            ; sp(0)→返回地址
        .asg    2, arg_z
        .text
_asmfunc:                           ;函数名前一定要加下划线
        ADD    *sp(arg_y),A         ;将 y 加到累加器 A 中/x 在 A 中
        ADD    *sp(arg_z),A         ;将 z 加到累加器 A 中
        ADD    *(_k),A              ;将 k 加到累加器 A 中，返回结果在累加器 A 中
        RET                         ;开始返回
        .end
```

在该例的汇编语言代码中，参数 x 传递给累加器 A。访问局部变量 y、z 使用直接寻址方式，因为 CPL 置 1，直接寻址方式将 dma 域加到 SP 上。注意，访问全局变量 k 使用的是绝对寻址方式，直接寻址方式不能用来访问全局变量。

4.8.2　从 C 程序中访问汇编程序变量

从 C 程序中访问在汇编程序中定义的变量或常数，需根据变量或常数定义的位置和方式采取不同的方法。总的来说，可以分为以下 3 种情况：

（1）访问在.bss 块中定义的变量，可用以下方法实现：

● 采用.bss 命令定义变量。

● 用.global 命令定义为外部变量。

● 在变量名前加一下划线 "_"。

● 在 C 程序中将变量声明为外部变量。

采用上述方法后，在 C 程序中就可以像访问普通变量一样访问它。

【例 4-12】C 程序中访问.bss 定义的汇编变量。

① 汇编程序如下：

```
.bss    _var,1      ;定义变量
.global  _var       ;声明为外部变量
```

② C 程序如下：

```
extern  int  var      ; /*外部变量*/
var=1                 ;/*访问变量*/
```

（2）对于访问不在.bss 块中定义的变量，其方法复杂一些。在汇编程序中定义的常数表是这种情形的常见例子。在这种情况下，必须定义一个指向该变量的指针，然后在 C 程序中间接访问这个变量。在汇编程序中定义常数表时，可以为这个表定义一个独立的块，也可以在现有的块中定义。定义完以后，说明指向该表起始地址的全局标号。在 C 程序中访问该表时，必须另外声明一个指向该表的指针。

【例 4-13】C 程序中访问汇编语言常数表。

① 汇编程序如下：

```
        .global  _sine           ;定义外部变量
        .sect   "sine_tab"       ;定义一个独立块
_sine:                           ;常数表起始地址
        .word   0
        .word   50
        .word   100
        .word   200
```

② C 程序如下：

```
extern int sine[];      /*声明为外部引用，但前面不加下划线*/
int *sine_p=sine;       /*定义一个 C 指针，并指向 sine*/
f=sine_p[2];            /*按正常数组访问 sine */
```

（3）对于在汇编程序中用.set 和.global 伪指令定义的全局常数，也可以使用特殊的操作从 C 程序中访问它们。一般在 C 程序或汇编程序中定义的变量，符号表实际上包含的是变量值的地址，而非变量值本身。然而，在汇编中定义的常数，符号包含的是常数的值。而编译器不能区分符号表中哪些是变量值，哪些是变量的地址，因此，在 C 程序中访问汇编程序中的常数不能直接用常数的符号名，而应在常数名前加一个地址操作符“&”。如在汇编中的常数名为 z，则在 C 程序中的值应为&z。

【例 4-14】C 程序中访问汇编常数。

①汇编程序如下：

```
_table_size     .set 10000               ;常数定义
.global _table_size                      ;声明为全局变量
```

②C 程序如下：

```
extern int table_size                    /*声明外部引用*/
#define TABLE_SIZE ((int)(&table_size))   /*使用数据类型转换隐藏有关的地址*/
    ...
for(i=O;i<TABLE_SIZE;++i)                 /*和正常符号一样使用*/
```

4.8.3　在 C 程序中直接嵌入汇编语句

在 C 程序中嵌入汇编语句是一种直接的 C 模块和汇编模块接口方法。采用这种方法一方面可以在 C 程序中实现用 C 语言难以实现的一些硬件控制功能，如修改中断控制寄存器、中断使能、读取状态寄存器和中断标志寄存器等。另一方面，也可以用这种方法在 C 程序中的关键部分用汇编语句代替 C 语句以优化程序。

采用这种方法的一个缺点是它比较容易破坏 C 环境，因为 C 编译器在编译嵌入了汇编语句的 C 程序时并不检查或分析所嵌入的汇编语句。

　　嵌入汇编语句的方法比较简单，只需在汇编语句的左、右加上双引号，用小括弧将汇编语句括住，在括弧前加上 asm 标识符即可，如下所示：

asm("　汇编语句");

　　在 C 程序中直接嵌入汇编语句的一种典型应用是控制 DSP 芯片的一些硬件资源。例如在程序中可用下列汇编语句实现一些硬件和软件控制：

```
asm("    RSBX   INTM  ");              /*开中断*/
asm("    SSBX   XF    ");              /*置 XF 为高电平*/
asm("    NOP        ");
asm("    RSBX   OVM   ");              /*设置溢出保护模式*/
asm("    SSBX   SXM   ");              /*设置符号扩展模式*/
asm("    SSBX   CPL   ");              /*设置编译模式 CPL=1*/
```

　　采用这种方法改变 C 变量的数值容易改变 C 环境，所以程序员必须对 C 编译器及 C 环境有充分的理解，并小心使用这种方法，才能对 C 变量进行自由的操作。所以不要轻易让汇编语句改变 C 程序中变量的值，不要在汇编语句中加入汇编器选项而改变汇编环境。

 习题四

一、填空题

1. 一般地，COFF 目标文件包含三个缺省的段：＿＿＿＿、＿＿＿＿和＿＿＿＿。
2. 若链接器命令文件的 MEMORY 部分如下所示：

```
MEMORY
{
    PAGE 0:   PROG:         origin=C00h,   length=1000h
    PAGE 1:   RAM:          origin=80h,    length=200h
}
```

程序存储器配置为＿＿＿＿字大小，数据存储器配置为＿＿＿＿字大小，数据存储器取名为＿＿＿＿。

3. 汇编源程序中标号可选，若使用标号，则标号必＿＿＿＿列开始；程序中可以有注释，注释在第一列开始时前面需标上＿＿＿＿，但在其他列开始的注释前面只能标＿＿＿＿。
4. 初始化段包含数据或代码，包括 .text 段、.data 段以及由汇编器伪指令＿＿＿＿产生的命名段。
5. MEMORY 的作用是＿＿＿＿；SECTIONS 的作用是＿＿＿＿。
6. .def 的功能是＿＿＿＿；.ref 的功能是＿＿＿＿。

二、简答题

1. 汇编器和链接器如何对段进行管理？
2. 汇编程序中的伪指令有什么作用？其中段定义伪指令有哪些？初始化段和未初始化段有何区别？
3. 链接命令文件有什么作用？如何使用 MEMORY 命令和 SECTIONS 命令？链接命令文件内容和汇编程序中段定义伪指令有联系吗？
4. C 语言程序设计时，C 编译器会产生哪些段？
5. 为什么通常需要采用 C 语言和汇编语言的混合编程方法？
6. 用 C 语言和汇编语言混合编程时，在 C 程序中如何调用汇编子程序（函数）？如何进行变量的联系？在 C 程序中如何直接嵌入汇编语句？

第 5 章　CCS 集成开发环境

Code Composer Studio 简称 CCS，是 TI 公司推出的为开发 TMS320 系列 DSP 软件的集成开发环境（IDE）。CCS 是一个比较大的系统，将建立 DSP 应用程序所需要的工具都集成在一起，仅一章不可能穷其所有内容。本章针对 CCS 的初学者，以 CCS 2.0 为例介绍如何使用 CCS 开发和调试 DSP 程序，主要内容包括 CCS 2.0 的安装配置，CCS 窗口、菜单和工具条，用 CCS 开发程序实例：工程项目构建和调试。

- CCS 集成开发环境概述
- CCS 的窗口、菜单和工具栏
- 用 CCS 开发程序实例：工程项目构建和调试

5.1　CCS 集成开发环境概述

Code Composer Studio（简称 CCS）是 TI 公司为 TMS320 系列 DSP 软件开发推出的集成开发环境，工作于 Windows 操作系统下，采用图形接口界面，提供有环境配置、源文件编辑、程序调试、跟踪和分析等工具。

TMS320C54x CCS 由以下四部分组件构成：

（1）TMS320C54x 代码产生工具，用来对 C 语言、汇编语言或混合语言编程的 DSP 源程序进行编译汇编，并链接成为可执行的 DSP 程序，如汇编器、链接器、C/C++编译器、建库工具等。

（2）CCS 集成开发环境（Integrated Developing Environment，IDE），集编辑、编译、链接、软件仿真、硬件调试和实时跟踪等功能于一体，包括编辑器、工程管理工具、调试工具等。

（3）DSP/BIOS（Basic Input and Output System）插件及应用程序接口 API（Application Program Interface），主要为实时信号处理应用而设计，包括 DSP/BIOS 的配置工具、实时分析工具等。

（4）RTDX（Real Time Data eXchange）实时数据交换插件、主机（Host）接口及相应的 API，可对目标系统数据进行实时监视，实现 DSP 与其他应用程序的数据交换。

CCS 的主要功能如下：

（1）具有集成可视化代码编辑界面，用户可通过其界面直接编写 C、汇编、.cmd 文件等。

（2）含有集成代码生成工具，包括汇编器、优化 C 编译器、链接器等，将代码的编辑、编译、链接和调试等诸多功能集成到一个软件环境中。

（3）高性能编辑器支持汇编文件的动态语法加亮显示，使用户很容易阅读代码，发现语法错误。

（4）工程项目管理工具可对用户程序实行项目管理。在生成目标程序和程序库的过程中，建立不同程序的跟踪信息，通过跟踪信息对不同的程序进行分类管理。

（5）基本调试工具具有装入执行代码、查看寄存器、存储器、反汇编、变量窗口等功能，并支持 C 源代码级调试。

（6）断点工具，能在调试程序的过程中，完成硬件断点、软件断点和条件断点的设置。

（7）探测点工具，可用于算法的仿真、数据的实时监视等。

（8）分析工具，包括模拟器和仿真器分析，可用于模拟和监视硬件的功能、评价代码执行的时钟。

（9）数据的图形显示工具，可以将运算结果用图形显示，包括显示时域/频域波形、眼图、星座图、图像等，并能进行自动刷新。

（10）提供 GEL 工具。利用 GEL 扩展语言，用户可以编写自己的控制面板/菜单，设置 GEL 菜单选项，方便直观地修改变量、配置参数等。

（11）支持多 DSP 的调试。

（12）支持 RTDX 技术，可在不中断目标系统运行的情况下，实现 DSP 与其他应用程序的数据交换。

（13）提供 DSP/BIOS 工具，增强对代码的实时分析能力。

由于 CCS 的内容十分丰富，因限于篇幅，本书仅介绍 CCS 常用主要内容。

5.2 CCS 系统安装与设置

5.2.1 CCS 系统安装

CCS 对 PC 机的最低要求为 Windows 95、32M RAM、100M 剩余硬盘空间、奔腾 90 以上处理器、SVGA 显示器（分辨率 800×600 以上）。建议使用 64M RAM 和 Pentium133 以上的处理器。现有的普通 PC 基本都能满足运行 CCS 的要求。

进行 CCS 系统安装时，先将 CCS 安装盘插入 CD-ROM 驱动器中（本书以 CCS 5000 V2.0 为例），运行光盘根目录下的 setup.exe，按照安装向导的提示将 CCS 安装到硬盘中。安装完成后，安装程序将自动在计算机桌面上创建如图 5-1 所示的 "CCS 2（'C5000）"、"Setup CCS 2（'C5000）" 等快捷图标。

图 5-1　"CCS 2（'C5000）" 和 "Setup CCS 2　（'C5000）" 快捷图标

5.2.2 为 CCS 安装设备驱动程序

CCS 集成了 TI 公司的 Simulator 和 Emulator 的驱动程序。若用户选用硬件仿真器（Emulator）进行仿真调试，可以选用 TI 原装仿真器，但其价格较贵，也可以选用国内几种被 TI 公司授权开发的 TI 仿真器，其价格较低，对于不同厂家开发的仿真器除安装 CCS 软件外，还要安装生产厂商提供的驱动程序才能正常使用。使用硬件仿真器必须将主机、硬件仿真器、目标板（带 DSP 芯片的应用电路板）连接才能正常工作。

在安装 CCS 之后、运行 CCS 软件之前，首先需要运行 CCS 设置程序，根据用户所拥有的软、硬件资源对 CCS 进行适当的配置。

启动 Setup CCS 2（'C5000）应用程序，单击 Close 按钮关闭 Import Configuration 对话框，将显示 Code Composer Studio Setup 窗口，如图 5-2 所示。在 Available Board/Simulator Types 栏中，C54xx XDS（Texas Istruments）为 TI 原装 ISA 仿真器 CCS5000 驱动程序，C54xx Simulator（Texas Istruments）为 TI 原装 C54xx 软件仿真驱动程序，C55xx Simulator（Texas Istruments）为 TI 原装 C55xx 软件仿真驱动程序。

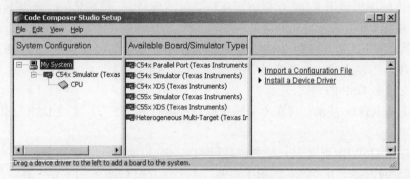

图 5-2　Code Compuser studio Setup 窗口

选择 Install a Device Driver 项，以添加设备驱动程序，选择相应的驱动程序并打开，在 Available Board/Simulator Types 栏中可以看到新添加的驱动程序。将新添加的驱动程序拖曳到左栏，并选择仿真器硬件使用的 I/O 口，将配置保存后，便可以启动 CCS。若只是安装 Simulator 驱动程序，只需在图 5-2 中的 Available Board/Simulator Types 栏中用鼠标将 C54x Simulator 拖曳到 System Configuration 栏中即可。

5.3　CCS 窗口、菜单和工具栏

在对 DSP 应用系统进行硬件调试之前，在没有目标板的情况下，设计者可以使用 Simulator（软件模拟器）模拟 DSP 程序的运行。在 CCS 中，Simulator 与 Emulator（硬件仿真器）使用的是相同的集成开发环境，因此熟悉 CCS 集成开发环境可从 Simulator 开始。如果系统中只安装了 Simulator 的驱动程序，则运行 CCS 即可启动 Simulator 的运行；如果系统中同时安装了 Simulator 和 Emulator 的驱动程序，则运行 CCS 时将启动并口调试管理器（Parallel Debug Manager），如图 5-3 所示，此时需从菜单中选择 Open→C54xx Simulator 以启动 Simulator，进入 CCS 主界面。

图 5-3　并口调试管理器

5.3.1　窗口

一个典型的 CCS 集成开发环境窗口如图 5-4 所示。

主菜单　　　　　　源程序编辑窗口　　　　　　图形显示窗口

工具条

工程显
示窗口

反汇编显
示窗口

内存显
示窗口

寄存器显
示窗口

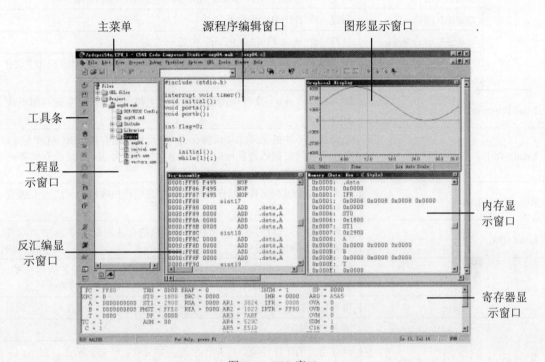

图 5-4　CCS 窗口

整个窗口由主菜单、工具条、工程窗口、编辑窗口、图形显示窗口、内存单元显示窗口和寄存器显示窗口等构成。

工程窗口用来组织用户的若干程序并由此构成一个项目,用户可以从工程列表中选中需要编辑和调试的特定程序。在源程序编辑窗口中,用户既可以编辑程序,又可以设置断点和探针,并调试程序。反汇编窗口可以帮助用户查看机器指令,查找错误。内存和寄存器显示窗口可以查看、编辑内存单元和寄存器。图形显示窗口可以根据用户需要显示数据。

用户可以通过主菜单条目来管理各窗口。

在 CCS 集成开发环境中,除 Edit 窗口外,其余所有窗口和所有工具栏都是可定位(Allow Docking)的,也就是说,可将这些窗口和工具栏拖至屏幕的任何位置(包括移至主窗体之外)。在 CCS 中,所有的窗口都支持内容相关菜单(Context Menu)。在窗口内右击即可弹出内容相关菜单,菜单中包含与该窗口相关的选项和命令。

初次学习 CCS 也可以先运行 CCS 入门指南(CCS Tutorial),以便快速了解、掌握 CCS 的特点及其使用。从 CCS 的 Help 菜单中选择 Tutorial,即可进入 CCS Tutorial。

5.3.2　菜单

1. File 菜单

File 菜单提供了与文件操作有关的命令。除 Open、Save、Print、Exit 等常见命令外,File 菜单还列出了其他一些文件操作命令,如表 5-1 所示。

表 5-1   File 菜单

菜单命令		功能
New	Source File	新建一个源文件（.c，.asm，.h，.cmd，.gel，.map，.inc 等）
	DSP/BIOS Config	新建一个 DSP/BIOS 配置文件
	Visual Linker Recipe	打开一个 Visual Linker Recipe 向导
	ActiveX Document	在 CCS 中打开一个 ActiveX 文档（如 Microsoft Word 或 Microsoft Excel 等）
Load Program		将 COFF（.out）文件中的数据和符号加载到目标板（实际目标板或 Simulator）
Load Symbol		当调试器不能或无须加载目标代码（如目标代码存放于 ROM 中）时，仅将符号信息加载到目标板。此命令只加载符号表，不更改存储器内容和设置程序入口
Reload Program		重新加载 COFF 文件，如果程序未作更改则只加载程序代码而不加载符号表
Load GEL		在调用 GEL 函数之前，应将包含该函数的文件加载入 CCS 中，以将该 GEL 函数调入内存。
Data	Load	将 PC 文件中的数据加载到目标板，可以指定存放的地址和数据长度，数据文件可以是 COFF 文件格式，也可以是 CCS 支持的数据格式
	Save	将目标板存储器数据存储到一个 PC 数据文件中
Workspace	LoadWorkspace	装入工作空间
	Save Workspace	保存当前的工作环境，即工作空间，如父窗、子窗、断点、探测点、文件输入/输出、当前的工程等。
	SaveWorkspacAs	用另外一个不同的名字保存工作空间
File I/O		CCS 允许在 PC 文件和目标 DSP 之间传送数据。一方面可将 PC 主机文件中的数据取出并作为测试数据传给目标 DSP 用于模拟，另一方面也可将目标 DSP 处理的数据（缓冲区中）保存到计算机文件中。 File I/O 功能应与 Probe Point 配合使用。Probe Point 将告诉调试器在何时从 PC 文件中输入或输出数据。 File I/O 功能并不支持实时数据交换，实时数据交换应使用 RTDX

2. Edit 菜单

Edit 菜单提供与编辑有关的命令。除去 Undo、Redo、Delete、Select All/Find、Replace 等常用的文件编辑命令外，CCS 还支持其他几种编辑命令，如表 5-2 所示。

表 5-2   Edit 菜单

菜单命令		功能
Find in Files		在多个文本文件中查找特定的字符串或表达式
Go To		快速跳转到源文件中某一指定行或书签处
Memory	Edit	编辑某一存储单元
	Copy	将某一存储块（标明起始地址和长度）数据复制到另一存储块
	Fill	将某一存储块填入某一固定值
	Patch Asm	在不修改源文件的情况下修改目标 DSP 的执行代码

续表

菜单命令	功能
Register	编辑指定的寄存器值，包括 CPU 寄存器和外设寄存器。由于 Simulator 不支持外设寄存器，因此不能在 Simulator 下监视和管理外设寄存器内容
Variable	修改某一变量值。如果目标 DSP 由多个页面构成，则可使用@prog、@data 和 @io 分别指定页面是程序区、数据区和 I/O 空间，例如：*0x1000@prog = 0
Command Line	可以方便地输入表达式或执行 GEL 函数
Column Editing	选择某一矩形区域内的文本进行列编辑（剪切、复制及粘贴等）
Bookmarks	在源文件中定义一个或多个书签便于快速定位。书签保存在 CCS 的工作区（Workspace）内以便随时被查找到

3. View 菜单

在 View 菜单中，可以选择是否显示 Standard 工具栏、GEL 工具栏、Project 工具栏、Debug 工具栏、Edit 工具栏和状态栏（Status bar）、观察窗口（Watch Windows）。此外，View 菜单中还包括如表 5-3 所示的显示命令。

表 5-3　View 菜单

菜单命令		功能
Dis-Assembly		当将程序加载入目标板后，CCS 将自动打开一个反汇编窗口。反汇编窗口根据存储器的内容显示反汇编指令和调试所需的符号信息。对于每一条汇编语言指令，反汇编窗口显示反汇编后的指令、指令所存放的地址和相应的操作码。在反汇编窗口，使用鼠标右键弹出内容相关菜单，可以改变反汇编窗口起始地址
Memory		显示指定存储器的内容
CPU	CPU Register	显示 DSP 的寄存器内容
Registers	Peripheral Regs	显示外设寄存器内容。Simulator 不支持此功能
Graph	Time/Frequency（时间/频率图形）	在时域或频域显示信号波形。频域分析时将对数据进行 FFT 变换，时域分析时数据无须进行预处理。显示缓冲的大小由 Display Data Size 定义
	Constellation（星座图形）	使用星座图显示信号波形。输入信号被分解为 X、Y 两个分量，采用笛卡尔坐标显示波形。显示缓冲的大小由 Constellation Points 定义
	Eye Diagram（眼图）	使用眼图来量化信号失真度。在指定的显示范围内，输入信号被连续叠加并显示为眼睛的形状
	Image（图像）	使用 Image 图来测试图像处理算法。图像数据基于 RGB 和 YUV 数据流显示
Watch Window		用来检查和编辑变量或 C 表达式，可以以不同格式显示变量值，还可显示数组、结构或指针等包含多个元素的变量
Call Stack		检查所调试程序的函数调用情况。此功能仅在调试 C 程序时有效，且程序中必须有一个堆栈段和一个主函数，否则将显示 "C source is not available."
Expression List		所有的 GEL 函数和表达式都采用表达式求值程序来估值。求值程序可对多个表达式求值，在求值过程中可选择表达式并按 Abort 按钮取消求值。这项功能当 GEL 函数执行到死循环或执行时间太长时有用
Project		CCS 启动后将自动打开工程视图。在工程视图中，文件按其性质分为源文件、头文件、库文件及命令文件
Mixed Source/Asm		同时显示 C 代码及相关的反汇编代码（位于 C 代码下方）

4．Project 菜单

CCS 使用工程来管理设计文档。CCS 不允许直接对汇编或 C 源文件 Build 生成 DSP 应用程序，只有在建立工程文件的情况下，Project 工具栏上的 Build 按钮才会有效。工程文件被存盘为 prj 文件。Project 菜单中包括一些常见的命令，如 New、Open、Close 等，此外还包括如表 5-4 所示的菜单命令。

表 5-4　Project 菜单

菜单命令	功能
Add Files to Project	CCS 根据文件的扩展名将文件添加到工程的相应子目录中。工程中支持 C 源文件(*.c*)、汇编源文件(*.a*,*.s*,)、库文件(*.O*,*.lib)、头文件(*.h)和链接命令文件(*.cmd)。其中 C 和汇编源文件可被编译和链接,库文件和链接命令文件只能被链接,CCS 会自动将头文件添加到工程中
Compile File	对 C 或汇编源文件进行编译
Build	重新编译和链接。对于那些没有修改的源文件，CCS 将不重新编译
Rebuild All	对工程中所有文件重新编译并链接生成输出文件
Stop Build	停止正在 Build 的进程
Show Dependencies Scan All Dependencies	为了判别哪些文件应重新编译，CCS 在 Build 一个程序时会生成一棵关系树（Dependency Tree）以判别工程中各文件的依赖关系。使用这两个菜单命令则可以观察工程的关系树
Build Options	用来设定编译器、汇编器和链接器的参数（详见附录）
Recent Project Files	加载最近打开的工程文件

5．Debug 菜单

Debug 菜单包含常用的调试命令，如表 5-5 所示。

表 5-5　Debug 菜单

菜单命令	功能
Breakpoints	断点。程序在执行到断点时将停止运行。当程序停止运行时,可以检查程序的状态,查看和更改变量值,查看堆栈等。在设置断点时应注意以下两点：①不要将断点设置在任何延迟分支或调用的指令处；②不要将断点设置在重复块指令的倒数第 1、2 行指令处
Probe Points	允许更新观察窗口，并在算法的指定处（设置 Probe Point 处）将 PC 文件数据读至存储器，或将存储器数据写入 PC 文件中，此时应对每一个建立的窗口设置 File I/O 属性，默认情况是在每个断点（Breakpoint）处更新窗口显示，然而也可以将其设置为到达 Probe Point 处更新窗口。使用 Probe Point 更新窗口时，目标 DSP 将临时中止运行；当窗口更新后，程序继续执行。因此 Probe Point 不能满足实时数据交换（RTDX）的需要
Step Into	单步运行。如果运行到调用函数处将跳入函数单步执行
Step Over	执行一条 C 指令或汇编指令。与 Step Into 不同的是，为保护处理器流水线，该指令后的若干条延迟分支或调用将同时被执行。运行到函数调用处将执行完该函数而不跳入函数执行，除非在函数内部设置了断点
Step Out	如果程序运行在一个子程序中，执行 Step Out 将使程序执行完该子程序后回到调用该函数的地方。在 C 源程序模式下，根据标准运行 C 堆栈来推断返回地址，否则根据堆栈项的值求得调用函数的返回地址。因此，如果汇编程序使用堆栈来存储其他信息，Step Out 命令可能工作不正常

续表

菜单命令	功能
Run	从当前程序计数器（PC）执行程序，碰到断点时程序暂停执行
Halt	中止程序运行
Animate	运行程序。碰到断点时程序暂停运行，更新未与任何 Probe Point 相关联的窗口后程序继续运行。Animate 命令的作用是在每个断点处显示处理器的状态，可以在 Option 菜单下选择 Animate Speed 来控制其速度
Run Free	忽略所有断点（包括 Probe Point 和 Profile Point），从当前 PC 处开始执行程序。此命令在 Simulator 下无效。使用 Emulator 进行仿真时，此命令将断开与目标 DSP 的连接，因此可移走 JTAG 或 MPSD 电缆。在 Run Free 时还可对目标 DSP 硬复位
Run to Cursor	执行到光标处，光标所在行必须为有效代码行
Multiple Operation	设置单步执行的次数
Reset DSP	复位 DSP，初始化所有寄存器到其上电状态并中止程序运行
Restart	将 PC 值恢复到程序的入口。此命令并不开始程序的执行
Go Main	在程序的 main 符号处设置一个临时断点。此命令在调试 C 程序时起作用

6. Profiler 菜单

使用评价器（Profiling）可以观察 DSP 程序中各段占用了多少 CPU 时间，例如，执行某个函数占用的时钟周期数，还可以用它来对处理器的其他事件，如分支数、子程序调用次数及中断发生次数等进行统计分析。这样使开发设计人员能够检查程序的性能，从而对源程序进行优化设置。Profiler 菜单功能如表 5-6 所示。

表 5-6　Profiler 菜单

菜单命令	功能
Start New Session	开始一个新的代码段分析，打开代码分析统计观察窗口
Enable Clock	为了获得指令周期及其他事件的统计数据，必须使能代码分析时钟。代码分析时钟作为一个变量（CLK）通过 Clock 窗口被访问。CLK 变量可在 Watch 窗口观察，并可在 Edit/Variable 对话框内修改其值。CLK 还可在用户定义的 GEL 函数中使用。指令周期的计算方式与使用的 DSP 驱动程序有关。对使用 JTAG 扫描路径进行通信的驱动程序，指令周期通过处理器的片内分析功能进行计算，其他的驱动程序则可能使用其他类型的定时器。Simulator 使用模拟的 DSP 片内分析接口来统计分析数据。当时钟使能时，CCS 调试器将占用必要的资源实现指令周期的计数。加载程序并开始一个新的代码段分析后，代码分析时钟自动使能
View Clock	打开 Clock 窗口，显示 CLK 变量的值。双击 Clock 窗口的内容可将 CLK 变量复位
Clock Setup	设置时钟。在 Clock Setup 对话框中（如图 5-5 所示），Instruction Cycle Time 域用于输入执行一条指令的时间，其作用是在显示统计数据时将指令周期数转换为时间或频率。在 Count 域选择分析的事件。对某些驱动程序而言，CPU Cycles 可能是唯一的选项。对于使用片内分析功能的驱动程序而言，可以分析其他事件，如中断次数、子程序或中断返回次数、分支数及子程序调用次数等。可使用 Reset Option 参数决定如何计数。如选择 Manual 选项，则 CLK 变量将不断累加指令周期数；如选择 Auto 选项，则在每次 DSP 运行前将自动将 CLK 置为 0，因此 CLK 变量显示的是上一次运行以来的指令周期数。进行断点服务时，可以使用 Pipeline Adjustment 来弥补刷新流水线所用的周期数。当处理器停下来进行断点服务时，必须刷新流水线，而所需周期数未知，但可以指定一个值将它从总的周期数中减去，以补偿刷新流水线的影响

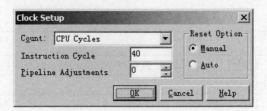

图 5-5　时钟设置

7. Option 菜单

Option 菜单提供 CCS 的一些设置选项，如颜色、字体和键盘等，表 5-7 列出了 Option 菜单命令。

表 5-7　Option 菜单

菜单命令	功能
Font	设置集成开发环境字体格式及字号大小
Memory Map	用来定义存储器映射，弹出 Memory Map 对话框，如图 5-6 所示。存储器映射指明了 CCS 调试器能访问哪段存储器，不能访问哪段存储器。典型情况下，存储器映射与命令文件的存储器定义一致。在对话框中选中 Enable Memory Mapping 以使能存储器映射。第一次运行 CCS 时，存储器映射即呈禁用状态（未选中 Enable Memory Mapping），CCS 调试器可存取目标板上所有可寻址的存储器（RAM）。当使能存储器映射后，CCS 调试器将根据存储器映射设置检查可以访问的存储器。如果要存取的是未定义数据或保护区数据，则调试器将显示默认值（通常为 0），而不是存取目标板上数据。也可在 Protected 域输入另外一个值，如 0XDEAD，当试图读取一个非法存储地址时清楚地给予提示
Disassembly Style	设置反汇编窗口显示模式，包括反汇编成助记符或代数符号，直接寻址与间接寻址用十进制、二进制或十六进制显示
Customize	打开用户自定义界面对话框

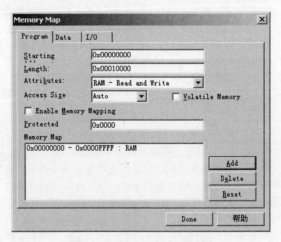

图 5-6　Memory Map 对话框

8. GEL 菜单

项目添加 TI 公司提供的 GEL 文件（\ti\cc\gel 文件夹内）或用户自行编写的 GEL 文件后，往往会在 CCS 的 GEL 菜单中出现相关的子菜单，用户可以使用它，主要用于程序的调试控制。

9. Tools 菜单

Tools 菜单提供常用的工具集，如表 5-8 所示。

表 5-8　Tools 菜单

菜单命令	功能
Data Converter Support	使开发者能快速配置与 DSP 芯片相连的数据转换器
C54xx McBSP	使开发者能观察和编辑多信道缓冲串行口（McBSP）的内容
C54xx Emulator Analysis	使开发者能设置、监视事件和硬件断点的发生
C54xx DMA	使开发者能观察和编辑 DMA 寄存器的内容
C54xx Simulator Analysis	使开发者能设置和监视事件的发生
Command Window	在 CCS 调试器中键入所需的命令，键入的命令遵循 TI 调试器命令语法格式。例如，在命令窗口中键入 HELP 并回车，可得到命令窗口支持的调试命令列表
Port Connect	将 PC 文件与存储器（端口）地址相连，从而可从文件中读取数据或将存储器（端口）数据写入文件中
Pin Connect	用于指定外部中断发生的间隔时间，从而使用 Simulator 来仿真和模拟外部中断信号：①创建一个数据文件以指定中断间隔时间（用 CPU 时钟周期的函数来表示）；②从 Tools 菜单下选择 Pin Connect 命令；③按 Connect 按钮，选择创建好的数据文件，将其连接到所需的外部中断引脚；④加载并运行程序
Linker Configuration	选择一个工程所用的链接器
RTDX	实时数据交换功能，使开发者在不影响程序执行的情况下分析 DSP 程序的执行情况

5.3.3　工具栏

CCS 除了提供上述菜单命令外，还提供了各种工具栏，下面介绍 Standard Toolbar，Project Toolbar, Debug Toolbar，Edit Toolbar 和 Plug-in Toolbars。单击工具栏中的工具按钮就可以完成和菜单命令同样的功能。

1. Standard Toolbar

如图 5-7 所示，Standard 工具栏包括新建、打开、保存、剪切、复制、粘贴、取消、恢复、查找、打印和帮助等常用工具。

图 5-7　Standard 工具栏

2. Project Toolbar

Project 工具栏提供了与工程和断点设置有关的命令，如图 5-8 所示。Project 工具栏提供了以下命令：

图 5-8　Project 工具栏

Compile File：编译文件。

Incremental Build：对所有修改过的文件重新编译，再链接生成可执行程序。

Build All：全部重新编译链接生成可执行程序。

Stop Build：停止 Build 操作。

Toggle Breakpoint：设置断点。

Remove All Breakpoints：移去所有的断点。

Toggle Probe Point：设置 Probe Point。

Remove All Probe Points：移去所有的 Probe Point。

3．Debug Toolbar

如图 5-9 所示，Debug 工具栏提供以下常用的调试命令：

图 5-9　Debug 工具栏

Single Step：与 Debug 菜单中的 Step Into 命令一致，单步执行。

Step Over：与 Debug 菜单中的 Step Over 命令一致。

Step Out：与 Debug 菜单中的 Step Out 命令一致。

Run to Cursor：运行到光标处。

Run：运行程序。

Halt：中止程序运行。

Animate：与 Debug 菜单中的 Animate 命令一致。

Register Windows：观察或编辑 CPU 寄存器或外设寄存器值。

View Memory：查看指定地址存储器的值。

View Stack：查看堆栈值。

View Disassembly：查看反汇编窗口。

4．Edit Toolbar

如图 5-10 所示，Edit 工具栏提供了一些常用的编辑命令及书签命令。

图 5-10　Edit 工具栏

Mark To：将光标放在括号前面，再单击此命令，将标记此括号内所有文本。

Mark Next：查找下一个括号对，并标记其中的文本。

Find Match：将光标放在括号前面，单击此命令，光标跳至与之配对的括号处。

Find Next Open：将光标跳至下一个括号处（左括号）。

Outdent Marked Text：将所选文本向左移一个 Tab 宽度。

Indent Marked Text：将所选文本向右移一个 Tab 宽度。

Edit:Toggle Bookmark：设置一个标签。

Edit:Next Bookmark：查找下一个标签。

Edit:Previous Bookmark：查找上一个标签。

Edit Bookmarks：打开标签对话框。

5. Plug-in Toolbars

Plug-in Toolbars 包括 Watch Window 和 DSP/BIOS 两个窗口，其中 Watch Window 如图 5-11 所示。

图 5-11　Watch Window 工具栏

Watch Window：打开 Watch 窗口观察或修改变量。

Quick Watch：打开 Quick Watch 窗口观察或修改变量，还可方便地将变量加入 Watch 窗口中。

5.4　用 CCS 开发程序实例

本节将说明在 CCS 中如何创建、生成、调试用户应用程序。以增益处理程序（volume1）为例，在 CCS 环境下讲述源程序文件的建立和编辑，工程文件的建立，工程项目的编译、链接，程序的运行控制、变量观察等 CCS 的基本使用方法。

5.4.1　源文件的建立、打开、关闭与编辑

1. 创建新的源文件

可按照以下步骤创建新的源文件：

（1）选择"File→New→Source File（文件→新文件→源文件）"，将打开一个新的源文件编辑窗口。

（2）在新的源代码编辑窗口输入代码。

（3）选择"File→Save（文件→保存）"或"File→Save As（文件→另存为）"，保存文件。

2. 打开文件

可以在编辑窗口打开任何 ASCII 文件。

（1）选择"File→Open（文件→打开）"，将出现"打开文件"对话框。

（2）在打开文件对话框中双击需要打开的文件，或者选择需要打开的文件，并单击"打开"按钮。

3. 保存文件

（1）单击编辑窗口，激活需要保存的文件。

（2）选择"File→Save（文件→保存）"，输入要求保存的文件名。

（3）在保存类型栏中，选择需要的文件类型，如.asm、.c、.cmd、.h 等。

（4）单击"保存"按钮。

5.4.2　工程项目的创建、关闭和打开

CCS 对程序采用工程（Project）的集成管理方法。工程保持并跟踪在生成目标程序或库过程中的所有信息。

1. 创建新的工程文件

工程文件中包含着设计中所有的源代码文件、链接器命令文件、库函数、头文件等。对每一个工程最好建立一个单独的子目录。

（1）在 CCS 的安装目录（假设安装目录为 D:\Program Files\ti）的 myprojects 子目录下创建一个 volume1 目录。将 D:\Program Files\ti\tutorial\sim54xx\volume1 目录下的所有文件复制到新建的 volume1 目录中（如果自己开发程序，应将自己创建的源文件放在此目录中）。

（2）启动 CCS，在 Project 菜单中选择 New 项，将弹出 Project Creation 对话框，如图 5-12 所示。

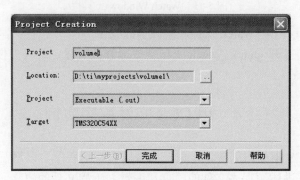

图 5-12　Project Creation 对话框

在 Project 中输入 volume1；在 Location 中会自动补全存储路径，也可以自由选择存储路径；在 Project Type 中 Executable（.out），这表示生成一个.out 类型的可执行的文件；在 Target 中填入平台名称 TMS320C54xx。单击"完成"按钮，CCS 将创建一个名为 volume1.pjt 的工程。

2. 将文件添加到工程中

（1）将文件添加到工程中。从 Project 菜单中选择 Add Files to Project 命令，选择 volume.c 文件，单击"打开"按钮将 volume.c 添加到工程中。用同样的方法将 vectors.asm 和 load.asm 添加到工程中，这些文件中包含将 RESET 中断指向 C 程序入口_c_int00 的汇编指令。将 D:\Program Files\ti\c5400\cgtools\lib 中的 rts.lib 加入到工程文件中，此文件为采用 C 开发 DSP 应用程序的运行支持库文件。

（2）查看工程的结构。在工程视图中双击所有"+"号，即可看到整个工程的结构，如图 5-13 所示。如果没有看到工程视图，则需在 View 菜单下选择 Project，打开工程视窗，并双击工程视窗左下角的 File 图标，以确保能观察到如图 5-13 所示的工程结构。

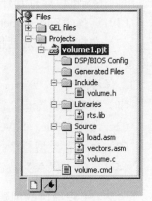

注意，在以上操作中，没有将头文件加入到工程中，CCS 将在 Build 时自动查找所需的头文件。当 Build 完成时，可在 Project 视图中观察到生成程序所需的头文件。

如果需要从工程中去除一个文件，可将该文件选中，按 Delete 键即可，也可右击，在弹出菜单中选择 Remove，将该文件从工程中移走。

图 5-13　工程视窗

（3）查看代码。双击 Project 视图中的 volume.c，将在右边的代码窗口中看到文件源代码。

从程序可以看出，主函数显示一条提示消息后，进入一个无限循环，在循环体内，不断调用 dataIO 和 processing 两个函数。processing 函数将输入 buffer 中的数与增益相乘，并将结果送给输出 buffer，它还调用汇编 load 例程，根据传给例程的参数 processingLoad 的值计算指令周期的时间。dataIO 函数不执行任何实质性操作，它没有使用 C 代码执行 I/O 操作，而是通过 CCS 中的 Probe Point 工具，从 PC 机文件中读取数据到 inp_buffer 中，作为 processing 函数的输入参数。

3. 工程项目的关闭

选择菜单"Project -> Close"即可关闭当前工程项目。

4. 工程项目的打开

选择项目菜单 Project 中的 Open 命令，弹出 Project Open 对话框；在对话框中，选择要打开的工程项目文件，单击"打开"按钮。

5.4.3　工程的构建（编译、链接）

1. 工程项目的构建

工程项目的构建（即对工程有关文件进行编译链接，生成可执行文件）。CCS 的构建工程项目提供了 4 种操作，即：

编译文件（Compile File）：编译文件仅完成对当前源文件的编译，不进行链接。

增加性构建（Build）：仅对修改过的源文件进行编译，先前编译过、没有修改的文件不再进行编译。

全部重新构建（Rebuild All）：对当前工程项目中的所有文件进行重新编译、重新链接，形成输出文件。

停止构建（Stop Build）：停止当前的构建进程。

对于本例工程的构建和运行程序操作：

（1）选择菜单命令 Project→Rebuild All 或在 Project 工具栏上双击 Rebuild All 图标，对工程重新编译、汇编和链接，主窗口下方的信息窗口将显示 build 进行汇编、编译和链接的相关信息。生成的可执行代码文件为 volume1.out，放在目录 D:\Program Files\ti\myprojects\volume1\debug 下。

（2）在进行程序运行之前，需将.out 目标文件装入目标系统。选择菜单命令 File→Load Program，在当前目录的 Debug 目录下选择 volume1.out 并打开，将 Build 生成的程序加载到 DSP 中。CCS 将自动打开一个反汇编窗口（disassembly），反汇编窗口主要用来显示反汇编后的指令和调试所需的符号信息，包括反汇编指令、指令所存放的地址和相应的操作码（机器码），同时信息窗口将显示 stdout 输出。在反汇编窗口中单击汇编指令，按 F1 键将切换至在线帮助窗口，显示光标所在行的关键词的帮助信息。选择 View→Mixed Source/ASM，可同时观察 C 源代码和汇编代码。

在调试程序的过程中，经常会出现程序被破坏的情况。可选择 File 菜单中的 Reload Program 命令，向目标系统重新装载文件。

（3）选择菜单命令 Debug→Run 或在 Debug 工具栏上单击 Run 按钮，运行该程序。本程序运行结果 volume example started 将在标准输出（stdout）窗口中显示。

再次选择 View→Mixed Source/ASM，仅观察 C 源代码以便于修改源程序。

2.　工程项目选项

工程项目选项的类型：

● 　C 编译器选项

● 　汇编器选项

● 　链接器选项

工程项目选项类型的设定，可通过工程项目选项对话框来设定，也可以在工程项目命令文件中设定，参考第 4 章有关内容及附录。

对于本例，改变 Build 选项并修改程序语法错误。由于 volume.c 程序中 FILEIO 没有定义，因此编译时将忽略程序中的部分代码，这样链接生成的 DSP 程序中也不包括这部分代码。下面通过更改工程选项来定义 FILEIO，从而将这部分代码生成到执行程序中，并更正源代码中存在的语法错误。

选择菜单命令 Project→Build Options，弹出 Build Options 窗口，选择 Compiler 选项卡，在类（Category）列表中选择预处理（Preprocessor），如图 5-14 所示。在 Define Symbols 域中键入 FILEIO，定义符号 FILEIO。此时，在命令输入和显示窗口看到-d "FILEIO"。

图 5-14　在 Build Options 窗口定义 FILEIO

对工程重新编译、汇编和链接，主窗口下方的信息窗口将显示编译错误信息。用户可以翻阅错误、警告信息，并具有错误自定位功能。双击红色出错信息提示，光标将落在 volume.c 程序行，在光标所在行的上一行缺少 ";" 号，修改后存盘。对工程重新编译、汇编和链接。

5.4.4　工程项目的基本调试

当完成工程项目构建，生成目标文件后，就可以进行程序的调试。一般的调试步骤为：

①装入构建好的目标文件；

②设置程序断点、探测点和 Profiler（分析器）；

③执行程序；

④程序停留在断点处，查看寄存器和内存单元的数据，并对中间数据进行在线（或输出）分析。

此节介绍工程项目的基本调试，关于探测点和 Profiler（分析器）的使用在后面专门讨论。

1. 程序的运行控制

程序运行控制：在调试程序过程中的复位、执行、单步执行等操作。CCS 开发环境提供了多种调试程序的运行操作，使用调试工具条或使用调试菜单 Debug 中的相应命令。

（1）复位目标处理器。

- 在 Debug 调试菜单中，选择 Reset CPU，该命令是将目标处理器 CPU 恢复到上电初始状态，初始化所有寄存器的内容，并停止当前所执行的用户程序。
- 在 Debug 调试菜单中，选择 Restart，该命令是将 CCS 的程序指针 PC 恢复到用户程序的入口地址，但不能开始执行程序。
- 在 Debug 调试菜单中，选择 Go Main，该命令用于调试 C 语言用户程序，其功能是将一个临时断点设置在用户程序关键字 main 处，并从此处开始执行用户程序，直到遇到用户设置的断点或执行 Halt 命令时，停止执行程序，撤销临时断点。当执行的用户程序停止在 main() 处时，相关的一些源文件被自动装载。

（2）单步运行。

以下命令详细功能参见表 5-5 Debug 菜单。

- 单步进入（快捷键 F8）。在菜单 Debug 中，选择 Step Into 命令或单击调试工具条上的按钮单步执行操作。
- 单步执行（快捷键 F10）。在菜单 Debug 中，选择 Step Over 命令或单击调试工具条上的按钮单步执行操作。
- 单步跳出（快捷键 Shift+F7）。执行菜单 Debug 中的 Step Out 命令或单击调试工具条上的按钮，即可完成单步跳出操作。
- 执行到当前光标处（快捷键 Ctrl+F10）。可以通过选择菜单 Debug 中的 Run to Cursor 命令或单击调试工具条中的按钮来完成操作。在程序的调试过程中，此项操作可以提供方便的调试方法，只要在反汇编窗口中设置一个光标（单击设定指令的所在行），就可以使程序从当前位置开始，一直执行到光标所在处为止。

（3）多步执行操作。

选择调试菜单 Debug 中的 Multiple Operations 命令，弹出 Multiple Operation 对话框，在对话框的下拉菜单中选择相应的单步操作类型，在对话框的 Count 选项中设定相应的操作次数，单击 OK 按钮即可完成多步操作。

（4）实时运行。

- 执行程序。选择调试菜单 Debug 中的 Run 命令，或单击调试工具条上的运行程序按钮，程序运行直到遇见断点为止。
- 暂停执行。在调试菜单 Debug 中，选择 Halt 命令，或单击调试工具条上的暂停程序按钮，暂停程序的运行。
- 动画执行。使用调试菜单 Debug 中的 Animate 命令，或单击调试工具条上的动画执行按钮，可以实现动画操作。使用 Animate 命令，使程序到达断点并更新窗口显示后能自动继续执行。
- 自由运行。在调试菜单 Debug 中的 Run Free 命令，实现用户程序的自由运行。

2. 断点和观察窗口的应用

在了解了 CCS 的基本使用后，以下介绍如何用 Watch 窗口观察变量的值、如何使用断点，进而了解 CCS 中程序的基本调试方法。

（1）断点（Breakpoints）。断点的作用是暂停程序的运行，以便观察程序的状态，检查或修正变量，查看调用的堆栈、存储器和寄存器的内容等；断点可以设置在编辑窗口中源代码行上，也可以设置在反汇编窗口中的反汇编指令上；设置断点时应当避免以下两种情形：将断点设置在属于分支或调用的语句上，将断点设置在块重复操作的倒数第一或第二条语句上。

断点的设置方法：在反汇编窗口或含有 C 源代码的编辑窗口中，将光标移到需要设置断点的语句行上，单击项目工具条上的设置断点按钮，则在该行语句设置一个断点；或：通过菜单 Debug 中 Breakpoints 命令，弹出 Breakpoints /Probe Points 对话框。然后在对话框中选择断点类型、位置。

断点的删除：单击项目工具条上的删除断点按钮，可以删除全部断点；如果只想删除部分断点，可以打开 Breakpoints /Probe Points 对话框，在断点窗口的清单中，选择要删除的断点，单击 Delete 按钮，可以删除该断点。

（2）观察窗口（Watch Window）。观察窗口用于实时地观察和修改局部变量和全局变量的值。

对于本例可以练习如下操作：

①选择菜单命令 File→load Program，重新加载程序（即加载 volum1.out）。

②在工程视图中双击 volume.c，打开源文件编辑窗口，将光标放在 dataIO()行上，并按 F9 键或工具栏中的 🔘设置断点。

③选择菜单命令 View→Watch Window，弹出 Watch 窗口。程序运行时 Watch 窗口将显示要查看的变量值。选择 Watch1 选项卡，在 Name 栏中单击 🔲，输入 str，并点击下面的空白处以保存所做修改，可以看到 str 的左边有一个"+"标志，表明 str 是一个结构体。双击"+"后将看到 str 结构体中包含的元素，如图 5-15 所示。双击每个元素可以更改其值，结构体类型在 volume.h 中定义。

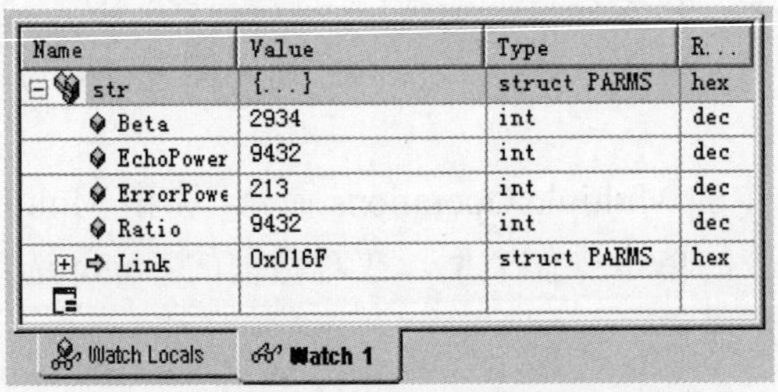

Name	Value	Type	R...
🐢 str	{...}	struct PARMS	hex
◈ Beta	2934	int	dec
◈ EchoPower	9432	int	dec
◈ ErrorPowe	213	int	dec
◈ Ratio	9432	int	dec
⊞ ⇨ Link	0x016F	struct PARMS	hex
🔲			

图 5-15　观察窗口观察结构体变量的值

在 Watch Locals 选项卡中，调试器自动显示局部变量的名字、大小、类型。局部变量的值可以被改变，但是名字不能改变。在 Watch 选项卡中，调试器显示局部和全局变量以及指定表达式的名字、大小、类型。在"Watch Locals"窗口中不能添加或删除变量，而添加变量或表达式需要在 Watch 窗口中进行。

3. 存储器窗口的使用

存储器窗口可以直接显示存储器的内容。在调试程序的过程中，可直接观察存储器的内容来判断程序的正确性，并且可以编辑存储器的内容。

（1）观察存储器的内容。点击调试工具条中的观察存储器按钮，或选择 View 菜单中的 Memory 选项，可以打开 Memory Window Options 对话框，如图 5-16 所示。

图 5-16 存储器选项对话框

输入各选项参量，确定窗口的特征。

Address：地址。本例输入 0x00A5，这个地址是 inp_buffer[]数组首地址，也可以直接输入数组名 inp_buffer。

Q-Value：Q 值表示所观察数据的小数点位置，其值可选择 0～31 之间的整数。

Format：数据格式，从下拉菜单中选择。

Use IEEE Float：数据以 IEEE 浮点格式显示。

Page：页面选择显示的存储器空间类型。可选择的类型有 Program（程序）、Data（数据）和 I/O。

Enable Reference Buffer：使能参考缓冲器。

Start Address：表示所要观察的存储器起始地址，注意必须以 0x 开头。

End Address：存储器结束地址。

Update Refrence Buffer Automat：自动更新参考缓冲器。

单击 OK 按钮，出现存储器窗口，如图 5-17 所示。

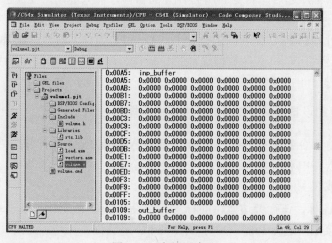

图 5-17 存储器窗口

4. 寄存器窗口的使用

寄存器窗口用来观察目标处理器的 CPU 寄存器和外设寄存器。CPU 寄存器的内容还可以通过寄存器编辑对话框进行编辑修改。

单击调试工具条中的观察寄存器按钮，或选择菜单 View 中的 Registers -> CPU Registers

选项，可以打开寄存器窗口，如图 5-18 所示。

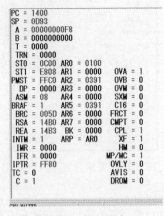

图 5-18　寄存器窗口

5.5　在 CCS 中读取数据和数据的图形显示

探测点（Probe Point）是开发算法的一个有用工具，Probe Point 可以用在以下方面：

（1）将 PC 机文件中的数据传送到 DSP 目标板上的缓冲区中，以供算法使用。

（2）将 DSP 目标板上缓冲区中的输出数据传送到 PC 机文件中以供分析。

（3）用新的数据更新一个窗口，如图形窗口。

探测点和断点（Break points）都会中断程序的运行，但探测点与断点在以下方面不同：

（1）探测点只是暂时中断程序运行，当程序执行到探测点时会更新与之相连接的窗口，然后自动继续执行程序。

（2）断点中断程序之后，将更新所有打开的窗口，但只能用人工干预的方法使程序继续运行。

（3）探测点可与 File I/O 配合，在 DSP 目标板与 PC 文件之间传送数据，断点则无此功能。

下面使用探测点将 PC 机文件数据送往目标板作为测试数据，同时使用断点以便在到达断点时自动更新所有打开的窗口。

5.5.1　探测点的设置及从 PC 机文件中读取数据

（1）选择菜单命令 File→Load Program，选择 Volume1.out 并打开。

（2）在工程视图中双击 Volume.c，在右边的编辑窗口中将显示源代码。

（3）将光标放在主函数中的 dataIO()那一行上。

（4）单击 图标，该行旁边蓝色的标志表示设置了一个探测点。

（5）在 File 菜单中选择 File I/O，打开 File I/O 对话框。

（6）单击 File Input 选项卡，然后单击 Add File 按钮。

（7）选择 sine.dat 文件，单击 Open 按钮，出现如图 5-19 所示的 sine.dat 文件控制窗口，可以在运行程序时使用这个窗口来控制数据文件的开始、停止、前进、后退等操作。

（8）在 File I/O 对话框中，在 Address 域中填入 inp_buffer，在 Length 域中填入 100，同时选中 Wrap Around 复选框，如图 5-20 所示。

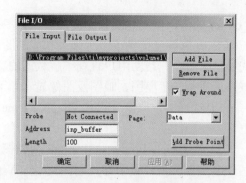

图 5-19　sine.dat 文件控制窗口　　　　图 5-20　File I/O 对话框

Address 域——指定从文件中读取的数据将要存放的地址。inp_buffer 是在 VOLUME.C 中定义的整型数组，其长度为 BUFFSIZE（在 volume.h 中定义的一个常数）。

Length 域——指定每次到达 Probe Point 时从数据文件中读取的样点数，这里取值为 100是因为 BUFFSIZE= 0x64。

选中 Wrap Around 表明读取数据的循环特性，每次读至文件结尾处将自动从文件头开始重新读取数据。

（9）在 File I/O 对话框中单击 Add Probe Point 按钮，弹出 Break/Probe Points 对话框，如图 5-21 所示。在 Probe Point 列表中显示"volume.c line 61-->No Connection"行，表明第 61行已设置 Probe Point，但还没有与 PC 文件相关联。

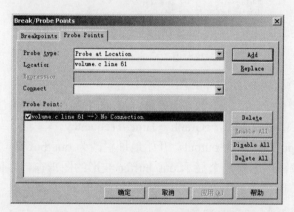

图 5-21　Break/Probe Points 对话框

（10）在 Connect 域，单击下拉箭头，并从列表中选择 sine.dat。

（11）单击 Replace 按钮，Probe Point 列表指示 Probe Point 已与 sine.dat 文件相关联。

（12）单击"确定"按钮。注意，File I/O 对话框 Probel 栏已变为 Connected，表示文件已连至一个探点。

（13）单击"确定"按钮，关闭 File I/O 对话框。

注意：程序在运行到 Profile Point 时将中断 DSP 程序的运行，因此使用 Profile Point 将不能实时跟踪调试。如果想实时监控 DSP 程序的运行，需要使用 RTDX。

5.5.2　静态图形显示

运行程序，但观察不到任何程序运行结果。可以设置 Watch 窗口显示 inp_buffer 和

out_buffer 的值，但所要观察的变量实在太多，而且显示的只是数字。

CCS 开发环境提供了多种强大功能的图形显示工具，可以将内存中的数据以各种图形的方式显示给用户，帮助用户直观了解数据的意义。CCS 将程序产生的数据图形显示包括时域/频域波形显示、星座图、眼图及图像显示。下面说明在 CCS 中如何观察时域波形。

（1）选择菜单命令 View→Graph→Time/Frequency，弹出 Graph Property（图形属性）对话框。

（2）在 Graph Property 对话框中更改图形的标题、起始地址、缓冲区大小、显示数据大小、DSP 数据类型、自动标尺属性及最大 Y 值，如图 5-22 所示。

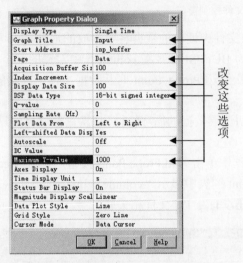

图 5-22   更改后的 Graph Property

（3）单击 OK 按钮，将出现 Input 图形窗口。

（4）在图形窗口中右击，从弹出菜单中选择 Clear Display，清除已有显示波形。

（5）再次执行菜单命令 View→Graph→Time /Frequency。

（6）这次将 Graph Title 改为 output，开始地址栏改为 out_buffer。其他设置不变。

（7）单击 OK 按钮，出现一个显示 out_buffer 波形的图形窗口，同样右击，从弹出菜单中选 Clear Display，清除已有显示波形。

5.5.3   动态图形显示

以上通过设置一个 Probe Point 临时中断程序运行将 PC 机上的数据传给目标板，然后继续执行程序。然而 Probe Point 不会更新图形显示。下面通过设置一个断点，使图形窗口自动更新。使用 Animate 命令，使程序到达断点并更新窗口后能自动继续执行。

（1）在 Volume.c 窗口，将光标放在调用 dataIO 行上。

（2）在 Project 工具栏上单击图标 设置断点，此时该行有两种颜色显示，表明该行上同时设有一个断点和一个探点。将断点和探点设在同一行上可以使程序在只中断一次的情况下执行两个操作：传输数据和更新图形显示。

（3）调整窗口以便能同时看到两个图形窗口，如图 5-23 所示。

（4）在 Debug 工具栏中单击 Animate 按钮 或按 F12 键。此命令将运行程序，碰到断点后临时中断程序运行，更新窗口显示，然后继续执行程序。与 Run 不同的是，Animate 会继续执行程序直到碰到下一个断点。只有人为干预时，程序才会真正停止运行。可将 Animate 命令理解为一个"运行—中断—继续"的操作。此时，在 Input、Output 图形窗口上可以看到程序动态执行的情况。

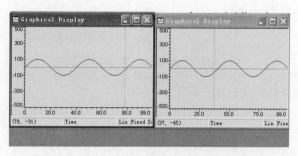

图 5-23　Gain=1 时的输入、输出图形窗口

在该例中，输出数据是输入数据与增益 Gain 相乘，改变 Gain 的值，输出信号的幅度将发生变化。改变 Gain 值的方法，一种是在观察窗口写入 Gain 并改变其值为 5。图形如图 5-24 所示。

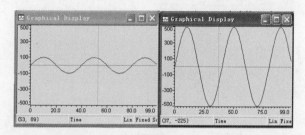

图 5-24　Gain=5 时的输入、输出图形窗口

另一种是利用 GEL（通用扩展语言），首先选择菜单命令 File→Load GEL，选择 Volume.gel 并单击 Open 打开，然后选择菜单命令 GEL→Application Control→Gain，此时将出现一个增益调节窗口，在增益调节窗口中，用滑动条可以改变 Gain 的值。

5.6　代码执行时间分析（Profiler 的使用）

CCS 中的 Profiler（分析器）能够对程序中的某段指令或某个函数的执行时间进行分析。

5.6.1　函数执行时间分析

（1）选择菜单命令 File→Reload Program，重新加载程序 Volume1.out。

（2）选择菜单命令 Profiler→Start New Session，在打开的对话框中输入 Volume1_profile 作为代码分析统计观察窗口的名称，然后单击 OK 按钮，则打开分析（Profiler）窗口，单击 Functions 选项卡，如图 5-25 所示。

（3）在工程视图中双击 volume.c 以显示文件内容。为了分析 processing 函数的统计特性，双击 static int processing（int *input、int *output）行，并用鼠标拖曳至分析窗口。如果要对程序中的所有函数进行分析统计，可以单击分析窗口左侧的分析所有函数（profile all functions）按钮。

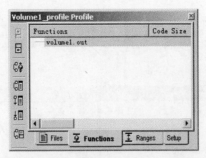

图 5-25   分析窗口的 Functions 选项卡

（4）程序运行约 1 分钟后停止，看到如图 5-26 所示的分析结果。

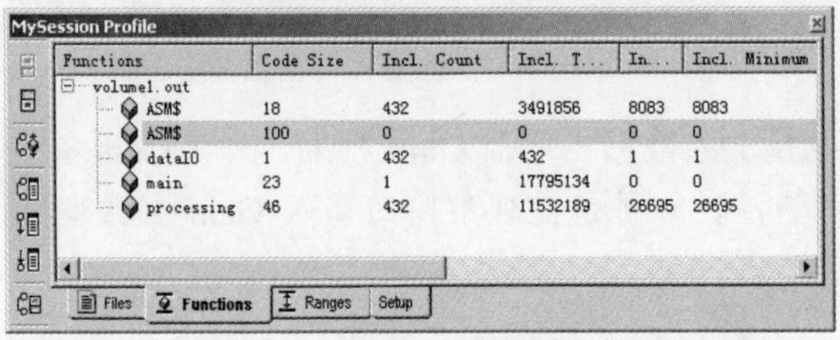

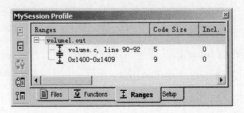

图 5-26   函数执行时间分析结果

分析窗口中的各分析数据含义如下：

- Code Size：某段指令或某个函数代码的大小。
- Count：所分析代码段指令或某个函数执行的次数。
- Total：所分析代码段总的执行周期数。
- Maximum：所分析代码段执行一次所用最大的周期数。
- Minimum：所分析代码段执行一次所用最小的周期数。
- Average：所分析代码段执行一次平均所用周期数。
- Incl.前缀表示包括该段代码内的子程序调用。
- Excl.前缀表示不包括该段代码内的子程序调用。

5.6.2   某段程序执行时间分析

（1）在分析窗口中单击 Ranges 选项卡，在工程视图中双击 volume.c 以显示源程序。

（2）将 load（processingLoad）行到 return（TRUE）行高亮显示并拖曳至分析窗口。

（3）选择菜单命令 View→Disassembly 以打开 disassembly 窗口，在 disassembly 窗口中右击，选择 Start Address，然后输入 c_int00 作为起始地址。

（4）在 disassembly 窗口将 c_int00 下面的 4 行拖曳到分析窗口，如图 5-27 所示。

图 5-27   分析窗口的 Ranges 选项卡

（5）选择菜单命令 Debug→Restart.，然后选择 Debug→Run。程序运行约 1 分钟后停止，看到如图 5-28 所示的分析结果。

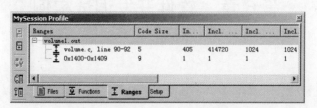

图 5-28　某段程序执行时间分析结果

1. CCS 集成开发环境的主要功能是什么？
2. CCS 集成开发环常用的窗口有哪些？
3. 一个工程项目一般包括哪些文件？怎样创建一个新的工程项目？
4. 在 CCS 中如何调试程序？基本调试步骤及方法有哪些？
5. 探测点的作用是什么？如何使用探测点？
6. CCS 中的 Profiler（分析器）的作用是什么？如何使用？

第 6 章　软件开发调试实例

　　本章首先介绍与程序流程控制有关的内容,包括程序地址生成、分支转移、重复操作、子程序调用等,然后根据具体实例介绍汇编语言及 C 语言程序设计的方法,以及在 CCS 环境下使用 Simulator 进行程序调试的基本方法,最后介绍在数字信号处理中广泛使用的 FIR 滤波器、IIR 滤波器及 FFT 算法在定点 C54x 上的实现方法和程序实例。本章以实例的方式循序渐进地帮助读者进一步熟悉 DSP 的指令系统、CCS 环境下汇编语言及 C 语言应用程序的设计和调试方法。实例中给出了工作原理、完整的源程序及上机汇编、链接、调试过程,初学者可以按照书中给出的步骤动手操作,进行实战练习。

- 程序流程控制
- 汇编语言程序设计的方法及实例:数据块传送、基本算数运算、FIR 滤波器、IIR 滤波器、FFT 运算
- C 语言程序设计的方法:一个简单的 C 语言程序、FIR 滤波器、FFT 运算

6.1　程序流程控制

　　C54x 具有丰富的程序控制指令,利用这些指令可以执行分支转移、子程序调用、子程序返回、条件执行以及循环等控制操作。

6.1.1　程序存储器地址生成

　　程序存储器中存放指令代码、参数表和立即数。C54x 程序地址总线(PAB)可寻址空间为 64K 字;C548、C549 还有 7 根地址线可寻址外部 128 个 64K 字的页,即 8192K 字的程序空间,C5402 还有 4 根地址线,可寻址外部程序存储空间为 1M,分成 16 页,每页 64K。程序地址产生逻辑(PAGEN),为寻址存放在程序存储器中的指令代码、参数表、16 位立即数或其他信息产生地址,并把这个地址加到 PAB 上。

　　PAGEN 包括以下 5 个寄存器:
- 程序计数器(PC);
- 重复计数器(RC);
- 块重复计数器(BRC);
- 块重复起始地址寄存器(RSA);

● 块重复结束地址寄存器（REA）。

PC 是一个 16 位的寄存器，存放即将取指的某条指令、某个 16 位立即操作数或系数表在程序存储器的地址。RC 用于单条指令重复操作，BRC、RSA、REA 用于块重复操作。C548、C549、C5402 等还有一个用于寻址扩展程序存储器的扩展程序计数器（XPC）。

C54x 通过把 PC 值放到 PAB 上，进而从程序存储器的相应位置取指，然后 PC 值自动增加，指向下一条指令的地址。如果程序地址不连续（如分支转移、调用、返回、中断或循环），就要根据具体指令在 PC 中装入合适的地址。通过 PAB 寻址的指令被装入指令寄存器（IR）。

为了改善某些指令的运行，程序地址产生单元也用于从程序存储器中取操作数。当从一个参数表中取数或往参数表中写数或者在程序和数据空间传输数据时，就需要从程序存储器中取操作数。一些指令，如 FIRS、MACD 和 MACP 用程序总线去取第二个被乘数。

6.1.2　流水线操作

1. C54x 指令流水线

C54x 指令分 6 级流水，即每条指令分 6 个操作阶段或操作周期，在任何一个机器周期内，可以有 1～6 条不同的指令在同时工作，每条指令工作在不同的操作阶段。C54x 单条指令流水线结构示意图如图 6-1 所示，多条指令流水线示意图如图 6-2 所示。

T1	T2	T3	T4	T5	T6
P 预取指	F 取指	D 译码	A 寻址	R 读数	X 执行

图 6-1　C54x 流水线结构示意图

T1	T2	T3	T4	T5	T6	T7	T8	T9	T10	T11	
P	F	D	A	R	X						第 1 条指令
	P	F	D	A	R	X					第 2 条指令
		P	F	D	A	R	X				第 3 条指令
			P	F	D	A	R	X			第 4 条指令
				P	F	D	A	R	X		第 5 条指令
					P	F	D	A	R	X	第 6 条指令

图 6-2　C54x 多条指令流水线示意图

预取指 P（Prefetch）：在 T1 机器周期内，将 PC 中的内容（下面要读取的指令地址）加载程序地址总线 PAB。

取指 F（Fetch）：在 T2 机器周期内，从选中的程序存储单元中，取出指令字并加载到程序总线（PB）上。

译码 D（Decode）：在 T3 机器周期内，将 PB 的内容装进指令寄存器（IR），将指令字译成具体的操作。

寻址 A（Access）：在 T4 机器周期内，寻址操作数，数据 1 读地址加载数据地址总线 DAB，数据 2 读地址加载数据地址总线 CAB，并更新辅助寄存器间接寻址方式和堆栈指针。

读数 R（Read）：在 T5 机器周期内，数据 1 加载到数据总线 DB，数据 2 加载到数据总线 CB；若需要，数据 3 写地址加载数据地址总线 EAB。

执行 X（Execute/Write）：在 T6 机器周期内，CPU 按操作码要求执行指令，并将数据 3 加载到 EB，写入指定存储单元，结束本条指令。

指令的多级流水线重叠执行，提高了指令的效率，DSP 大多数指令为单周期指令。但也会发生由于程序转移而带来的清空流水线操作，或是 DSP 片上资源有限，因竞争造成的流水线冲突。

2. 分支转移指令流水线操作

在 C54x 指令集中，由于跳转指令（B addr）不需要读写操作，为了不打破流水线操作，后两个周期（T4 寻址，T5 读数）是延时等待，为充分利用这两个空闲周期，C54x 指令集增加了相应的延迟操作指令（BD addr），它在跳转到新的地址 addr 之前，可延迟操作后面两个字节的指令，如图 6-3 所示。

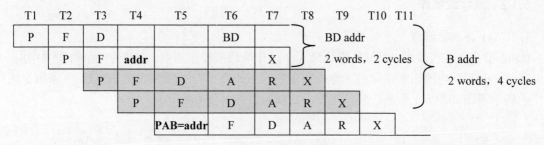

图 6-3　B 和 BD 指令

图 6-3 中加影部分，在 B 指令中是空闲等待，这两个指令字不被执行，因此 B 指令是 4 个周期的指令；加影部分在 BD 指令中是延迟操作的两个字指令，允许先执行这两个字的指令，然后再跳转，因此 BD 指令是 2 个机器周期指令。

【例 6-1】分别用分支转移指令 B 和 BD 编写程序。

利用 B 指令编程	利用 BD 指令编程
LD x, A ; (1 cycle)	LD x, A ; (1 cycle)
MPY y, B ;(1 cycle)	BD next ; (2cycles)
STL A, Z ;(1cycle)	MPY y, B ;(1 cycle)
B next ; (4 cycles)	STL A, z ; (1cycle)

可见，用不同语句执行同样的功能，流水线的运行效率是不一样的。采用延迟操作指令，合理安排指令前后顺序，可以节省机器周期。具有延时操作功能的指令有 BD、CALLD、BCD、RETD 等。

3. 条件执行指令流水线操作

C54x 提供了条件执行语句 XC，用 XC 比常用的条件语句 BC 节省 2～3 个机器周期，但用 XC 语句必须提前 2 个机器周期就要确定状态值。

【例 6-2】采用条件执行指令的程序如下：

a1	i1	;任意单周期，单字指令
a2	i2	;任意单周期，单字指令
a3	XC n,cond	;单周期，单字指令
a4	i4	;任意单周期，单字指令
a5	i5	;任意单周期，单字指令

对应流水线情况如图 6-4 所示。

T1	T2	T3	T4	T5	T6	T7	T8	T9	T10	T11	
P	F	D	A	R	X						i1
	P	F	D	A	R	X					i2
		P	F	D	判断 Cond		X				XC 指令
			P	F	D	A	R	X			i4
				P	F	D	A	R	X		i5

图 6-4　XC 指令流水线情况

T6 周期，XC 指令寻址阶段，求解 XC 指令的条件，若条件满足，则 i4 和 i5 指令进入译码阶段并执行；若不满足，则不对 i4 和 i5 指令译码，执行 NOP。由图 6-4 看出，在 T6 周期，i1 和 i2 指令还没执行完毕，执行结果不会对 XC 指令的条件判断产生影响，如果 XC 指令的判断条件由指令 i1 和 i2 的结果给出，则会得出错误的判断；XC 的条件判断与实际执行之间有 2 个周期空隙，若此期间有其他运算改变条件，将造成错误结果。因此，①决定 XC 指令判断条件的指令应放在 i1 指令之前；②在条件执行指令前屏蔽所有可能产生的中断或其他改变指令规定条件的运算。

4．流水线的规则

如果使用 C 代码编程，则完全可以不要考虑流水线问题，因为在 C 到汇编代码的转换中，编译工具产生的代码不会产生流水线冲突问题。如果采用汇编语言编写源程序，就要考虑流水线冲突问题了。

（1）CALU 操作指令。在用 DSP 汇编指令编程中，对算术逻辑单元（ALU）和乘法器（MAC）的操作指令，合称 CALU 的操作指令。这类指令经过 C54x 内部专门优化和无错处理，不需要我们在编程时考虑流水线问题。

C54x 指令流水线的每一段（即一个机器周期）分成前后两部分，对 P、D 总线操作使用前半个周期，对 C、E 总线操作使用后半个周期。如果在同一流水段中要同时对 C、D 总线操作或同时对 P、E 总线操作，不会引起流水线冲突；但同一流水段不能同时对 P、D 总线操作或同时对 C、E 总线操作，否则就会引起流水线冲突。在流水线上遇到后类情况，C54x 的 CALU 操作指令会自动作延时调整以避免流水冲突，因此不需要程序员考虑流水线的冲突问题。

【例 6-3】CALU 操作指令流水线。

```
LD   *AR2+,A
i2
i3
i4
```

当第一条指令读操作数时，i4 正在取指令，故发生时序冲突，此时，CPU 对 i4 的取指延时一个周期解决流水线冲突问题。流水线情况如图 6-5 所示。

（2）MMR 操作指令流水规则。MMR 是 C54x 存储器映像寄存器，其中包括 26 个 CPU 映像寄存器、外设映像寄存器，它们映像在数据 RAM 区的第 0 页。使用 MMR 操作指令时必须考虑流水线状况。

提前赋值 MMR 操作指令。如果 MMR 操作指令所用到的操作数或状态位一旦在流水线前面给定，在流水线后面运行的一段过程中将不再被改变，则提前给定所要用到的操作数或状态位就可以避免流水线冲突。按照类似例 6-2 所述提前赋值就不存在流水线冲突问题。

T1	T2	T3	T4	T5	T6	T7	T8	T9	T10	
P	F	D	A	读数	X					LD　*AR2+,A
	P	取指	D	A	R	X				i2
		P	取指	D	A	R	X			i3
			P	取指	D	A	R	X		空周期（本应 i4 取指）
				P	取指	D	A	R	X	i4 延迟取指

图 6-5　CALU 操作指令流水线自动延时过程

　　MMR 保护写指令。如同 CALU 操作指令一样，一部分 MMR 操作指令能根据流水线情况自动调整流水段内的写操作，并避免流水线冲突，这部分指令称为 MMR 保护写指令，这些指令见表 6-1。

表 6-1　MMR 保护写指令

MMR 保护指令（不包括对 ARx 操作）	对 ARx 操作的保护指令
STM　#K, MMR	ST
ST　#K, MMR	STM
POPD Smem	MVMM
POPM　MMR	MVDK
MVDK　Smem, dmad	LD #k9, DP
MVMD　MMR, Smem	LD #k5, ASM
FRAME	MAR *ARx+ (提前改变指针)

【例 6-4】采用保护性指令解决流水线冲突。

STLM A,AR1
LD　*AR1,B

其流水线操作示意图如图 6-6 所示，其中"W"表示对 AR1 写操作，"N"表示指令需要 AR1 的值。由图 6-6 看出存在的问题：第 1 条指令中的 AR1 数据还没有准备好，第二条指令就已经开始对 AR1 进行寻址读操作。若采用保护性指令 STM：

STM　#1k,AR1
LD　*AR1,B

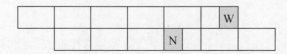

图 6-6　流水线冲突示意图

　　其流水线操作示意图如图 6-7 所示，STM 为双字指令，占用两条流水线。采用保护性写操作使写 AR1 提前一周期，改用双字指令插入一隐含周期，则读 AR1 延迟一周期，结果 W 比 N 早一周期，避免了流水线冲突。

　　MMR 规则写（普通）指令。一般情况下，如不能提前为 MMR 操作指令赋值，也不能利用 MMR 保护指令，这时编程者就要自己判断插 nop 延时，以防止流水线冲突。

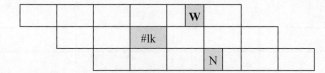

图 6-7　采用保护性指令流水线示意

对于例 6-4 的程序，解决的办法可以采用：在 STLM 指令后插入 2 条 NOP 指令。其流水线操作示意图如图 6-8 所示。

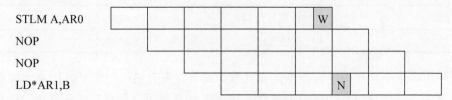

图 6-8　插入 NOP 指令后的流水线

不同的 MMR 操作指令会要求在不同的流水段前准备好状态数。关于详细解决方法参见 TI DSP 手册 SPRU131G "TMS320C54x DSP Reference Set　Volume 1：CPU and Peripherals"。

6.1.3　条件操作

有一些指令，只有当满足一个或多个条件时才能执行。表 6-2 列出了一些用于条件指令中的条件以及相应的操作符。

表 6-2　条件指令中的各种条件

条件	说明	操作符
A = 0	累加器 A 等于 0	AEQ
B = 0	累加器 B 等于 0	BEQ
A≠0	累加器 A 不等于 0	ANEQ
B≠0	累加器 B 不等于 0	BNEQ
A < 0	累加器 A 小于 0	ALT
B < 0	累加器 B 小于 0	BLT
A≤0	累加器 A 小于等于 0	ALEQ
B≤0	累加器 B 小于等于 0	BLEQ
A > 0	累加器 A 大于 0	AGT
B > 0	累加器 B 大于 0	BGT
A≥0	累加器 A 大于等于 0	AGEQ
B≥0	累加器 B 大于等于 0	BGEQ
AOV = 1	累加器 A 溢出	AOV
BOV = 1	累加器 B 溢出	BOV
AOV = 0	累加器 A 不溢出	ANOV
BOV = 0	累加器 B 不溢出	BNOV

续表

条件	说明	操作符
C = 1	ALU 进位位置 1	C
C = 0	ALU 进位位清 0	NC
TC = 1	测试/控制标志置 1	TC
TC = 0	测试/控制标志清 0	NTC
$\overline{BIO}$ 低	$\overline{BIO}$ 信号为低电平	BIO
$\overline{BIO}$ 高	$\overline{BIO}$ 信号为高电平	NBIO
无	无条件操作	UNC

可以使用多个条件作为条件指令的操作数，只有在所有条件都满足时指令才能执行。但并不是所有的条件任意组合构成多个条件，这多条件必须用一些特定的条件组合，如表 6-3 所示。

每种组合的条件必须从表 6-3 中所示的第一组或第二组中选择。

表6-3 多条件指令中的条件组合

第一组		第二组		
A 类	B 类	A 类	B 类	C 类
EQ	OV	TC	C	BIO
NEQ	NOV	NTC	NC	NBIO
LT				
LEQ				
GT				
GEQ				

第一组：可从 A 类和 B 类中各选一个条件组合（与/或），但不能从同一类中选两个条件。例如，可以同时用 EQ 和 OV 作为条件，但不能同时用 GT 和 NEQ 作为条件。两个条件检测的必需是同一个累加器，不能用同一条指令检测两个累加器。例如，可以同时用 AGT 和 AOV 作为条件，但不能同时用 AGT 和 BOV 作为条件。

第二组：可以从 3 种类型（A、B、C）的任一种中选择一个条件组合（与/或），但不能从同一类型中选择两个条件。例如可以同时用 TC、C 和 BIO 作为条件，但不能同时用 NTC、C 和 NC 作为条件。

组与组之间的条件只能是或。

6.1.4 分支转移

分支转移指令打断了程序执行的顺序，转移到程序存储器的另外一个位置去执行，因此，分支转移影响程序地址产生的存储在 PC 中的值。C54x 的分支转移包括条件分支转移和无条件分支转移两种形式，这两种形式可以是延迟或非延迟的。

表 6-4 列出了无条件分支转移指令及其执行所需的周期数。

表 6-4　无条件分支转移指令

指令	说明	周期数（非延迟/延迟）
B[D]	用指令中给出的地址加载 PC	4/2
BACC[D]	用指定累加器（A 或 B）的低 16 位作为地址加载 PC	6/4

当在流水线中执行到分支转移指令时，其后的两个指令字已经装入流水线，这两个指令字如何处理，取决于该分支转移指令是延迟的（指令后面的 D 后缀表示延迟）还是非延迟的。

非延迟分支转移：在指令流水线中先清除分支指令后面已读入的一个双字指令或两个单字指令，然后再进行分支转移。

延迟分支转移：跟在分支指令后的一个双字指令或两个单字指令先执行（即不更改流水线），然后进行分支转移。在表 6-4 中看到，延迟指令比相应的非延迟指令少用两个时钟周期。

注意：跟在延迟指令后面的两个字的指令不能是造成 PC 值不连续的指令（如分支转移、调用、返回或软件中断）。

条件分支转移指令必须在满足用户设定的条件时才发生转移。如果所有条件都满足，那么 PC 中就会装入分支指令的第二个字，它包含分支转移的目的地址，程序从这个地址开始执行。表 6-5 列出了条件分支转移指令及其执行所需的周期数。

表 6-5　条件分支转移指令

指令	说明	周期数（条件满足/不满足）	
		非延迟	延迟
BC[D]	如果指令中的条件满足，就用指令中给出的地址加载 PC	5/3	3/3
BANZ[D]	如果所选择的辅助寄存器不等于 0，就用指令中给出的地址加载 PC（用于循环）	4/2	2/2

当检测完条件后，跟在条件分支指令后的两个指令字已装入流水线，这两个指令字如何处理，取决于分支转移是延迟的还是非延迟的。

非延迟条件分支转移：如果条件满足，那么这两个指令字从流水线中清除不执行，然后从分支转移指令的目的地址开始执行；如果条件不满足，那么执行这两个指令字，而不进行分支转移。

延迟条件分支转移：执行跟在分支转移指令后面的一个双字指令或两个单字指令，检测条件不影响跟在延迟指令后的指令字，这样避免清除流水线，可以节省额外的时钟周期。

由于条件转移指令用到一些条件，而条件往往是前面一些指令的运行结果，所以条件转移指令 BC[D] 比无条件转移指令 B[D] 多一个时钟周期。

为了使程序分支转移到扩展程序存储器，有两个远分支转移指令，如表 6-6 所示。

表 6-6　远分支转移指令

指令	说明	周期数（非延迟/延迟）
FB[D]	可以转移到由指令所给定的 23 位地址（C5402 为 20 位地址）	4/2
FBACC[D]	可以转移到指定累加器所给定的 23 位地址（C5402 为 20 位地址）	6/4

如果要有条件地跳过一个字或两个字的指令，那么这条指令可以用一个单周期的条件执

行指令（XC）代替分支转移指令。有两种形式的条件执行（XC）指令。

XC 1,cond	;条件满足，执行后面的一个单字指令；条件不满足，执行一条 NOP 指令
XC 2,cond	;条件满足，执行后面的一个双字指令或两个单字指令
	;条件不满足，执行两条 NOP 指令

XC 的条件（cond）与条件分支转移指令的条件一样，参见表 6-2 和表 6-3。

【例 6-5】条件分支转移。

BC next AGT,AOV	;若累加器 A>0 且溢出，则跳转至 next，否则执行下一条指令
XC 1, ALEQ	;若 A<=0，执行后面的 MAR *AR1+；否则，不执行 MAR *AR1+
MAR *AR1+	;而执行一条 NOP 指令

单条指令中的多个（2～3）条件是"与"的关系。如果需要两个条件相"或"，则写成两个条件指令：

BC next, AGT
BC next, AOV

6.1.5　调用与返回

当调用函数或子程序时，DSP 中断当前程序的执行，PC 装入给定的程序存储器地址，并且从这个地址开始执行。在 PC 装入新值之前，调用指令的下一条指令地址被压入堆栈。子程序或函数必须以返回指令结束，以便执行到返回指令时，将先前压入堆栈的地址弹出再装入 PC，使程序从调用指令的下一条指令继续执行。

C54x 有条件调用和返回、无条件调用和返回两种形式，这两种形式也都有延迟和非延迟两种。表 6-7 所示为无条件调用与返回指令及其执行时间。

表 6-7　无条件调用与返回指令

指令	说明	周期数 （非延迟/延迟）
CALL[D]	将返回地址压入堆栈，用指令中给出的地址加载 PC	4/2
CALA[D]	将返回地址压入堆栈，用指定累加器的低 16 位加载 PC	6/4
RET[D]	将栈顶的返回地址弹出堆栈装入 PC	5/3
RETE[D]	将栈顶的返回地址弹出堆栈装入 PC，并开放中断	5/3
RETF[D]	将 RTN 寄存器中的值装入 PC，并开放中断（这是一种快速返回，可以减少执行中断所用的时钟数，这对于较短的、频繁的中断很重要的。注意：RTN 寄存器是一个不能读写的 CPU 内部寄存器）	3/1

条件调用、返回和无条件调用、返回一样，必须在满足用户设置的条件下才执行调用和返回。表 6-8 所示为条件调用与返回指令及其执行时间。

表 6-8　条件调用与返回指令

指令	说明	周期数 （条件满足/不满足）	
		非延迟	延迟
CC[D] （条件调用指令）	当指令中规定的条件满足时，将返回地址压入堆栈，用指令中给出的地址加载 PC	5/3	3/3
RC[D] （条件返回指令）	当指令中规定的条件满足时，将栈顶的返回地址弹出堆栈并装入 PC	5/3	3/3

用条件返回指令（RC）使函数或中断服务程序（ISR）有多个返回的出口，出口的选择在于所处理的数据。用条件返回指令在条件满足时就可以返回，而不必用条件分支转移指令转移到子程序、函数或中断服务程序结束处的返回指令。

为了使程序调用扩展程序存储器，有两个远调用指令及两个远返回指令，如表 6-9 所示。

表 6-9　远调用和远返回指令

指令	说明	周期数（非延迟/延迟）
FCALL[D]	将 XPC 和 PC 值压入堆栈，然后转移到由指令所给定的 23 位地址（C5402 为 20 位地址）	4/2
FCALA[D]	将 XPC 和 PC 值压入堆栈，然后转移到指定累加器给定的 23 位地址（C5402 为 20 位地址）	6/4
FRET[D]	先从堆栈中弹出数据装入 XPC，再从堆栈中弹出数据装入 PC，使得程序从原来的调用点处继续执行	6/4
FRETE[D]	先从堆栈中弹出数据装入 XPC，再从堆栈中弹出数据装入 PC，并开放中断	6/4

6.1.6　重复操作

1. 单条指令的重复操作

RPT（重复执行下一条指令）和 RPTZ（累加器清 0 后重复执行下一条指令）可重复执行其后的一条指令，重复的次数是指令操作数加 1，这个值保存在 16 位的重复计数寄存器（RC）中，这个值只能由重复指令（RPT 或 RPTZ）加载，而不能编程设置 RC 寄存器中的值，一次给定指令重复执行的最大次数是 65536。

一旦 RPT/RPTZ 指令被译码，包括 $\overline{\text{NMI}}$ 在内的所有中断都被禁止（除 $\overline{\text{RS}}$ 外），只有当重复操作完成后才能响应中断。但是，C54x 在执行 RPT/RPTZ 操作时可以响应总线请求信号（$\overline{\text{HOLD}}$），这种响应取决于 ST1 中 HM 位的值。若 HM=0，继续执行重复操作；若 HM=1，暂停内部重复操作。

由于重复的指令只需要取指一次，因此效率较高，特别是与乘/加指令、块移动指令等连用，可以使这些多周期指令在执行一次之后变为单周期指令高效地执行。重复操作时变成单周期的多周期指令有 FIRS、MACD、MACP、MVDK、MVDM、MVDP、MVKD、MVMD、MVPD、READA、WRITA。

2. 块重复操作指令

块重复指令 RPTB 用于将一个码块重复执行 N+1 次，N 是装入块重复计数器（BRC）的值。一个码块可以有一条或多条指令。单条重复指令执行时关闭所有可屏蔽中断，而块重复操作执行期间可以响应中断。

在块重复计数器（BRC）中装入 N 值，比块循环的次数少 1，N 值的范围是从 0～65535。块重复起始地址寄存器（RSA）是 RPTB 指令的下一条指令地址，块重复结束地址寄存器（REA）是块重复的最后一条指令的最后一个字，由 RPTB 指令的操作数规定。块重复操作执行时，状态寄存器 ST1 中的 BRAF（块重复操作标志）置 1。例如：

```
STM    #99,BRC      ;块重复执行 100 次
RPTB   NEXT-1       ;下一条指令至标号 NEXT 前一条指令是需要重复的程序块
```

⋮

```
NEXT:     ...
```

这里，用 NEXT-1 作为结束地址是恰当的。如果用块重复的最后一条指令的标号作为结束地址，若最后一条指令是单字指令则程序可以正确执行，若是双字指令则不能正确执行。指令循环执行时，每次 PC 值更新都要和 REA 进行比较，如果相等，则 BRC 减 1。BRC 减 1 后，如果 BRC 大于或等于 0，则 RSA 的值装入 PC，执行下一轮循环；如果 BRC 小于 0，则 BRAF 被置 0，结束块重复操作，执行重复块的下一条指令。

【例 6-6】对一个数组进行初始化：x[5]={0,0,0,0,0}，然后对数组 x[5]中的每个元素加 1。

```
          .mmregs
          .def    start
          .bss    x, 5
          .text
****      数组初始化 x[5]={0,0,0,0,0}  *******
start:    STM     #x,AR1
          LD      #0, A         ;或本行及下一行合为：RPTZ A  #4
          RPT     #4            ;重复执行的次数为 5
          STL     A, *AR1+
****      对数组 x[5]中的每个元素加 1 *******
          LD      #1, 16, B
          STM     #4, BRC
          STM     #x, AR4
          RPTB    next-1
          ADD     *AR4, 16, B, A
          STH     A, *AR4+
next:     LD      #0, B
          .end
```

带延迟的块重复指令 RPTBD 将紧跟在 RPTBD 后面的第二条指令地址自动装入 RSA，RPTBD 指令使跟在其后的一个双字指令或两个单字指令在流水线中不清除，而是执行后再执行重复操作。RPTB 指令需要四个时钟周期，而 RPTBD 指令的执行只要两个时钟周期。当用 RPTBD 指令时，跟在其后的两个字不能是延迟指令。

块重复操作是一种零开销循环。零开销循环是由 ST1 中的 BRAF 位和存储器映象寄存器：块重复计数器（BRC）、块重复起始地址寄存器（RSA）和块重复结束地址寄存器（REA）控制完成的。由于只有一组块重复寄存器，所以块重复操作不能嵌套。循环嵌套最简单的方法是内层循环用 RPTB[D]指令，外层循环用 BANZ[D]指令。

3．利用 BANZ 指令构成循环

循环操作指令：

BANZ[D]   Pmad, Sind

指令功能：当辅助寄存器不为 0 时，则转至转移地址，否则顺序执行。Sind：单间接寻址操作数，辅助寄存器初值为循环次数减 1。

【例 6-7】计算 $y = \sum_{i=1}^{10} x_i$

```
          .bss    x,10          ;给 x 保留 10 个空间
          .bss    y,1           ;给 y 保留 1 个空间
          .text
```

```
        STM     #x,AR1          ;初始化数组  x[10]={2,2,2,2,2,2,2,2,2,2}
        LD      #2,A
        RPT     #9
        STL     A, *AR1+
        STM     #x,AR1
        STM     #9,AR2          ;设置循环计数值，AR2 为循环计数器，初值为 9
        LD      #0,A            ;累加器清 0
loop:   ADD     *AR1+,A         ;累加运算，并修改地址
        BANZ    loop,*AR2-      ;注意修改 AR2 的值，每循环 1 次，其值减 1
        LD      #y, DP          ;DP 指向 y 所在页
        STL     A,@y            ;累加和存入 y 中
        .end
```

4．循环嵌套

RPT 重复操作可以和块重复操作 RPTB 以及循环操作 BANZ 进行嵌套，实现多重嵌套。

下面是一个三重循环嵌套的结构，内层、中层、外层循环分别用 RPT、RPTB 和 BANZ 指令，循环次数分别为 N、M、L。

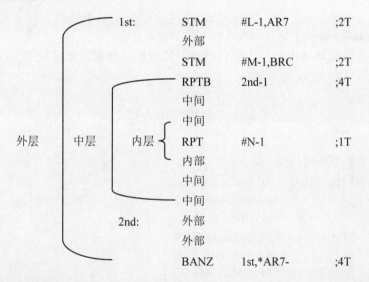

```
1st:    STM     #L-1,AR7        ;2T
        外部
        STM     #M-1,BRC        ;2T
        RPTB    2nd-1           ;4T
        中间
        中间
        RPT     #N-1            ;1T
        内部
        中间
        中间
2nd:    外部
        外部
        BANZ    1st,*AR7-       ;4T
```

外层　中层　内层　内部

6.1.7　堆栈的使用

堆栈被用于保存中断程序、调用子程序的返回地址，也用于保护和恢复用户指定的寄存器和数据，还可用于程序调用时的参数传递。返回地址是由 DSP 自动保存的。当响应某中断子程序或调用某子程序时，DSP 会自动将当前指令后的下一个指令地址压入堆栈，在此之前，堆栈指针 SP 减 1；当子程序执行完毕，返回指令将 SP 指向的内容弹出到 PC 寄存器，然后 SP 加 1。用户编写的压栈指令和出栈指令将指定的内容压入和弹出堆栈，SP 总是指向最后压入堆栈的数据，压栈之前 SP 减 1，出栈之后 SP 加 1。

C54x 支持软件堆栈，在用户指定的存储区开辟一块存储区作为堆栈存储器。堆栈的定义及初始化步骤如下：

（1）声明具有适当长度的未初始化段；

（2）将堆栈指针指向栈底；

（3）在链接命令文件（.cmd）中将堆栈段放入内部数据存储区。例如：

K_STACK_SIZE	.set 100		;堆栈大小，共 100 个单元
STACK	.usect	"stack", K_STACK_SIZE	;自定义未初始化段 stack
SYSTEM_STACK	.set	STACK+K_STACK_SIZE	;堆栈栈底（高地址）
	STM	#SYSTEM_STACK , SP	;初始化 SP 指针。以上在.asm 文件中

自定义未初始化段 stack 在数据 RAM 中的位置应在链接命令文件（.cmd）中指定，如：

stack：〉 DRAM   PAGE 1

用汇编语言编程时，用户需要指定堆栈大小。如果指定堆栈小于用户程序执行的堆栈使用量时，会发生程序执行混乱甚至跑飞；如果指定堆栈空间太大又会造成存储器资源的浪费。上面的指令应出现在初始化程序中，应注意 SP 是向下增长的，即初始化后，SP 指向堆栈存储区的栈底。为了测出程序运行时，堆栈的实际使用量，可以在初始化时将堆栈存储区初始化为一个常量（最好不是可能用到的存储器数据），如 55AAH。

```
        LD   #55AAH,A
        STM  #length,AR1          ;length 与 K_STACK_SIZE 一致，
                                  ;K_STACK_SIZE 预设为一个较大值
        MVMM  SP,AR7              ;堆栈栈底地址
        NOP
loop:   STL  A,*AR7-              ;用 55AAH 填充所有堆栈存储单元
        BANZ loop,*AR1-
```

将所有程序在实际环境中运行，检查堆栈中的数据，便可发现堆栈的实际使用量，据此可以调整堆栈大小（K_STACK_SIZE）。

6.2   数据块传送

C54x 有 10 条数据传送指令，为：

数据存储器↔数据存储器：   MVDK Smem,dmad
                        MVKD dmad,Smem
                        MVDD Xmem,Ymem

数据存储器↔MMR：   MVDM dmad,MMR
                        MVMD MMR,dmad
                        MVMM mmr,mmr

程序存储器↔数据存储器：   MVPD Pmad,Smem
                        MVDP Smem,Pmad
                        READA Smem
                        WRITA Smem

其中，Smem 为数据存储器的地址；Pmad 为 16 位立即数程序存储器地址；MMR 为任何一个存储映象寄存器；Xmem、Ymem 为双操作数数据存储器地址；dmad 为 16 位立即数数据存储器地址。

数据传送指令是最常用的一类指令，这些指令传送速度比加载和存储指令快，传送数据不需要通过累加器，可以寻址程序存储空间，与 RPT 指令相结合（一旦启动了流水线，这些指令就成为单周期指令），可以实现数据块传送。例如，在系统初始化过程中，可以将数据表格与文本一道驻留在程序存储器中，复位后通过程序存储器到数据存储器的数据块传送，将数据表格传送到数据存储器，从而不需要配制数据 ROM，使系统的成本降低。另外，在数字信号处理（如 FFT）时，经常需要将数据存储器中的一批数据传送到数据存储器的另

一个地址空间。

【例 6-8】实现数组 a[20]={0,1,2,3,4,5,6,7,8,9,10,11,12,13,14,15,16,17,18,19}，x[20]= {1,1,1,1,1,1,1,1,1,1,1,1,1,1,1,1,1,1,1,1} 的初始化，并将数据存储器中的数组 x[20] 复制到数组 y[20]，将数据存储器中的 a[20] 写入到程序存储器 PROM（2000H-2013H），再将程序存储器 PROM 中的 20 个数据存入数据存储器 DATA（0200H-0213H）。

1. 编写汇编源程序为

```
        .mmregs
        .def    _c_int00
        .data
TBL:    .word 0,1,2,3,4,5,6,7,8,9,10,11,12,13,14,15,16,17,18,19
        .word 1,1,1,1,1,1,1,1,1,1,1,1,1,1,1,1,1,1,1,1
PROM    .usect  "PROM",20
        .bss a,20
        .bss x,20
        .bss y,20
DATA    .usect      "DATA",20
        .text
_c_int00
        b start
        nop
        nop
start:
        STM     #a,AR1          ;a[20]={0,1,2,3,4,5,6,7,8,9,10,
                                ;11,12,13,14,15,16,17,18,19}
        RPT     #39             ;x[20]={1,1,1,1,1,1,1,1,1,1,1
        MVPD    TBL,*AR1+       ;1,1,1,1,1,1,1,1,1,1}
        STM     #x,AR2          ;将数据存储器中的数组 x[20] 复制到数组 y[20]
        STM     #y,AR3
        RPT     #19
        MVDD    *AR2+,*AR3+
        STM     #a,AR1          ;将数据存储器中的 a[20] 写入到程序存储器 PROM
        LD      #PROM,A
        STM     #19,AR3
LOOPP:  WRITA   *AR1+
        ADD     #1,A,A
        BANZ    LOOPP,*AR3-
        LD      #PROM-1,A       ;读程序存储器 PROM 中 20 个数据存入数据存储器 DATA
        STM     #DATA,AR1
        ST      #19,BRC
        RPTB    LOOP2
        ADD     #1,A,A
LOOP2:  READA   *AR1+           ;该指令为单字指令
WAIT:   NOP
        B WAIT
```

2. 建立汇编源程序

点击 CCS C5000 图标，进入 CCS 环境，再点击 File→New→Source File 菜单命令，打开

一个空白文档，将汇编源程序逐条输入。

选择 File→Save 菜单命令，出现如图 6-9 所示的窗口，选择 D:\Program Files\ti\myprojcets\mymove 子目录，在"文件名"一栏中输入 mymove，并选择保存类型为 Assembly Source Files（*.asm），单击"保存"按钮，以上汇编程序被存盘。

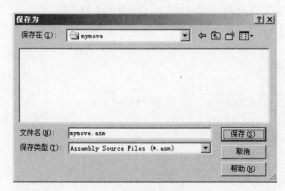

图 6-9　保存汇编源程序

3. 建立链接命令文件

选择 File→New→Source File 菜单命令，打开一个空白文档，逐条输入链接命令文件。

```
mymove.obj
-o mymove.out
-m mymove.map
MEMORY
{PAGE 0:     RAM:   origin=1000h,length=800h
             RAM1: origin=2000h,length=300h
 PAGE 1:     DARAM1: origin=0100h,length=100h
             DARAM2: origin=0200h,length=100h}
 SECTIONS
 {
.text        :>RAM        PAGE 0
.data        :>RAM        PAGE 0
PROM         :>RAM1       PAGE 0
.bss         :>DARAM1     PAGE 1
DATA         :>DARAM2     PAGE 1
 }
```

选择 File→Save 菜单命令，将出现如图 6-9 所示的窗口，选择 D:\Program Files\ti\myprojcets\mymove 子目录，在"文件名"一栏中输入 mymove，并选择保存类型为 TI Command Language File（*.cmd），单击"保存"按钮，以上链接命令程序被存盘。

4. 创建一个新工程

在 Project 菜单中选择 New 项，弹出 Project Creation（工程创建）窗口，如图 6-10 所示。在 Project 一栏键入 mymove，然后单击"完成"按钮，CCS 将创建一个名为 mymove.pjt 的工程，此文件保存了工程的设置信息及工程中的文件引用情况。

5. 将有关文件添加到工程中

● 从 Project 菜单中选取 Add Files to Project 命令，选择文件 mymove.asm，双击"打开"按钮，将 mymove.asm 添加到工程中。

- 选择 Project→Add Files to Project 菜单命令，将 mymove.cmd 添加到工程文件中，此文件的作用是将段（Sections）映射到存储器中。
- 逐层打开 Project 各级目录前的+号，可以看到工程结构如图 6-11 所示。双击 mymove.asm 打开文件，可以观察和修改 mymove.asm 文件的内容。

图 6-10　工程创建窗口

图 6-11　工程结构图

6. 汇编、编译和链接产生.out 文件

选择 Project 菜单中的 Rebuild All。请注意在监视窗口显示的汇编、编译和链接的相关信息。如果没有错误，将产生 mymove.out 文件；如果有错，在监视窗口以红色字体显示出错行，用鼠标双击该行，光标跳将至源程序相应的出错行。修改错误后，重新汇编、链接。

7. 加载并运行.out 文件

执行 File→Load Program 菜单命令，选择 mymove.out 并打开，将 Rebuild All 生成的程序加载到 DSP 中。CCS 将自动打开一个反汇编窗口，显示加载程序的反汇编指令。

选择 Debug→Run 菜单命令运行程序，单步执行程序则选择 Debug→StepInto 菜单命令，或按 F8 键。

若需要设置断点进行调试，则将光标移至准备设置断点的一行，单击 图标，再选择 Debug →Run 命令。

8. 观察运行结果

程序调试到断点处或结束处，我们常常需要观察运行结果。CCS 提供了观察 DSP 内存数据空间和程序空间的服务。

由本例.asm 源程序和.cmd 链接程序，我们可以看出本程序的 a[20]放置在数据空间 0100H 开始的单元中，DATA 放置在数据空间 0200H 开始的单元中。

选择 View→Memory 菜单命令，将出现如图 6-12 所示的选项对话框，将 Address 改为 0x0100，单击 OK 按钮，将在汇编窗口显示选定的数据空间的内容。请确定数组 a[20]、x[20]、y[20]在数据存储器中的位置，并检查这些位置中的数据是否为所设置的初始化数据，检查数据存储器 0200H～0213H（DATA）空间中的内容。在 Page 下拉菜单中选择 Program，修改 Address 为 0x2000H，观察程序存储器 2000H～2013H（PROM）空间中的内容。

当结果数据错误时，可检查源程序并进行修改。修改完毕，可重新汇编、链接，再加载运行.out 文件，直到结果正确。

图 6-12　MEMORY 选项对话框

注意 1：若不是 Simulator 仿真，而是 Emulator 在线仿真，通过仿真器将程序加载到 DSP 用户板上执行，若用户板没有外扩 RAM，片内 16K RAM 即作为程序空间又作为数据空间使用，需要设置 PMST 寄存器中的 OVLY=1。如本例可增加 STM #1020h, PMST，将 OVLY 设置为 1，同时中断向量表起始地址设置为 1000H。因为 16K RAM 是程序、数据共用的，链接命令文件中必须将程序和数据空间分开，地址不能重叠使用。

注意 2：仿真情况和实际硬件情况在配置文件中有所不同。在线仿真情况下，存储空间只是模拟出 RAM，所有代码、数据都加载（load）到 RAM；在线仿真情况下，程序无法加载到 ROM、EPROM 等，LOAD 时 CCS 会报错，无法成功载入。但脱离开发系统成为独立系统，即实际硬件情况下，程序烧写到 EPROM、FLASH 中，因此仿真和烧写操作的.cmd 文件有所不同。

6.3 定点数的基本算术运算

加、减、乘、除是数字信号处理中最基本的算术运算，DSP 中提供了大量的指令来实现这些功能。本节学习使用定点 DSP 实现 16 位定点加、减、乘、除运算的基本方法和编程技巧。

6.3.1 加法、减法和乘法运算

1. 定点 DSP 中数据表示方法

定点 DSP 芯片的数值表示是基于 2 的补码表示形式。C54x 是 16 位的定点 DSP，DSP 中的加法器、乘法器都是按无符号整数来运算的，那么如何处理小数呢？实际上，小数点的位置是一种"假想"，是由程序员来确定的，通过设定小数点在 16 位数中的不同位置，就可以表示不同大小和不同精度的小数，这就是定点数的定标。数的定标有 Q 表示法和 S 表示法，表 6-10 列出了 16 位数的 16 种 Q 表示和 S 表示，以及它们所能表示的十进制数范围。16 位中有一个符号位、Q 个小数位和 15-Q 个整数位来表示一个数。例如，00000011.10100000 表示的数值为 3.625，这是 Q8 格式（用 8 位表示小数部分），它表示数的范围为：-128～+127.996，Q8 定点数的小数精度为 1/256=0.004。

表 6-10 Q 表示、S 表示及数值范围

Q 表示	S 表示	十进制数表示范围
Q15	S0.15	$-1 \leqslant x \leqslant 0.9999695$
Q14	S1.14	$-2 \leqslant x \leqslant 1.9999390$
Q13	S2.13	$-4 \leqslant x \leqslant 3.9998779$
Q12	S3.12	$-8 \leqslant x \leqslant 7.9997559$
Q11	S4.11	$-16 \leqslant x \leqslant 15.9995117$
Q10	S5.10	$-32 \leqslant x \leqslant 31.9990234$
Q9	S6.9	$-64 \leqslant x \leqslant 63.9980469$
Q8	S7.8	$-128 \leqslant x \leqslant 127.9960938$
Q7	S8.7	$-256 \leqslant x \leqslant 255.9921875$
Q6	S9.6	$-512 \leqslant x \leqslant 511.984375$

续表

Q 表示	S 表示	十进制数表示范围
Q5	S10.5	-1024≤x≤1023.96875
Q4	S11.4	-2048≤x≤2047.9375
Q3	S12.3	-4096≤x≤4095.875
Q2	S13.2	-8192≤x≤8191.75
Q1	S14.1	-16384≤x≤16383.5
Q0	S15.0	-32768≤x≤32767

同样一个 16 位数，采用的 Q 值不同（即小数点位置不同），表示的数就不同。从表 6-10 可以看出，Q 越大，数值范围越小，但精度越高；反之，Q 越小，数值范围越大，精度越低。对定点数而言，数值范围与精度是一对矛盾。一个变量要想能够表示比较大的数值范围，必须以牺牲精度为代价；而想提高精度，则数的表示范围就相应地减小。

浮点数与定点数的转换关系如下：

浮点数（x）转换为定点数（x_q）：$x_q = (int)(x \times 2^Q)$

定点数（x_q）转换为浮点数（x）：$x = (float)(x_q \times 2^{-Q})$

例如，浮点数 x=3.1，定标 Q=13，则定点数 $x_q = \lfloor 3.1 \times 2^{13} \rfloor = 25395$，式中 $\lfloor \ \rfloor$ 表示下取整。反之，一个用 Q13 表示的定点数 25395，其浮点数为 $25395 \times 2^{-13} = 3.1$。

除特殊情况下（如动态范围和精度的要求）需要使用混合表示方法外，通常是全部以 Q15 格式表示小数，或以 Q0 格式表示整数。这一点对于主要是乘法和累加运算的信号处理算法很合适，小数乘以小数得小数，整数乘以整数得整数。当然，乘积累加时可能会出现溢出现象，这就要求程序员事先了解数的范围以注意处理可能出现的溢出现象。C54x DSP 芯片中设有溢出保护功能，当溢出保护功能有效时（ST1 中的 OVM=1），累加器饱和为最大的正数或负数，以防止溢出时精度的严重恶化。当然，即便如此，运算精度还是大大降低，如果程序中是按 16 位数进行运算的，则超过 16 位实际上就是出现了溢出。因此，最好的方法是程序员完全了解数的范围，从而选择合适的表示数的方法。

（1）Q0 格式。当 16 位数表示一个整数时（Q0 格式），最低位（D0）表示 2^0，D1 位表示 2^1，次高位（D14）表示 2^{14}，最高位（D15）为符号位，0 表示正数，1 表示负数。例如，7FFFH 表示最大的正数 32767（十进制），而 FFFFH 表示最大的负数-1（负数用 2 的补码方式表示）。Q0 表示的数值范围为-32768～32767，其精度为 1。

（2）Q15 格式。当需要表示定点小数时，若小数点的位置始终在最高位后，而最高位（D15）表示符号位，为 Q15 格式。一个 16 位 2 的补码小数（Q15 格式）的每一位的权值为：

MSB　…　LSB
-1　1/2　1/4　1/8　…　2^{-15}

这样次高位（D14）表示 2^{-1}，然后是 2^{-2}，最低位（D0）表示 2^{-15}，所以 04000H 表示小数 0.5，01000H 表示小数 $2^{-3} = 0.125$。Q15 表示的数值范围为-1～0.9999695，其精度为 0001H= 2^{-15} =0.00003051。将一个小数用 Q15 定点格式表示的方法是用 2^{15}（即 32768）乘以该小数，再将其十进制整数部分转换成十六进制数，这样就能得到这个十进制小数的 2 的补码表示了，如图 6-13 所示。

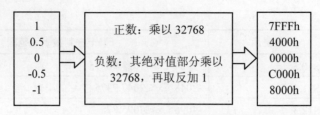

图 6-13　DSP 定点运算中小数的表示

在汇编语言程序中，是不能直接写入十进制小数的，如果要定义一个系数 0.707，可以写成：.word　32768*707/1000，而不能写成 32768*0.707。

（3）混合表示法。有些情况下，运算过程中为了既满足数值的动态范围又保证一定的精度，必须采用 Q0 与 Q15 之间的表示方法。例如，数值 1.125，用 Q15 显然无法表示，若用 Q0 表示，则最接近的数是 1，精度无法保证。因此最佳的表示方法是 Q14（4800H）。Q14 的最大值不大于 2，因此两个 Q14 数相乘得到的乘积不大于 4，用 Q13 表示乘积。例如 1.125×1.5=1.6875。

$$01.0010000000000=1.1.25;Q14$$
$$\times\quad 01.1000000000000=1.5\quad ;Q14$$
$$0001.101100000000000000000000000000=1.6875;Q28$$

如果仅保存结果的高 16 位，则为 3600H（1.6875/Q13）。如果程序员事先了解到上述乘积不会大于 2，就可以将乘积左移一位用 Q14 表示乘积，而不是理论上的 Q13，这样就可以增加数的精度。

又如，x=18.4，y=36.8，则浮点运算值 z=18.4×36.8=677.12；根据表 6-10，得到 Qx=10，Qy=9，乘积理论上的表示方法为 Q4，而根据表 6-10，677.12 可以用 Q5 表示，如果程序员事先了解上述乘积范围，就可以将乘积左移一位用 Q5 表示乘积。

在做加、减运算时，如果两个操作数的定标不一样，在运算前要进行小数点的调整，为保证运算精度，需要使 Q 值小的数调整为与另一个数的 Q 值一样大。

2．16 位定点加法和 16 位定点减法

C54x 中提供了多条用于加法的指令，如 ADD、ADDC、ADDM 和 ADDS。其中，ADDS 用于无符号数的加法运算，ADDC 用于带进位的加法运算（如 32 位扩展精度加法），而 ADDM 专用于立即数的加法。ADD 指令的寻址方式很多。

C54x 中提供了多条用于减法的指令，如 SUB、SUBB、SUBC 和 SUBS。其中，SUBS 用于无符号数的减法运算，SUBB 用于带进位的减法运算（如 32 位扩展精度的减法），而 SUBC 为条件减法指令，DSP 中的除法就是用该指令来实现的。SUB 指令与 ADD 指令一样，有许多寻址方式。

在加法和减法运算中，必须保证两个操作数的定标相同，另外，当结果超出 16 位表示范围时，需要保留 32 位结果，以保证运算精度。注意，在程序中，整数加减运算和相同 Q 值定点小数加减运算是一样的。

3．16 位定点整数乘法

C54x 中提供了大量的乘法运算指令，其结果都是 32 位，放在累加器 A 或 B 中。乘数在 C54x 的乘法指令中很灵活，可以是 T 寄存器、立即数、存储单元和累加器 A 或 B 的高 16 位。在 C54x 中，一般对数据的处理都当做有符号数，如果是无符号数相乘，使用 MPYU 指令，

这是一条专门用于无符号数乘法运算的指令，其他指令都是有符号数的乘法。如下指令完成两个整数乘法运算：

```
RSBX    FRCT                ;清 FRCT 标志，准备整数乘
LD      x,T                 ;将变量 x 装入 T 寄存器
MPY     y,a                 ;完成 x*y，结果放入累加器 A（32 位）
```

例如，当 x=1234H（十进制的 4660），y=9876H（十进制的-26506），乘法的结果在 A 寄存器中为 0F8A343F8H（十进制的-123517960），这是一个 32 位的结果，需要两个内存单元来存放结果：

```
STH     A,z_h               ;将结果（高 16 位）存入变量 z_h
STL     A,z_l               ;将结果（低 16 位）存入变量 z_l
```

当 x=10H（十进制的 16），y=05H（十进制的 5），乘法结果在累加器 A 中为 00000050H（十进制的 80）。对于这种情况，仅需要保存低 16 位即可：

```
STL     A,z_l               ;将结果（低 16 位）存入变量 z_l
```

4. Q15 定点小数乘法运算

两个 16 位整数相乘，乘积总是"向左增长"，这就意味着多次相乘后乘积将会很快超出定点器件的数据范围。而且要将 32 位乘积保存到数据存储器，就要耗费两个机器周期以及两个字的程序和 RAM 单元。而且由于乘法器都是 16 位相乘，因此很难在后续的递推运算中将 32 位乘积作为乘法器的输入。

然而，两个 Q15 的小数相乘，乘积总是"向右增长"，这就意味着超出定点器件数据范围的将是不太感兴趣的部分。在小数乘法情况下，既可以存储 32 位乘积，也可以只存储高 16 位乘积，这就允许用较少的资源保存结果，也可用于递推运算。这就是为什么定点 DSP 芯片都采用小数乘法的原因。

下面是一个小数乘法的例子（假设字长 4 位，累加器 8 位）：

$$
\begin{array}{r}
0\,1\,0\,0 \;(0.5) \\
\times \quad 1\,1\,0\,1 \;(-0.375) \\
\hline
0\,1\,0\,0 \\
0\,0\,0\,0 \\
0\,1\,0\,0 \\
1\,1\,0\,0 \;(-0100) \\
\hline
1\,1\,1\,0\,1\,0\,0 \;(-0.1875)
\end{array}
$$

上述乘积是 7 位，当将其送到累加器时，为保持乘积的符号，必须进行符号位扩展，这样，累加器中的值为 11110100（-0.09375），其结果是错误的，这是由于出现了冗余符号位，即两个带符号数相乘，得到的乘积带有两个符号位，产生错误的结果。

$$
\begin{array}{r}
S\,x\,x\,x \quad (\text{Q3 格式}) \\
\times \quad S\,y\,y\,y \quad (\text{Q3 格式}) \\
\hline
S\,S\,z\,z\,z\,z\,z\,z \quad (\text{Q6 格式})
\end{array}
$$

解决冗余符号位的办法是：在程序中设定状态寄存器 ST1 中的 FRCT（小数方式）位为 1，当乘法器将结果传送至累加器时就能自动左移 1 位，累加器中的结果为 Szzzzzz0（Q7 格式），即 11101000（-0.1875），自动消去了两个带符号数相乘时产生的冗余符号位。所以，在小数乘法编程时，应事先将 FRCT 置位（用指令：SSBX FRCT）。两个小数（16 位）相乘后结果为

32 位，如果精度允许，可以只存高 16 位，将低 16 位丢弃，这样仍可得到 16 位的结果。如下程序段完成两个小数的乘法运算。

```
SSBX    FRCT            ;FRCT=1，准备小数乘法
LD      x , 16 , A      ;将变量 x 装入 A 的高 16 位
MPYA    y               ;完成 y 乘 A 的高 16 位，结果在 B 中，同时
                        ;将 y 装入 T 寄存器
STH     B , z           ;将乘积结果的高 16 位存入变量 z
```

例如，x = y = 4000H（十进制的 0.5），两数相乘后结果为 20000000H（十进制的 $2^{-2}=0.25$）。再如，x = 0CCDH（十进制的 0.1），y = 0599AH（十进制的 0.7），两数相乘后 B 寄存器的内容为 08F5F0A4H（十进制的 0.07000549323857）。如果仅保存结果的高 16 位分别为 2000H（十进制的 $2^{-2}=0.25$）和 08F5H（十进制的 0.06997680664063）。有时为了提高精度，可以使用 RND 或 MPYR 指令对低 16 位做四舍五入的处理。

【例 6-9】使用 C54x 汇编语言编程计算 z1 = x1 + y1、z2 = x1 − y1、z3 = x1 × y1、z4 = x2 × y2，并在 simulator 上调试运行，观察计算结果。其中 x1=20，y1=54，x2=0.5，y2=-0.5837。

（1）编写汇编源程序如下：

```
        .title   "suanshu.asm"
        .mmregs
        .def     start,_c_int00
        .bss     x1,1            ;地址 0400H
        .bss     x2,1            ;地址 0401H
        .bss     y1,1            ;地址 0402H
        .bss     y2,1            ;地址 0403H
        .bss     z1,1            ;地址 0404H
        .bss     z2,1            ;地址 0405H
        .bss     z3_h,1          ;地址 0406H
        .bss     z3_l,1          ;地址 0407H
        .bss     z4,1            ;地址 0408H


v1      .set     014H           ;20   -----x1
v2      .set     036H           ;54 -----y1
v3      .set     04000h         ; 0.5(fraction)----x2
v4      .set     0b548h         ; -0.5837(fraction)-----y2
_c_int00
        b    start
        nop
        nop
start:
        LD    #x1 , DP
        ST    #v1 , x1
        ST    #v2 , y1
* * * * * * * * * test ADD * * * * * * * * * * * * * *
        LD    x1 , A           ; x1 -> A
        ADD   y1 , A           ; A + y1 -> A
        STL   A , z1           ;保存 AL ->z1
```

```
        NOP                    ;可以在此处设置断点，观察加法运算结果
* * * * * * * * *   test SUB    * * * * * * * * * * * * *
        LD       x1 , A
        SUB      y1 , A
        STL      A , z2
        NOP                    ;可以在此处设置断点，观察减法运算结果
* * * * * * * * *   test MPY (整数) * * * * * * * *
        RSBX     FRCT          ;准备整数乘法，FRCT=0
        LD       x1 , T        ; x1   -> T
        MPY      y1 , A        ; x1*y1 -> A (result is 32 bit)
        STH      A, z3_h       ;乘法结果高 16 位在 z3_h 单元中
        STL      A, z3_l       ;乘法结果低 16 位在 z3_l 单元中
        NOP                    ;可以在此处设置断点，观察整数乘法运算结果
        ST       #v3 , x2
        ST       #v4 , y2
* * * * * * * * *   test MPY ((小数) * * * * * * *
* *     0.5*(-0.58374)=-0.29187(0x0daa4)              * *
SSBX    FRCT                   ;准备小数乘法,FRCT=1
        LD       x2 , 16 , A   ;将 x2 加载到 AH
        MPYA     y2            ; x2*y2 -> B, and y2 -> T
        STH      B , z4        ;结果在 z4 单元中
        NOP                    ;可以在此处设置断点，观察小数乘法运算结果
end:    B        end
```

（2）编写链接命令文件：

```
/*suanshu.cmd*/
suanshu.obj
-m suanshu.map
-o suanshu.out
MEMORY
{
  PAGE 0:  ROM           :origin=0080h,length=100h
  PAGE 1:  OTHER         :origin=0400h,length=40h
}
SECTIONS
{
  .text:  { }>ROM     PAGE 0
  .data:  { }>ROM     PAGE 0
  .bss:   { }>OTHER   PAGE 1
}
```

（3）上机操作过程请参考例 6-8。本例题程序可以在 NOP 指令处设置断点。

（4）观察运行结果。由本例.asm 源程序和.cmd 链接程序，可以看出本程序的结果 Z 放置在内存数据空间 0404H 开始的单元中。

选择 View→Memory 菜单命令，将 Address 选择改为 0x0400，单击 OK 按钮，将在汇编窗口显示选定的数据空间的内容（z1=0x004A，z2=0xFFDE，z3_l=0x0438，z4=0xDAA4）。在 Memory 选项窗口将 Q-Value 值设置为 15，则可查看运行结果的小数形式（z4=-0.29187）。Q-Value 值设置为 0，Format 设置为：16-bit signed Int ，可以观察十进制整数形式结果。

【例 6-10】用双操作数指令编程计算 $y = \sum_{i=1}^{4} a_i x_i$，已知其中

$a_1=0.1$　　$a_2=0.2$　　$a_3=-0.3$　　$a_4=0.4$

$x_1=0.8$　　$x_2=0.6$　　$x_3=-0.4$　　$x_4=-0.2$

并在 simulator 上调试运行，观察计算结果。

在第 3 章中介绍过双操作数寻址方式，双操作数指令的特点是：占用程序空间小，运行速度快，但只能使用间接寻址方式（*ARx、*ARx-、*ARx+、*ARx+0%），且辅助寄存器只能使用 AR2～AR5。特别是在迭代运算中，双操作数指令可以节省机器周期，迭代次数越多，节省的机器周期越多。对于这种乘累加操作，在数字信号处理中用得较多，利用双操作数乘累加指令 MAC，单个周期就可以完成一次乘累加操作。

汇编源程序如下：

```
        .title      "chef.asm"
.mmregs
        .def        start,_c_int00
        .bss        x,4
        .bss        a,4
        .bss        y,1
        .data
table:  .word       1*32768/10
        .word       2*32768/10
        .word       -3*32768/10
        .word       4*32768/10
        .word       8*32768/10
        .word       6*32768/10
        .word       -4*32768/10
        .word       -2*32768/10
        .text
_c_int00
        b start
        nop
        nop
start:  SSBX        FRCT
        STM         #0,SWWSR
        STM         #x,AR1
        RPT         #7
        MVPD        table,*AR1+
        STM         #x,AR2
        STM         #a,AR3
        STM         #y,AR4
        RPTZ        A,#3            ;两个机器周期
        MAC         *AR2+,*AR3+,A   ;1 个机器周期
        STH         A,*AR4
done:   B       done
```

链接命令文件的编写请参考例 6-9，上机操作过程请参考例 6-8。程序运行结果为 y=0x1EB7=0.24。

6.3.2 定点除法运算

在一般的 DSP 中，都没有除法器硬件，因为除法器硬件代价很高，所以就没有专门的除法指令。同样，在 C54x 中也没有提供专门的除法指令。一般有两种方法来完成除法。一种是用乘法来代替，除以某个数相当于乘以其倒数，所以先求出其倒数，然后相乘。这种方法对于除以常数特别适用。另一种方法是使用条件减法 SUBC 指令，加上重复指令 RPT #15，重复16 次减法完成无符号数除法运算。

二进制除法是乘法的逆运算，乘法包括一系列移位和加法，而除法可以分解为一系列的减法和移位。下面说明除法实现的过程。设累加器为 8 位，以 10/3 为例。

● 除数的最低有效位对齐被除数的最高有效位（除数左移 3 位）。

$$
\begin{array}{r}
00001010 \\
-\ 00011000 \\
\hline
11110010
\end{array}
$$

● 由于减法结果为负，放弃减法结果，将被除数左移一位再减。

$$
\begin{array}{r}
00010100 \\
-\ 00011000 \\
\hline
11111100
\end{array}
$$

● 结果仍为负，放弃减法结果，将被除数左移一位再减。

$$
\begin{array}{r}
00101000 \\
-\ 00011000 \\
\hline
00010000
\end{array}
$$

● 结果为正，将减法结果左移一位后加 1，作最后一次减。

$$
\begin{array}{r}
00100001 \\
-\ 00011000 \\
\hline
00001001
\end{array}
$$

结果为正，将减法结果左移一位后加 1，得到最后结果：00010011，即商（低 4 位）为 0011=3，余数（高 4 位）为 0001=1。

条件减法指令的功能如下：

SUBC Smem , src   ;(src)-(Smem)<<15→ALU 输出端
                          ;如果 ALU 输出端≥0，则(ALU 输出端)<<1+1→src
                          ;否则(src)<<1→src

使用这一指令的限制是两个操作数必须为正。程序员必须事先了解可能的运算数的特性，例如商为小数还是整数。下面给出两种不同情况下的除法程序。

1. |被除数|<|除数|，商为小数

【例 6-11】编写 0.4÷(-0.8)的程序段。

;*** 编制计算除法运算的程序段，其中|被除数|<|除数|，商为小数***

```
    .title   "chuf.asm"
```

```
        .mmregs
        .def    start,_c_int00
        .bss    num,1                   ;分子
        .bss    den,1                   ;分母
        .bss    quot,1                  ;商
        .data
table   .word   4*32768/10              ;0.4/Q15
        .word   -8*32768/10             ;-0.8/Q15
        .text
_c_int00
        b start
        nop
        nop
start:
        STM     #num,AR1
        RPT     #1
        MVPD    table,*AR1+             ;传送两个数据至分子、分母单元
        STM     #den,AR1
        LD      *AR1-,16,A              ;将分母移到累加器 A(31-16)
        MPYA    *AR1+                   ;(num)*(A(32-16))->B，获取商的符号
                                        ;(在累加器 B 中)
        ABS     A                       ;分母取绝对值
        STH     A,*AR1-                 ;分母绝对值存回原处
        LD      *AR1+,16,A              ;分子->A(32-16)
        ABS     A                       ;分子取绝对值
        RPT     #14                     ;15 次减法循环，完成除法
        SUBC    *AR1,A
        XC      1,BLT                   ;如果 B<0（商是负数)则需要变号
        NEG     A
        STL     A,*(quot)               ;保存商
        .END
```

链接命令文件的编写请参考例 6-9，上机操作过程请参考例 6-8。该题的结果应为 0xC000=-0.5。

2. |被除数|≥|除数|，商为整数

【例 6-12】编写 16384÷512 的程序段。

在例 6-11 的基础上修改如下 4 处：

.word 4*32768/10	改为	.word 16384
.word -8*32768/10	改为	.word 512
LD *AR1+,16,A	改为	LD *AR1+,A
RPT #14	改为	RPT #15

该题的结果应为 0x0020=32。

6.4 长字运算和并行运算

6.4.1 长字运算

C54x 可以利用长操作数（32 位）进行长字运算。如下所示为长字指令：

DLD	Lmem,dst	;dst=Lmem
DST	src,Lmem	;Lmem=src
DADD	Lmem , src[,dst]	;dst=src + Lmem
DSUB	Lmem , src[,dst]	;dst=src - Lmem
DRSUB	Lmem , src[,dst]	;dst=Lmem - src

除 DST 指令存储 32 位数要用 E 总线两次，需要两个机器周期外，其他都是单字单周期指令，在单个周期内同时利用 C 总线和 D 总线得到 32 位操作数。

长操作数指令中有一个重要问题，即高 16 位和低 16 位操作数在存储器中的排列问题。按指令中给出的地址存取的总是高 16 位操作数，这样就有两种数据排列方法。

偶地址排列法：指令中给出的地址为偶地址，存储器中低地址存放高 16 位操作数。

如：DLD　*AR3+,B

执行前：　B=00 0000 0000　　　　执行后：　B=00 6CAC BD90

　　　　　AR3=0100　　　　　　　　　　　　AR3=0102

数据存储器中：

(0100H) = 6CAC(高字)　　　　　　(0100H)= 6CAC

(0101H) = BD90(低字)　　　　　　(0101H)= BD90

奇地址排列法：指令中给出的地址为奇地址，存储器中低地址存放低 16 位操作数。

如：DLD　*AR3+,B

执行前：　B=00 0000 0000　　　　执行后：　B=00 BD90 6CAC

　　　　　AR3=0101　　　　　　　　　　　　AR3=0103

数据存储器中：

(0100H) = 6CAC(低字)　　　　　　(0100H)= 6CAC

(0101H) = BD90(高字)　　　　　　(0101H)= BD90

一般采用偶地址排列法，将高 16 位数放在偶地址单元（低地址）中，低 16 位数放在奇地址单元（高地址）中。如在汇编语言中

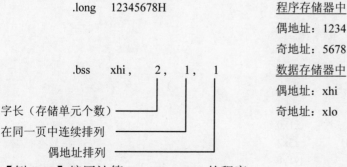

【例 6-13】编写计算 $Z_{32} = X_{32} + Y_{32}$ 的程序。

汇编源程序如下：

```
              .title "ADD32"
              .mmregs
              .def      start,_c_int00
              .bss      xhi , 2,1,1
              .bss      yhi , 2,1,1
              .bss      zhi , 2,1, 1
table         .long     13578468H
              .long     1020B30AH
              .text
_c_int00
              b start
              nop
              nop
start:    LD        #xhi ,DP
          STM       #xhi,AR1
          RPT       #3
          MVPD      table,*AR1+
          DLD       xhi , A
          DADD      yhi , A
          DST       A ,zhi
END:      B END
          .end
```

程序运行结果：zhi=0x2378 0x3772。

【例 6-14】编写 64 位加法、减法运算：$W_{64}=X_{64}+Y_{64}-Z_{64}$ 的程序。

```
;    X3 X2          X1 X0
;+   Y3 Y2   C      Y1 Y0        低 32 位相加产生进位 C
;-   Z3 Z2   C'     Z1 Z0        低 32 位相减产生借位 C'
; ------------------
;    W3 W2          W1 W0
          .title "ADDSUB64"
          .mmregs
          .def      start,_c_int00
          .bss      x1 , 2 ,1,1
          .bss      x3 , 2 ,1,1
          .bss      y1 , 2 ,1,1
          .bss      y3 , 1
          .bss      y2 , 1
          .bss      z1 , 2 ,1,1
          .bss      z3 , 1
          .bss      z2 , 1
          .bss      w1 , 2 ,1,1
          .bss      w3 , 2 ,1,1
table     .long     12345678H      ;x1x0
          .long     02468ACEH      ;x3x2
          .long     22222222H      ;y1y0
          .word     1357H,2468H    ;y3,y2
          .long     44444444H      ;z1z0
```

```
            .word       1020H,0B30AH      ;z3,z2
            .text
_c_int00
            b start
            nop
            nop
start:      LD          #x1 ,DP
            STM         #x1,AR1
            RPT         #11
            MVPD        table,*AR1+
            DLD         x1,A            ; A = X1 X0
            DADD        y1,A            ; A = X1 X0 + Y1 Y0，产生进位 C
            DLD         x3,B            ; B = X3 X2
            ADDC        y2,B            ; B = X3 X2 + 00 Y2 + C
            ADD         y3,16,B         ; B = X3 X2 + Y3 Y2 + C
            DSUB        z1,A            ; A= X1 X0 + Y1 Y0-Z1Z0，产生借位 C'
            DST         A,w1            ; W1W0= X1 X0 + Y1 Y0-Z1Z0
            SUBB        z2,B            ; B = X3 X2 + Y3 Y2 + C - 00 Z2-C'
            SUB         z3,16,B         ; B = X3 X2 + Y3 Y2 + C –Z3 Z2-C'
            DST         B,w3            ; W3 W2= X3 X2 + Y3 Y2 + C - Z3 Z2-C'
END:        B END
            .end
```

程序运行结果：w1=0xF012 0x3456，w3=0x057C 0xFC2B。

【例 6-15】编写 32 位整数乘法运算：$W_{64}=X_{32} \times Y_{32}$ 的程序。

32 整数乘法运算过程如下所示：

```
              x1    x0                          S     U
        ×     y1    y0                    ×     S     U
        ───────────────                   ───────────────
              x0 × y0                             U × U
        y1 × x0                               S ×U
        x1 × y0                               S ×U
    y1 ×   x1                             S× S
    ───────────────                       ───────────────
    w3    w2   w1   w0                     S   U   U   U
```

其中，S 为带符号数，U 为无符号数。

由此可见，32 位整数乘法运算中，包括一次乘法、三次乘累加和两次移位操作，乘法运算有 3 种：U×U，S×U，S×S。注意编程时用到的如下指令：

```
MACSU   Xmem , Ymem , src    ;src=U(Xmem) ×S(Ymem)+src，无符号数和带符号数相乘并累加
MPYU    Smem , dst           ;dst=U(T) ×U(Smem)，无符号数相乘
```

汇编源程序如下：

```
        .title "MPY32"
        .mmregs
        .def        start,_c_int00
        .bss        x1 , 1
        .bss        x0 , 1
        .bss        y1 , 1
```

```
        .bss        y0 , 1
        .bss        w3 , 1
        .bss        w2 , 1
        .bss        w1 , 1
        .bss        w0 , 1
        .data
table   .long   -001A002BH,003C004DH      ;x1x0,y1y0
        .text
_c_int00
        b start
        nop
        nop
start:  LD          #x1 ,DP
        STM         #x1 ,AR1
        RPT         #3
        MVPD        table,*AR1+
        STM         #x0      ,AR2        ;AR2 = X0 addr
        STM         #y0 ,AR3             ;AR3 = Y0 addr
        LD          *AR2,T               ;T = X0
        MPYU        *AR3-,A              ;A = X0*Y0
        STL         A,w0                 ;save W0
        LD          A,- 16,A             ;A = A >> 16
        MACSU       *AR2-,*AR3+,A        ;A = X0*Y0>>16 + X0*Y1
        MACSU       *AR3-,*AR2,A         ;A = X0*Y0>>16 + X0*Y1 + X1*Y0
        STL         A,w1                 ;save W1
        LD          A,- 16,A             ;A = A >> 16
        MAC         *AR2,*AR3,A          ;A = (X0*Y1 + X1*Y0)>>16 + X1*Y1
        STL         A,w2                 ;save W2
        STH         A,w3                 ;save W3
END:    B END
        .end
```

程序运行结果：w3=0xFFFF，w2=0xF9E7，w1=0xEE19，w0=0xF311。

6.4.2　并行运算

并行运算，就是同时利用 D 总线和 E 总线。其中，D 总线用来执行加载或算术运算，E 总线用来存放先前的结果。在不引起硬件资源冲突的情况下，C54x 允许某些指令并行执行（即同时执行），以提高执行速度。并行指令有并行加载——存储指令、并行加载——乘法指令、并行存储——乘法指令，以及并行存储——加/减法指令（参见第 3 章加载和存储指令），所有并行指令都是单字单周期指令。

注意：并行运算时存储的是前面的计算结果，存储之后再进行加载或算术运算。大多数并行运算指令都受 ASM（累加器移位方式）位影响。

【例 6-16】利用并行指令编写计算 z=x+y 和 f=d+e 的程序。

```
        .title "Bingxing"
        .mmregs
        .def        start,_c_int00
```

```
        .bss        x , 3
        .bss        d , 3
        .data
table:  .word       1357H,0BCDH, 0,2468H,1ABCH,0
_c_int00
        b start
        nop
        nop
start:  STM         #x, AR1
        RPT         #5
        MVPD        table, *AR1+
        STM         #x , AR5
        STM         #d, AR2
        LD          *AR5+ ,16,A
        ADD         *AR5+ ,16,A
        ST          A ,*AR5
        ||LD        *AR2+ ,B
        ADD         *AR2+ ,16,B
        STH         B ,*AR2
End:    B           end
        .end
```

程序运行结果为 z=0x1F24，f=0x3F24。

6.5 FIR 滤波器的 DSP 实现

数字滤波是 DSP 的最基本应用，利用 MAC（乘、累加）指令和循环寻址可以方便地完成滤波运算。本节和下节将介绍两种常用的数字滤波器：FIR（有限冲激响应）滤波器和 IIR（无限冲激响应）滤波器的 DSP 实现。

设 FIR 滤波器的系数为 h(0)，h(1)，...，h(N-1)，X(n)表示滤波器在 n 时刻的输入，则 n 时刻的输出为：

$$y(n) = h(0)x(n) + h(1)x(n-1) + \cdots h(N-1)x[n-(N-1)] = \sum_{i=0}^{N-1} h(i)x(n-i) \qquad (6-1)$$

其对应的滤波器传递函数为：

$$H(z) = \sum_{i=0}^{N-1} h(i)z^{-i} \qquad (6-2)$$

由（6-1）、（6-2）公式可知，FIR 滤波算法实际上是一种乘法累加运算，它不断地从输入端读入样本值 x(n)，经延时(z^{-1})，做乘法累加，再输出滤波结果 y(n)。在实际编程中，z^{-1} 的实现方法有两种：线性缓冲区法和循环缓冲区法。

6.5.1 线性缓冲区法

线性缓冲区法又称延迟线法。其方法是：对于长度为 N 的 FIR 滤波器，在数据存储器中开辟一个 N 单元的缓冲区，存放最新的 N 个样本；滤波时从最老的样本开始，每读一个样本后，将此样本向下移位；读完最后一个样本后，输入最新样本至缓冲区的顶部。

以上过程，可以用 N=6 的线性缓冲区示意图来说明，如图 6-14 所示。图中线性缓冲区的顶部为存储器的低地址单元，底部为高地址单元。当第一次执行 $y(n)=\sum_{i=0}^{5}h(i)x(n-i)$ 时，ARx 事先指向线性缓冲区的底部 x(n-5)单元，如图 6-14（a）所示，然后开始取数、进行乘累加运算，每次乘累加运算后，将该数据向下（高地址）移位。y(n)求得以后，输入新的样本数据 x(n+1)放到缓冲区的顶部，再将 ARx 指向缓冲区的底部，如图 6-14（b）所示，然后开始第二次滤波运算，得到 y(n+1)，再次输入新的样本数据 x(n+2)放到缓冲区的顶部，再将 ARx 指向缓冲区的底部，如图 6-14（c）所示，然后开始第三次滤波运算，得到 y(n+2)。

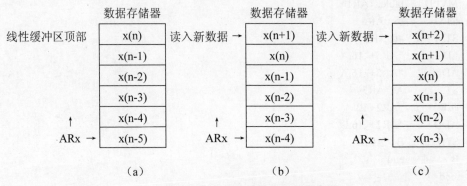

图 6-14　N=6 的线性缓冲区示意图

执行存储器延时指令 DELAY，就可将数据存储单元中的内容向较高地址单元传送，实现 Z^{-1} 运算：

　　　　DELAY　　Smem　　　;(Smem) → Smem+1
或　　DELAY　　*AR2-　　　;AR2 指向源地址，将 AR2 所指单元内容复制到下一高地址单元中

延时指令与其他指令相结合，可在同样的机器周期内完成这些操作。例如：

LT+DELAY→LTD 指令
MAC+DELAY→MACD 指令

用线性缓冲区实现 Z^{-1} 的特点是：新老数据在存储器中存放的位置直接明了，但是延迟操作只能在 DARAM 中进行，因为 LTD 和 MACD 指令要求在一个机器周期内读一次、写一次。

6.5.2　循环缓冲区法

图 6-15 说明了使用循环寻址实现 FIR 滤波器的方法。对于 N 级 FIR 滤波器，在数据存储区开辟一个称为滑窗的具有 N 个单元的循环缓冲区，滑窗中存放最新的 N 个输入样本值。每次输入新的样本时，新的样本将改写滑窗中最老的数据，其他数据则不需要移动。

在图 6-15 中，①滤波系数指针（如用 AR5）初始化时指向 h(N-1)；②数据缓冲区指针（如用 AR4）指向的最老的数据，如 x(n-(N-1))；③在循环寻址方式(*ARx+0%,AR0 值为-1)下，完成 FIR 运算后，AR5 仍该指向 h(N-1)，AR4 指针指向 x(n-(N-1))；④输入新的样本数据 x(n+1)，将原来存放 x(n-(N-1))的数据存储器单元改写为 x(n+1)，同时 AR4 指针指向 x(n-(N-2))，即最老的数据；⑤同样，当完成第二次 FIR 滤波运算后，AR4 最后指向 x(n-(N-2))。这时，再次输入样本数据 x(n+2)，将原来存放 x(n-(N-2))的数据存储器单元改写为 x(n+2)，同时 AR4 指针指向 x(n-(N-3))。

虽然循环缓冲区中新老数据存放的位置不是很直接明了，但是利用循环缓冲区不需要移

动数据，可以方便地完成滤波窗口数据的自动更新。

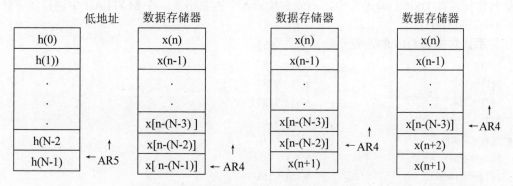

图 6-15　FIR 滤波器循环缓冲区存储器图

循环缓冲区循环寻址的关键是使 N 循环缓冲区单元首尾相邻，为此需要利用 BK（循环缓冲区长度）寄存器实现按模间接寻址。为了能正确使用循环寻址，必须先初始化 BK，块长为 N。同时，数据缓冲区和冲激响应（FIR 滤波器的系数 h(n)）的开始地址必须是大于 N 的 2 的最小次方的倍数。例如，N=11，那么数据缓冲区的第一个地址应是 16 的倍数，开始地址的最低 4 位必须是 0。

使用带 MAC 指令的循环寻址模式实现 FIR 滤波的程序片段如下：（输入数据在 AL 中，滤波结果在 AH 中）

```
STM     #N , BK                  ;BK=N，循环寻址 BUFFER 大小为 N
STL     A , *AR4+0%              ;更新滤波窗口中的采样数据
RPTZ    A , #(N-1)               ;重复 MAC 指令 N 次，先将 A 清零
MAC     *AR4+0%,*AR5+0%,A        ;乘法累加运算，完成滤波计算
```

程序中 FIR 滤波系数 h(n)存放在数据存储区，由 AR5 指定；待滤波数据 x(n)存放在数据存储区，由 AR4 指定。RPTZ　A, #(N-1)指令允许重复执行紧随其后的那条指令 N 次，同时将 A 累加器清零。由于重复指令只需取指一次，与利用 BANZ 指令进行循环相比，它的效率高得多。MAC 指令在执行一次后就变成了单周期指令，执行速度大大提高。

【例 6-17】用循环缓冲区和双操作数寻址方法编写实现 FIR 滤波的程序。

1. FIR 滤波器设计

设计一个 FIR 低通滤波器，通带边界频率为 1500Hz，通带波纹小于 1dB；阻带边界频率为 2000Hz，阻带衰减大于 40dB；采样频率为 8000Hz。

FIR 滤波器的设计可以用 MATLAB 窗函数法进行，例如，选择 Hamming 窗，其程序为：
b=fir1(16,1500/8000*2);
FIR 数字滤波器系数 b 为：

b0= 0.00000000　　　　　　b9= 0.28342322
b1= 0.00482584　　　　　　b10=0.09725365
b2= 0.00804504　　　　　　b11=-0.02903702
b3=-0.00885584　　　　　　b12=-0.04291741
b4=-0.04291741　　　　　　b13=-0.00885584
b5=-0.02903702　　　　　　b14=0.00804504
b6= 0.09725365　　　　　　b15=0.00482584
b7= 0.28342322　　　　　　b16=0.00000000
b8= 0.37452503

在 FIR 滤波器中处理溢出的最好方法是设计时使滤波器的增益小于 1，这样就不需要对输入信号定标。在 DSP 汇编语言中，不能直接输入十进制小数，在 MATLAB 中进行如下转换：

h=round(b*2^15)

将系数转换为 Q15 的定点小数形式，为：

h(0) = 0	h(6) = 3187
h(1) = 158	h(7) = 9287
h(2) = 264	h(8) = 12272
h(3) = -290	h(9) = 9287
h(4) = -1406	h(10) = 3187
h(5) = -951	h(11) = -951
h(12) = -1406	h(15) = 158
h(13) = -290	h(16) = 0
h(14) = 264	

2. 产生滤波器输入信号的文件

按照通常的程序调试方法，先用 Simulator 逐步调试各子程序模块，再用硬件仿真器在实际系统中与硬件仪器联调。使用 CCS 的 Simulator 进行滤波器特性测试时，需要输入时间信号 x(n)。本例设计一个采样频率 Fs 为 8000Hz，输入信号频率为 1000Hz 和 2500Hz 的合成信号，通过设计的低通滤波器将 2500Hz 信号滤掉，余下 1000Hz 信号。

以下是一个产生输入信号的 C 语言程序，信号是频率为 1000Hz 和 2500Hz 的正弦波合成的波形。文件名为 firinput.c。

```c
#include <stdio.h>
#include <math.h>
void main()
{
int i;
double f[256];
FILE *fp;
if((fp=fopen("firin.inc","wt"))==NULL)
    {
    printf("can't open file! \n");
    return;
    }
for(i=0;i<=255;i++)
    {   f[i]=sin(2*3.14159*i*1000/8000)+sin(2*3.14159*i*2500/8000);
        fprintf(fp,"    .word        %1d\n",(long)(f[i]*32768/2));
    }
fclose(fp);
}
```

该程序将产生名为 firin.inc 的输入信号程序。firin.inc 文件的内容如下：

```
.word        0
.word        26722
.word        4798
.word        5315
```

```
                .word       16384
                .word       -17854
                .word       -27969
                .word       3551
                ⋮
```

然后，在 DSP 汇编语言程序中通过.copy 汇编命令将生成的数据文件 firin.inc 复制到汇编程序中，作为 FIR 滤波器的输入数据。

3. 编写 FIR 数字滤波器的汇编源程序

FIR 数字滤波器汇编程序 fir.asm 如下：

```
                ;一个 FIR 滤波器源程序    fir.asm
                .mmregs
                .global start
                .def     start,_c_int00


INDEX           .set     -1
KS              .set     256                  ;模拟输入数据缓冲区大小


N               .set     17
COFF_FIR        .sect    "COFF_FIR"           ;FIR 滤波器系数
                .word    0, 158,264 ,-290, -1406,-951,3187, 9287, 12272
                .word    9287, 3187, -951, -1406,   -290, 260,158, 0
                .data
INPUT           .copy    "firin.inc"          ;模拟输入在数据存储区 0x2400
OUTPUT          .space   256*16               ;输出数据在数据区 0x2500
b               .usect   "FIR_COFF",N
x               .usect   "FIR_BFR",N
BOS             .usect   "STACK",0Fh
TOS             .usect   "STACK",1
                .text
_c_int00
                b start
                nop
                nop
start:
                ssbx     FRCT
                STM      #b,AR5
                RPT      #N-1                 ;将 FIR 系数从程序存储器移动
                MVPD     COFF_FIR,*AR5+       ;到数据存储器

                STM      #INDEX,AR0
                STM      #x,AR4
                RPTZ     A,#N-1
                STL      A,*AR4+              ;将数据循环缓冲区清零

                STM      #(x+N-1), AR4        ;数据缓冲区指针指向 x[n-(N-1)]
                STM      #(b+N-1), AR5        ;FIR 系数表指针指向 h(N-1)
FIR_TASK:
```

```
            STM     #INPUT, AR6
            STM     #OUTPUT,AR7
            STM     #KS-1,BRC

            RPTBD   LOOP-1
            STM     #N,BK               ;FIR 循环缓冲区大小
            LD      *AR6+,A             ;装载输入数据
FIR_FILTER:
            STL     A,*AR4+0%
            RPTZ    A,#N-1
            MAC     *AR4+0%,*AR5+0%,A
            STH     A,*AR7+
LOOP:
EEND        B       EEND
            .end
```

4. 编写 FIR 滤波器链接命令文件

对应以上汇编程序的链接命令文件 fir.cmd 如下：

```
fir.obj
-m  fir.map
-o  fir.out
MEMORY
{
PAGE 0:   ROM1(RIX)    :ORIGIN=0080H,LENGTH=200H
PAGE 1:   INTRAM1(RW)  :ORIGIN=2400H,LENGTH=0200H
          INTRAM2(RW)  :ORIGIN=2600H,LENGTH=0100H
          INTRAM3(RW)  :ORIGIN=2700H,LENGTH=0100H
          B2B(RW)      :ORIGIN=2800H,LENGTH=10H
}
SECTIONS
{
.text :        {}>ROM1       PAGE 0
COFF_FIR :     {}> ROM1      PAGE 0
.data :        {}>INTRAM1    PAGE 1
FIR_COEF:      {}>INTRAM2    PAGE 1
FIR_BFR :      {}>INTRAM3    PAGE 1
.stack :       {}>B2B        PAGE 1
}
```

5. CCS 集成开发环境下上机操作过程

（1）在 CCS 上建立 fir 工程并运行 fir.out 程序。建立 fir 工程，将 fir.asm 和 fir.cmd 添加到工程中，对汇编程序进行汇编、链接，如果有错误则进行修改、调试，当汇编、链接成功后，加载并运行 fir.out 程序。注意，将 fir.asm、fir.cmd、firin.inc 文件和 fir.pjt 工程文件放在同一文件夹下。

（2）观察输入信号的波形及频谱。单击 View→Graph→Time/Frequency 命令，按照如图 6-16 所示改变各选项。其中，由.cmd 可知输入信号的数据放在数据区 0x2400 开始的 256 个单元中。单击 OK 按钮，则显示输入信号的时域波形（如图 6-17 所示），其波形是频率为 1000Hz 和 2500Hz 正弦信号的合成信号。

图 6-16　Graph 属性设置窗口

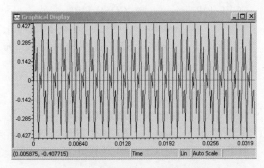

图 6-17　输入信号的时域波形

将图 6-16 中的 Display Type 项改为 FFT Magnitude，则将显示输入信号的频谱图，如图 6-18 所示。

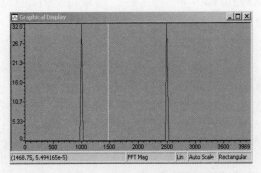

图 6-18　输入信号的频谱图

（3）观察输出信号的波形及频谱。单击 View→Graph→Time/Frequency 命令，由.cmd 可知输出信号的数据放在数据区 0x2500 开始的 256 个单元中。将图 6-16 中 Start Address 项改变为 0x2500，单击 OK 按钮，将显示滤波器输出信号时域波形，如图 6-19 所示，其频谱图如图 6-20 所示。

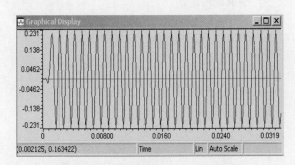

图 6-19　滤波器输出信号时域波形

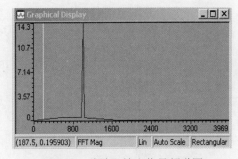

图 6-20　滤波器输出信号频谱图

【例 6-18】使用带 MACD 指令的线性缓冲区法，编写完成例 6-17 的 FIR 滤波程序。
FIR 数字滤波器汇编程序 fir0.asm 如下：

```
        .mmregs
        .global    start
        .def       start,_c_int00
KS      .set       256                    ;输入样本数据个数
N       .set       17                     ;FIR 滤波器阶数
```

```
COEF_FIR    .sect     "COEF_FIR"                      ;FIR 滤波器系数
            .word     0,158,264,-290,-1406,-951,3187,9287,12272
            .word     9287,3187,-951,-1406,-290,264,158,0
            .data
INPUT       .copy     "firin.inc"                     ;输入数据在数据区 0x2400
OUTPUT      .space    1024                            ;输出数据在数据区 0x2500
DATABUF     .usect    "FIR_BFR",N
BOS         .usect    "STACK",0Fh
TOS         .usect    "STACK",1

            .text
            .asg      AR4,DATA_P                      ;数据 x(n)缓冲区指针
            .asg      AR6,INBUF_P                     ;模拟输入数据指针
            .asg      AR7,OUTBUF_P                    ;FIR 滤波器输出数据指针
_c_int00
            b start
            nop
            nop
start:      SSBx      FRCT                            ;小数乘法编程时，设置 FRCT（小数方式）位
            STM       #DATABUF,DATA_P                 ;数据循环缓冲区清零
            RPTZ      A, N-1
            STL       A, *DATA_P+
FIR_TASK:
            STM       #DATABUF,DATA_P
            STM       #INPUT,INBUF_P
            STM       #OUTPUT,OUTBUF_P
            STM       #KS-1,BRC
            RPTB      LOOP-1
            LD        *INBUF_P+,A                     ;装载输入数据
FIR_FILTER:                                           ;FIR 滤波运算
            STL       A,*DATA_P                       ;输入样本值 x(n)
            STM       #(DATABUF+N-1),DATA_P           ;数据缓冲区指针指向 x[n-(N-1)]
            RPTZ      A,N-1
            MACD      *DATA_P-,COEF_FIR,A             ;FIR 滤波运算
            MAR       *DATA_P+                        ;调整 DATA_P 指针指向 DATABUF 第一个单元
            STH       A,*OUTBUF_P+
LOOP:
EEND        B  EEND
            .end
```

链接命令文件的编写及上机操作过程请参考例 6-17。

6.5.3　系数对称 FIR 滤波器的 DSP 实现

系数对称 FIR 滤波器由于具有线性相位特性，因此应用很广。

一个 N=8 的 FIR 滤波器，若 h(n) = h (N-1-n)，就是对称 FIR 滤波器，其输出方程为：

$$y(n)=h(0)x(n)+h(1)x(n-1)+h(2)x(n-2)+h(3)x(n-3)$$
$$+h(4)x(n-4)+h(5)x(n-5)+ h(6)x(n-6)+ h(7)x(n-7)$$

总共有 8 次乘法和 7 次加法。如改写成：

$$y(n)=h(0)[x(n)+x(n-7)]+h(1)[x(n-1)+x(n-6)]$$
$$+h(2)[x(n-2)+x(n-5)]+h(3)[x(n-3)+x(n-4)]$$

变成 4 次乘法和 7 次加法，乘法运算次数减少了一半。特别是当阶数较高时，利用系数对称的特点，可以明显减少运算量。

下面介绍系数对称 FIR 滤波器的 C54x 实现步骤。

1. 在数据存储器中开辟两个循环缓冲区

New 循环缓冲区中存放 N/2=4 个新数据（设 N=8）；Old 循环缓冲区中存放 4 个老数据。循环缓冲区的长度为 N/2。缓冲区指针 AR2 指向 New 缓冲区中最新的数据；AR3 指向 Old 缓冲区中最老的数据，并在程序存储器中设置系数表，如图 6-21 所示。

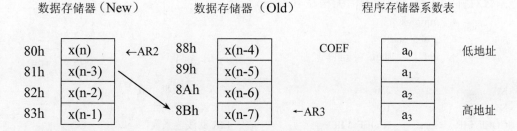

图 6-21　系数对称 FIR 滤波器存储器分配

2. (AR2)+(AR3)→AH（累加器 A 的高位）

　(AR2)−1→AR2，(AR3)−1→AR3

3. 将累加器 B 清 0，重复执行以下操作 N/2 次（i=0，1，2，3）:

(AH)×系数 a_i+(B)→B，系数指针（PAR）加 1

(AR2)+(AR3)→AH，AR2 和 AR3 减 1，并保存或输出结果（结果在 BH 中）。

4. 修正数据指针

将 AR2 和 AR3 分别指向 New 缓冲区中最老的数据和 Old 缓冲区中最老的数据。用 New 缓冲区最老的数据替代 Old 缓冲区中最老的数据，如图 6-21 中箭头所示。Old 缓冲区指针减 1。

5. 输入一个新的数据替代 New 缓冲区中最老的数据

重复执行步骤 2～5。

在编程中要用到 FIRS（对称有限冲激响应滤波器）指令：

FIR　　　Xmem,Ymem,Pmad

执行如下：

Pmad→PAR（程序存储器地址寄存器）

当(RC)！=0

(B)+(A(32-16))*（由 PAR 寻址 Pmem)→B

((Xmem)+(Ymem))<<16→A

(PAR)+1→PAR

(RC)-1→RC

FIRS 指令在同一个机器周期内，通过 CB 和 DB 总线读两次数据存储器，同时通过 PB 总线读一个系数。

【例 6-19】编写完成例 6-17 任务的系数对称 FIR 滤波程序。

FIR 滤波器的设计可以用 MATLAB 窗函数法进行，例如选择 Hamming 窗，其程序为：

b=fir1(15,1500/8000*2);

h=round(b*2^15); 将系数转换为 Q15 的定点小数形式

则滤波器系数为

h(0) = 62	h(8) = 11439
h(1) = 188	h(9) = 6202
h(2) = 86	h(10) = 625
h(3) = -764	h(11) = -1453
h(4) = -1453	h(12) = -764
h(5) = 625	h(13) = 86
h(6) = 6202	h(14) = 188
h(7) = 11439	h(15) = 62

系数对称 FIR 数字滤波器汇编程序 fir2.asm 如下：

```
            .mmregs
            .global  start
            .def     start,_c_int00

KS          .set     256                    ;输入样本数据个数
N           .set     16                     ;FIR 滤波器阶数
COEF_FIR    .sect    "COEF_FIR"             ;FIR 滤波器系数
            .word    62,188,86,-764,-1453,625,6202,11439
            .data
INPUT       .copy    "firin.inc"            ;输入数据在数据区 0x2400
OUTPUT      .space   256*16                 ;输出数据在数据区 0x2500
x_new       .usect   "DATA1",N/2
x_old       .usect   "DATA2",N/2
size        .set     N/2
            .text

_c_int00
            b        start
            nop
            nop
start:      SSBX     FRCT                   ;设置 FRCT（小数方式）位
            STM      #x_new,AR2             ;AR2 指向 New 缓冲区第一个单元
            STM      #x_old+(size-1), AR3   ;AR3 指向 Old 缓冲区最后一个单元
            STM      #-1, AR0
            STM      #INPUT,AR4             ;模拟输入数据指针 AR4 初始化
            STM      #OUTPUT,AR5            ;滤波器输出数据指针 AR5 初始化
            STM      #KS-1,BRC
            RPTBD    LOOP-1
            STM      #size , BK             ;循环缓冲区块大小 BK=size
            LD       *AR4+,A
            STL      A,*AR2                 ;输入样本值
FIR_FILTER: ADD      *AR2+0%,*AR3+0%,A      ;AH=x(n)+x(n-15)
            RPTZ     B, #size-1
            FIRS *AR2+0%,*AR3+0%,COEF_FIR ;B=B+AH*h(0),AH=x(n-1)+x(n-14)
```

```
                              ;执行该指令 size 次
        STH     B,*AR5+                      ;保存滤波输出数据到 AR5 所指向单元
        MAR     *+AR2(2)%                    ;修正 AR2，指向 New 缓冲区最老的数据
        MAR     *AR3+%                       ;修正 AR3，指向 Old 缓冲区最老的数据
        MVDD    *AR2 , *AR3+0%               ;用 New 缓冲区最老的数据替代 Old
LOOP:                                        ;缓冲区中最老的数据
EEND    B       EEND
        .end
```

对应以上汇编程序的链接命令文件 fir2.cmd 如下：

```
fir2.obj
-m    fir2.map
-o    fir2.out
MEMORY
{
PAGE 0:   ROM1(RIX)      :ORIGIN=0080H,LENGTH=1000H
PAGE 1:   INTRAM1(RW)    :ORIGIN=2400H,LENGTH=0200H
          INTRAM2(RW)    :ORIGIN=2600H,LENGTH=0100H
          INTRAM3(RW)    :ORIGIN=2700H,LENGTH=0100H
          B2B(RW)        :ORIGIN=2800H,LENGTH=10H
}
SECTIONS
{
    .text:      {}>ROM1        PAGE 0
    COEF_FIR:   {}>ROM1        PAGE 0
    .data:      {}>INTRAM1     PAGE 1
    DATA1:      {}>INTRAM2     PAGE 1
    DATA2:      {}>INTRAM3     PAGE 1
    .stack:     {}>B2B         PAGE 1     }
}
```

6.6　IIR 数字滤波器的 DSP 实现

IIR 数字滤波器的传递函数 H(z)为：

$$H(z) = \frac{\sum_{i=0}^{M} b_i z^{-i}}{1 - \sum_{i=1}^{N} a_i z^{-i}} \tag{6-3}$$

其对应的差分方程为：

$$y(n) = \sum_{i=0}^{M} b_i x(n-i) + \sum_{i=1}^{N} a_i y(n-i) \tag{6-4}$$

例如，对于直接形式的二阶 IIR 数字滤波器，其结构如图 6-22 所示，差分方程为：

$$y(n) = b_0 \times x(n) + b_1 \times x(n-1) + b_2 \times x(n-2) + a_1 \times y(n-1) + a_2 \times y(n-2) \tag{6-5}$$

由图 6-22 和式（6-5）可知，y(n)由两部分构成：

一部分为反向通道：$a_1 \times y(n-1) + a_2 \times y(n-2)$

另一部分为正向通道：$b_0 \times x(n) + b_1 \times x(n-1) + b_2 \times x(n-2)$

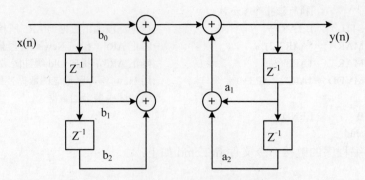

图 6-22　直接形式的二阶 IIR 数字滤波器

编程时，可以分别开辟四个缓冲区，存放输入、输出变量和滤波器的系数，如图 6-23 所示。

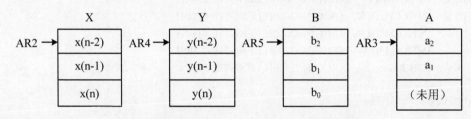

图 6-23　存放输入、输出变量和滤波器系数的缓冲区

【例 6-20】设计一个三阶的切比雪夫 I 型带通数字滤波器，其采样频率 Fs =16kHz，其通频带 3.2kHz<f<4.8kHz，内损耗不大于 1dB；f <2.4kHz 和 f >5.6kHz 为阻带，其衰减大于 20dB。

1. IIR 滤波器的设计

在 MATLAB 中设计 IIR 滤波器，程序为：

wp=[3.2,4.8];ws=[2.4,5.6];rp=1;rs=20

[n,wn]=cheb1ord(wp/8,ws/8,rp,rs)

[b,a]=cheby1(n,rp,wn)

设计结果为：

N=3

wn =0.4000　　0.6000

b0=0.0114747	a0=1.000000
b1=0	a1=0
b2=-0.034424	a2=2.13779
b3=0	a3=0
b4=0.034424	a4=1.76935
b5=0	a5=0
b6=-0.0114747	a6=0.539758

在设计 IIR 滤波器时，会出现一个或一个以上系数≥1 的情况，为了用 Q15 定点小数格式表示系数，可以用大数去除所有系数。为避免在累加过程中出现≥1 的情况，将系数进一步缩小，为此，在 MATLAB 中加入：

B=round(b/6*2^15);A=round(a/6*2^15);

滤波系数为

B0=63	A1=0

B1=0	A2=11675
B2=-188	A3=0
B3=0	A4=9663
B4=188	A5=0
B5=0	A6=2948
B6=-63	

2. 产生滤波器输入信号的文件

使用 CCS 的 Simulator 进行滤波器特性的测试时，需要输入时间信号 x(n)。本例设计一个采样频率 Fs 为 16000Hz，输入信号频率为 4000Hz 和 6500Hz 的合成信号，通过设计的带通滤波器将 6500Hz 信号滤掉，余下 4000Hz 信号。

以下是一个产生输入信号的 C 语言程序，文件名为 iirinput.c。

```c
#include <stdio.h>
#include <math.h>
void main()
{
int i;
double f[256];
FILE *fp;
if((fp=fopen("iirin.inc","wt"))==NULL)
     {
     printf("can't open file! \n");
     return;
     }
fprintf(fp,"INPUT:     .sect      %cINPUT %c\n","'","'");
for(i=0;i<=255;i++)
     {   f[i]=sin(2*3.14159*i*4000/16000)+sin(2*3.14159*i*6500/16000);
         fprintf(fp,"    .word        %1d\n",(long)(f[i]*32768/2));
     }
fclose(fp);
}
```

该程序将产生名为 iirin.inc 的输入信号程序，内容如下：

```
INPUT:    .sect     "INPUT"
          .word     0
          .word     25486
          .word     -15136
          .word     -314
          .word     -11585
          .word     19580
          .word     6270
          .word     -30006
          .word     16383
            ⋮
```

然后，在 DSP 汇编语言程序中通过.copy 汇编命令将生成的数据文件 iirin.inc 复制到汇编程序中，作为 IIR 滤波器的输入数据。

3. 直接型 IIR 数字滤波器汇编源程序的编写

直接型 IIR 数字滤波器汇编程序 diir.asm 如下：

********直接型 IIR 数字滤波器通用程序**********

```
                .title      "diir.asm"
                .mmregs
                .global     start
                .def        start,_c_int00
N               .set        16
                .data
                .copy       "iirin.inc"          ;输入信号 x(n)数据
Table           .word       63,0, -188,0,188, 0,-63
                .word       0,11675,0,9663,0, 2948

BN              .usect      "BN",N+1
AN              .usect      "AN",N+1
INBUF           .usect      "INBUF",256          ;输入缓冲区在数据区 0x2400
OUTPUT          .usect      "OUTPUT",256         ;输出缓冲区在数据区 0x2600
                .text
                .asg        AR0, INDEX_P
                .asg        AR2, XN_P
                .asg        AR3, ACOFF_P
                .asg        AR4, YN_P
                .asg        AR5, BCOFF_P
  _c_int00
                b start
                nop
                nop
start:          SSBX        FRCT
                SSBX        OVM
                SSBX        SXM
                STM         #BN+N,AR1
                RPT         #N
                MVPD        #table,*AR1-;          ;将 bi 由程序区存放到数据区
                STM         #AN+N-1,AR1
                RPT         #N-1
                MVPD        #table+N+1,*AR1-      ;将 ai 由程序区存放到数据区
                STM         #OUTPUT,AR1
                RPTZ        A,#255
                STL         A,*AR1+              ;输出数据缓冲区清零
                STM         #INBUF,AR1
                RPT         #255
                MVPD        #INPUT,*AR1+         ;将输入数据由程序区存放到数据区
                STM         #OUTPUT,YN_P
                STM         #INBUF,XN_P
                STM         #N-1,INDEX_P
                STM         #255,BRC
                RPTB        LOOP-1
IIR:            SUB         A,A
                STM         #BN,BCOFF_P
                STM         #AN,ACOFF_P
```

RPT	#N-1	;计算前向通道
MAC	*XN_P+,*BCOFF_P+,A	
MAC	*XN_P,*BCOFF_P,A	
MAR	*XN_P-0	;将 AR2 指针指向 x(n-N)
RPT	#N-1	;计算反馈通道
MAC	*YN_P+,*ACOFF_P+,A	
STH	A,*YN_P-0	;保存 y(n)

```
LOOP:
EEND       B       EEND
           .end
```

4. IIR 滤波器链接命令文件的编写

对应以上汇编程序的链接命令文件 diir.cmd 如下：

```
diir.obj
-o diir.out
-m diir.map
MEMORY
{
PAGE 0: ROM:        ORIGIN=0080H, LENGTH=1000H
PAGE 1: SPRAM:      ORIGIN=0060H, LENGTH=0020H
        DARAM:      ORIGIN=1100H, LENGTH=1000H
        RAM1:       ORIGIN=2400H, LENGTH=0200H
        RAM2:       ORIGIN=2600H, LENGTH=0200H
}
SECTIONS
{
.text      :>ROM        PAGE 0
.data      :>ROM        PAGE 0
BN         :>DARAM      PAGE 1
AN         :>DARAM      PAGE 1
INBUF      :>RAM1       PAGE 1
OUTPUT     :>RAM2       PAGE 1
}
```

由.cmd 可知输入信号的数据放在数据区 0x2400 开始的地址中，其波形为频率为 4000Hz 和 6500Hz 正弦信号的合成信号；输出数据放在数据区 0x2600 开始的地址中。在 CCS 中选择 View→Graph→Time/Frequency 命令，观察滤波器输入、输出信号时域波形或频谱图。

6.7　FFT 运算的 DSP 实现

FFT 是一种高效实现离散付氏变换的算法，在数字信号处理系统中，FFT 作为一个非常重要的工具经常使用，甚至成为 DSP 运算能力的一个考核因素。离散付氏变换的目的是把信号由时域变换到频域，从而可以在频域分析处理信息。

对于离散傅立叶变换（DFT）的数字计算，FFT 是一种有效的方法。一般假定输入序列是复数。当实际输入是实数时，利用对称性质可以使计算 DFT 非常有效。

一个优化的实数 FFT 算法是一个组合以后的算法。原始的 2N 个点的实输入序列组合成一个 N 点的复序列，之后对复序列进行 N 点的 FFT 运算，最后再由 N 点的复数输出拆散成 2N

点的复数序列，这 2N 点的复数序列与原始的 2N 点的实数输入序列的 DFT 输出一致。使用这种方法，在组合输入和拆散输出的操作中，FFT 运算量减半，这样利用实数 FFT 算法来计算实输入序列的 DFT 的速度几乎是一般复 FFT 算法的两倍。

6.7.1 基二实数 FFT 运算的算法

该算法主要分为以下四步：

第一步，输入数据的组合和位倒序。

把输入序列作位倒序是为了在整个运算最后的输出中得到的序列是自然顺序。首先，把原始输入的 2N=256 个点的实数序列 a(n)当成 N=128 点的复数序列 d[n]。偶数地址是 d[n]的实部，奇数地址是 d[n]的虚部。然后，复数序列经过位倒序，存储在 DATA 数据处理缓冲器中，如图 6-24 所示，d[n]表示复合 FFT 的输入，r[n]表示实部，i[n]表示虚部：d[n]=r[n]+j i[n]。

1400H	r(0)=a(0)
1401H	i(0)=a(1)
1402H	r(64)=a(128)
1403H	i(64)=a(129)
1405H	r(32)=a(64)
1406H	i(32)=a(65)
1407H	r(96)=a(192)
1408H	i(96)=a(193)
1409H	r(16)=a(32)
140AH	i(16)=a(33)
140BH	r(80)=a(160)
140BH	i(80)=a(161)
⋮	⋮
14FEH	r(127)=a(254)
14FFH	i(127)=a(255)

图 6-24　位倒序之后复序列 d[n]

第二步，N 点复数 FFT。

在 DATA 数据处理缓冲器里进行 N 点复数 FFT 运算。由于在 FFT 运算中要用到旋转因子 W_N，它是一个复数，把它分为正弦和余弦部分，用 Q15 格式将它们存储在两个分离的表中，每个表中有 512 个数据，对应从 0°到 180°，利用此表可以进行 2～1024 点的 FFT 运算。由于采用循环寻址来对表寻址，因此每张表的开始地址必须是 10 个 LSB 位为 0 的地址。正弦表系数放在 0400H 开始的地址，余弦表系数放在 0800H 开始的地址。

根据公式：

$$D(k) = \sum_{n=0}^{N-1} d[n] W_N^{nk} \qquad k=0,1,2,\ldots N$$

利用蝶形结对 d[n]进行 N=128 点复数 FFT 运算：

$$W_N^{nk} = e^{-j(\frac{2\pi}{N})nk} = \cos(\frac{2\pi}{N}nk) - j\sin(\frac{2\pi}{N}nk)$$

128 点的复数 FFT 分为七级，最后所得的结果表示为：

$$D[k] = F\{d[n]\} = R[k] + j\,I[k]$$

其中，R[k]、I[k]分别是 D[k]的实部和虚部，D[k]存储到 DATA 数据处理缓冲器，如图 6-25 所示。

1400H	R(0)
1401H	I(0)
1402H	R(1)
1403H	I(1)
1404H	R(2)
1405H	I(2)
1406H	R(3)
1407H	I(3)
1408H	R(4)
1409H	I(4)
140AH	R(5)
140BH	I(5)
⋮	⋮
14FEH	R(127)
14FFH	I(127)

图 6-25　FFT 之后 D(k)存储在 DATA 数据存储区

第三步，分离复数 FFT 的输出为奇部分和偶部分。

分离 FFT 输出为 RP、RM、IP 和 IM 四个序列，即偶实数、奇实数、偶虚数和奇虚数四部分。利用信号分析的理论可把 D[k]通过下面的公式分为偶实数 RP[k]、奇实数 RM[k]、偶虚数 IP[k]和奇虚数 IM[k]：

RP[k] = RP[N-k] = 0.5 * (R[k] + R[N-k])

RM[k] = -RM[N-k] = 0.5 * (R[k] - R[N-k])

IP[k] = IP[N-k] = 0.5 * (I[k] + I[N-k])

IM[k] = -IM[N-k] = 0.5 * (I[k] - I[N-k])

RP[0] = R[0]

IP[0] = I[0]

RM[0] = IM[0] = RM[N/2] = IM[N/2] = 0

RP[N/2] = R[N/2]

IP[N/2] = I[N/2]

第三步完成之后存储器中的数据情况如图 6-26 所示，RP[k]和 IP[k]（偶数部分）存储在上半部分，RM[k]和 IM[k]（奇数部分）存储在下半部分。

第四步，产生 2N 点的复数 FFT 输出序列。

产生 2N=256 个点的复数输出，它与原始的 256 个点的实输入序列的 DFT 一致。输出驻留在数据缓冲器中。通过下面的公式由 RP[k]、RM[n]、IP[n] 和 IM[n] 四个序列可以计算出 a[n] 的 DFT。

$$AR[k] = AR[2N-k] = RP[k] + cos(k\pi/N) * IP[k] - sin(k\pi/N) * RM[k]$$

$$AI[k] = -AI[2N-k] = IM[k] - cos(k\pi/N) * RM[k] - sin(k\pi/N) * IP[k]$$

$$AR[0] = RP[0] + IP[0]$$

$$AI[0] = IM[0] - RM[0]$$

$$AR[N] = R[0] - I[0]$$

$$AI[N] = 0$$

其中：$A[k] = A[2N-k] = AR[k] + j\, AI[k] = F\{a(n)\}$

实数 FFT 输出按照实数/虚数的自然顺序填满整个 4N=512 个字节的数据处理缓冲器，如图 6-27 所示。

1400H	RP(0)=R(0)		1400H	AR(0)
1401H	IP(0)=I(0)		1401H	AI(0)
1402H	RP(1)		1402H	AR(1)
1403H	IP(1)		1403H	AI(1)
1404H	RP(2)		1404H	AR(2)
1405H	IP(2)		1405H	AI(2)
⋮	⋮		⋮	⋮
14FEH	RP(127)		14FEH	AR(127)
14FFH	IP(127)		14FFH	AI(127)
1500H	未用		1500H	AR(128)
1501H	未用		1501H	AI(128)
1502H	IM[127]		1502H	AR(129)
1503H	RM[127]		1503H	AI(129)
1504H	IM[126]		1504H	AR(130)
1505H	RM[126]		1505H	AI(130)
⋮	⋮		⋮	⋮
15FEH	IM[1]		15FEH	AR(255)
15FFH	RM[1]		15FFH	AI(255)

图 6-26　第 3 步之后存储器中的数据　　　　图 6-27　第 4 步之后存储器中的数据

由于最后所得的 FFT 数据是一个复数，为了能够方便观察该信号的频谱特征，通常对所得的 FFT 数据进行处理，取其实部和虚部的平方和，即求得该信号的功率。

6.7.2　FFT 运算模拟信号的产生及输入

产生模拟输入信号可以有两种方法，第一种方法是用 C 语言程序产生 mdata.inc 文件，然后，在 DSP 汇编语言程序中通过 .copy 汇编命令将生成的数据文件 mdata.inc 复制到汇编程序中，如例 6-17 和例 6-20，数据起始地址标号为 INPUT，段名为 INPUT。第二种方法是首先建立与输入信号对应的数据流文件 mdata.dat，其数据格式如下：

```
165 1 1 0 1 0
    0x1f40
    ⋮
```

第一行为头信息，其后为 16 进制数据，然后，输入数据通过开发系统 File I/O 功能完成待处理数据的输入，详细操作步骤请参考第 6 章。

在下面例 6-21 中采用第一种方法产生输入信号 mdata.inc，该信号为方波信号，连续 10 个 8000，其后连续 10 个 –8000，然后重复，共 256 个数据。

另外，正弦表、余弦表分别存在 twiddle1.inc 和 twiddle2.inc 文件中。

6.7.3　实序列 FFT 汇编源程序及链接命令文件

【例 6-21】256 点实序列 FFT 的 DSP 实现。

256 点实序列 FFT 汇编源程序如下：

```
**************************************
*Radix-2,DIT,Real-input FFT Program *
*            fft.asm                 *
**************************************
            .mmregs
            .global reset,start,sav_sin,sav_idx,sav_grp
            .def    start,_c_int00
            .data
DATA        .space  1024
            .copy   "mdata1.inc"
                            ; mdata1.inc 为模拟输入信号数据，起始地址标号 INPUT
N           .set    128             ;复数点数
LOGN        .set    7               ;蝶形级数
sav_grp     .usect  "tempv",3       ;定义组变量值
sav_sin     .set    sav_grp+1       ;定义旋转因子表
sav_idx     .set    sav_grp+2
OUTPUT      .usect  "OUTPUT",256    ;信号功率谱
BOS         .usect  "stack",0Fh     ;定义堆栈
TOS         .usect  "stack",1
            .copy   "twiddle1.inc"
                    ;正弦表系数由 twiddle1.inc 文件给出，起始地址标号 TWI1
            .copy   "twiddle2.inc"
                    ;余弦表系数由 twiddle2.inc 文件给出，起始地址标号 TWI2
            .text
_c_int00
            b start
            nop
            nop
start:
            STM     #TOS,SP
            LD      #0,DP
            SSBX    FRCT
*************************************************************
    ;第一步
```

```
;将原始输入的 2N=256 个点的实序列组合成复序列并经位倒序后复制到 DATA 数据区
        STM     #2*N,BK
        STM     #INPUT,AR3      ;AR3 指向原始输入数据
        STM     #DATA,AR7
        MVMM    AR7,AR2         ;AR2 指向 DATA 数据区
        STM     #N-1,BRC
        RPTBD   plend-1
        STM     #N,AR0          ;数据存储区长度的一半 128 送 AR0
        LDM     AR3,A
        READA   *AR2+           ;偶地址做实部
        ADD     1,A
        READA   *AR2+           ;奇地址做虚部，2N 点的实序列组合成 N 点的复序列
        MAR     *AR3+0B         ;按位倒序方式修改 AR3，取下一个原始数据
        plend:
********************************************************************
;第二步              蝶形运算
;每一级的所有输出都除以 2 以防止溢出
;第一级和第二级蝶形运算辅助寄存器定义
;AR0----到下一个蝶形运算的偏移量
;AR2----指向第一个蝶形的输入数据 PR 和 PI
;AR3----指向第二个蝶形的输入数据 QR 和 QI
;AR7----DATA 数据的起始地址
;第一级蝶形运算（2 点蝶形运算）
        STM     #0,BK
        LD      #-1,ASM         ;在每一级输出时右移一位，相当于除以 2
        MVMM    AR7,AR2         ;AR2 指向蝶形运算第一个输入的实部（PR）
        STM     #DATA+2,AR3     ;AR3 指向蝶形运算第二个输入的实部（QR）
        STM     #N/2-1,BRC      ;
        LD      *AR2,16,A       ;AH=PR
        RPTBD   s1end-1
        STM     #3,AR0
        SUB     *AR3,16,A,B     ;BH=PR-QR
        ADD     *AR3,16,A       ;AH=PR+QR
        STH     A,ASM,*AR2+     ;PR'=(PR+QR)/2,AR2 指向第一个输入的虚部(PI)
        ST      B,*AR3+         ;QR'=(PR-QR)/2,AR3 指向第二个输入的虚部(QI)
        ||LD    *AR2,A          ;AH=PI
        SUB     *AR3,16,A,B     ;BH=PI-QI
        ADD     *AR3,16,A       ;AH=PI+QI
        STH     A,ASM,*AR2+0    ;PI'=(PI+QI)/2 ; AR2=AR2+3 指向下一个
;  蝶形运算的第一个输入
        ST      B,*AR3+0%       ;QI'=(PI-QI)/2 ; AR3=AR3+3 指向下一个
;蝶形运算的第二个输入
        ||LD    *AR2,A          ;AH=PR（下一个蝶形运算第一个输入的实部）
s1end:
;第二级蝶形运算（4 点蝶形运算）
        MVMM    AR7,AR2         ; AR2 指向蝶形运算第一个数据的实部（PR）
        STM     #DATA+4,AR3     ; AR3 指向蝶形运算第二个数据的实部（QR）
        STM     #N/4-1,BRC      ;
```

```
            LD      *AR2,16,A           ; AH=PR
            RPTBD   s2end-1             ;
            STM     #5,AR0              ;
;第一个蝶形运算
            SUB     *AR3,16,A,B         ; BH=PI-QI
            ADD     *AR3,16,A           ; AH=PR+QR
            STH     A,ASM,*AR2+         ; PR'=(PR+QR)/2 ; AR2 指向第一个输入的虚部(PI)
            ST      B,*AR3+             ; QR'=(PR-QR)/2 ; AR3 指向第二个输入的虚部(QI)
            ||LD    *AR2,A              ; AH=PI
            SUB     *AR3,16,A,B         ; BH=PI-QI
            ADD     *AR3,16,A           ; AH=PI+QI
            STH     A,ASM,*AR2+         ; PI'=(PI+QI)/2
            STH     B,ASM,*AR3+         ; QI'=(PI-QI)/2
;第二个蝶形运算
            MAR     *AR3+               ;AR3 指向虚部
            ADD     *AR2,*AR3,A         ;AH=PR+QI
            SUB     *AR2,*AR3-,B        ;BH=PR-QI
            STH     A,ASM,*AR2+         ;PR'=(PR+QI)/2
            SUB     *AR2,*AR3,A         ;AH=PI-QR
            ST      B,*AR3              ; QR'=(PR-QI)/2
            ||LD    *AR3+,B             ;BH=QR
            ST      A,*AR2              ;PI'=(PI-QR)/2
            ||ADD   *AR2+0%,A           ;AH=PI+QR
            ST      A,*AR3+0%           ;QI'=(PI+QR)/2
            ||LD    *AR2,A              ;AH=PR
s2end:
;第三级到最后一级蝶形运算
;蝶形运算辅助寄存器定义
;AR0----旋转因子索引
;AR1----组个数计数器
;AR4----指向 WR（COSINE 表）
;AR5----指向 WI（SINE 表）
;AR6----蝶形运算次数计数器
;AR7----蝶形级数计数器
            STM     #512,BK;
            ST      #128,@sav_sin       ;初始化旋转因子表
            STM     #128,AR0
            STM     #TWI2,AR4           ;AR4 指向 WR（COSINE 表）
            STM     TWI1,AR5            ;AR5 指向 WI（SINE 表）
            STM     #-3+LOGN,AR7        ;初始化蝶形级数计数器
            ST      #-1+N/8,@sav_grp    ;初始化组:15
            STM     #3,AR6              ;初始化蝶形运算次数计数器
            ST      #8,@sav_idx         ;初始化输入数据索引
stage:
            STM     #DATA,AR2           ;AR2 指向蝶形运算第一个数据的实部（PR）
            LD      @sav_idx,A          ;A=8
            ADD     *(AR2),A            ;A=8+PR
            STLM    A,AR3               ;AR3 指向蝶形运算第二个数据的实部（QR）
```

```
            MVDK     @sav_grp,AR1          ;AR1 是组个数计数器 AR1=8
group:
            MVMD     AR6,BRC               ;将每一组中的蝶形结的个数装入 BRC
            RPTBD    bend-1                ;重复执行至 bend-1 处
            LD       *AR4,T                ;

            MPY      *AR3+,A               ;A=QR*WR，AR3 指向 QI
            MACR     *AR5+0%,*AR3-,A       ;A=QR*WR+QI*WI，AR3 指向 QR
            ADD      *AR2,16,A,B           ;B=(QR*WR+QI*WI)+PR
            ST       B,*AR2                ;PR'=((QR*WR+QI*WI)+PR)/2
            ||SUB    *AR2+,B               ;B=PR-(QR*WR+QI*WI)，AR2 指向 PI
            ST       B,*AR3                ;QR:=(PR-(QR*WR+QI*WI))/2
            ||MPY    *AR3+,A               ;A=QR*WI   [T=WI]，AR3 指向 QI
            MASR     *AR3,*AR4+0%,A        ;A=QR*WI-QI*WR
            ADD      *AR2,16,A,B           ;B:=(QR*WI-QI*WR)+PI
            ST       B,*AR3+               ;QI'=((QR*WI-QI*WR)+PI)/2，AR3 指向 QR
            ||SUB    *AR2,B                ;B= PI-(QR*WI-QI*WR)
            LD       *AR4,T                ;T:= WR
            ST       B,*AR2+               ;PI'=(PI-(QR*WI-QI*WR))/2，AR2 指向 PR
            ||MPY    *AR3+,A               ;A:=QR*WR，AR3 指向 QI
bend:
    ;更新指针以准备下一组蝶形结的运算
            PSHM     AR0                   ;保存 AR0
            MVDK     sav_idx,AR0           ;AR0 中装入在该步运算中每一组所用的蝶形结的数目
            MAR      *AR2+0                ;调整 AR2，准备进行下一组的运算
            MAR      *AR3+0                ;调整 AR3，准备进行下一组的运算
            BANZD    group,*AR1-           ;当组计数器减一后不等于零时，延迟跳转至 group 处
            POPM     AR0                   ;恢复 AR0
            MAR      *AR3-                 ;修改 AR3 以适应下一组的运算
    ;更新计数器和其他索引数据以便进入下一个步骤的运算
            LD       sav_idx,A             ;
            SUB      #1,A,B                ;B=A-1
            STLM     B,AR6                 ;修改蝶形运算次数计数器
            STL      A,1,sav_idx           ;下一步计算的数据索引翻倍
            LD       sav_grp,A             ;
            STL      A,ASM,sav_grp         ;下一步计算的组偏移量减少一半
            LD       sav_sin,A             ;
            STL      A,ASM,sav_sin         ;下一步计算的旋转因子索引减少一半
            BANZD    stage,*AR7-           ;
            MVDK     sav_sin,AR0           ;AR0=旋转因子表索引值（两字节）
```

```
********************************************************************
;第三步        分离复数 FFT 的输出为奇部分和偶部分
;所用辅助寄存器定义
;AR0---旋转表的索引值
;AR2---指向 R[k],I[k],RP[k],IP[k]
;AR3---指向 R[N-k],I[N-k],RP[N-k],IP[N-k]
;AR6---指向 RM[k],IM[k]
;AR7---指向 RM[N-k],IM[N-k]
```

```
        STM     #DATA+2,AR2              ;AR2 指向 R[k]
        STM     #DATA+2*N-2,AR3          ;AR3 指向 R[N-k]
        STM     #DATA+2*N+3,AR7          ;AR7 指向 RM[N-k]
        STM     #DATA+4*N-1,AR6          ;AR6 指向 RM[k]
        STM     #-2+N/2,BRC
        RPTBD   p3end-1
        STM     #3,AR0                   ;

        ADD     *AR2,*AR3,A              ;A=R[k]+R[N-K]=2*RP[k]
        SUB     *AR2,*AR3,B              ;B=R[k]-R[N-K]=2*RM[k]
        STH     A,ASM,*AR2+              ;在 R[k]处存储 RP[k]
        STH     A,ASM,*AR3+              ;在 R[N-k]处存储 RP[N-k]=RP[k]
        STH     B,ASM,*AR6-              ;在 I[2N-K]处存储 RM[k]
        NEG     B                        ;B=R[N-K]-R[k]=2*RM[N-K]
        STH     B,ASM,*AR7-              ;在 I[N+k]处存储 RM[N-K]

        ADD     *AR2,*AR3,A              ;A=I[k]+I[N-K]=2*IP[k]
        SUB     *AR2,*AR3,B              ;B:=I[k]-I[N-K]=2*IM[k]
        STH     A,ASM,*AR2+              ;在 I[k]处存储 IP[k]
        STH     A,ASM,*AR3-0             ;在 AI[N-K]处存储 IP[N-K]=IP[k]
        STH     B,ASM,*AR6-              ;在 AR[2N-K]处存储 IM[k]
        NEG     B                        ;B:=I[N-K]-I[k] =2*IM[N-K]
        STH     B,ASM,*AR7+0             ;在 AR[N+k]处存储 IM[N-K]

p3end:
        ST      #0,*AR6-                 ;RM[N/2]=0
        ST      #0,*AR6                  ;IM[N/2]=0
****************************************************************
;第四步            形成 2N 点复数输出序列
;计算 AR[0],AI[0], AR[N], AI[N]
        STM     #DATA,AR2                ;AR2 指向 AR[0] (temp RP[0])
        STM     #DATA+1,AR4              ;AR4 指向 AI[0] (temp IP[0])
        STM     #DATA+2*N+1,AR5          ;AR5 指向 AI[N]
        ADD     *AR2,*AR4,A              ;A=RP[0]+IP[0]
        SUB     *AR2,*AR4,B              ;B=RP[0]-IP[0]
        STH     A,ASM,*AR2+              ;AR[0]=(RP[0]+IP[0])/2
        ST      #0,*AR2                  ;AI[0]=0
        MVDD    *AR2+,*AR5-              ;AI[N]=0
        STH     B,ASM,*AR5               ;AR[N]=(RP[0]-IP[0])/2
; 计算最后的输出值 AR[k], AI[k]
        STM     #DATA+4*N-1,AR3          ;AR3 指向 AI[2N-1](temp RM[1])
        STM     #TWI2+512/N,AR4          ;AR4 指向 cos(k* π /N)
        STM     #TWI1+512/N,AR5          ;AR5 指向 sin(k* π /N)
        STM     #N-2,BRC                 ;
        RPTBD   p4end-1
        STM     #512/N,AR0               ;AR0 中存入旋转因子表的大小
        LD      *AR2+,16,A               ;A=RP[k]‖修改 AR2 指向 IP[k]
        MACR    *AR4,*AR2,A              ;A=A+cos(k*π/N)*IP[k]
```

```
          MASR    *AR5,*AR3-,A            ;A=A-sin(k* π /N)*RM[k], 修改 AR3 指向 IM[k]
          LD      *AR3+,16,B              ;B=IM[k]||修改 AR3 指向 RM[k]
          MASR    *AR5+0%,*AR2-,B         ;B= B-sin(k* π /N)*IP[k], 修改 AR2 指向 RP[k]
          MASR    *AR4+0%,*AR3,B          ;B=B-cos(k* π /N)*RM[k]
          STH     A,ASM,*AR2+             ;AR[k]=A/2
          STH     B,ASM,*AR2+             ;AI[k]=B/2
          NEG     B                       ;B=-B
          STH     B,ASM,*AR3-             ;AI[2N-K]=-AI[k]=B/2
          STH     A,ASM,*AR3-             ;AR[2N-K]=AR[k]=A/2
p4end:
power:    STM     #OUTPUT,AR3             ;AR3 指向输出缓冲地址
          STM     #255,BRC               ;循环计数器设置为 255
          RPTBD   power_end-1            ;延迟方式的重复执行指令
          STM     #DATA,AR2              ;AR2 指向 AR[0]
          SQUR    *AR2+,A                ;A=AR2
          SQURA   *AR2+,A                ;A=AR2+AI2
          STH     A,7,*AR3       ;将 A 中的数据存入输出缓冲区，左移 7 位是为了让显示的
                                 ;数据值在一个合适的范围内，有利于观察显示的图形，
          ANDM    #7FFFH,*AR3+           ;避免输出数据过大在虚拟示波器中显示错误
power_end: B      power_end
          .end
```

链接命令文件如下：
```
/*fft.cmd*/
fft.obj
-m fft.map
-o fft.out
MEMORY
{
PAGE 0:   ROM(RIX)    :origin=3000h,length=0800h
          ROM1        :origin=3800h,length=0200h
PAGE 1:   B2A(RW)     :origin=0060h,length=10h
          B2B(RW)     :origin=0070h,length=10h
          INTRAM1(RW) :origin=0400h,length=0200h
          INTRAM2(RW) :origin=0800h,length=0200h
          INTRAM3(RW) :origin=1400h,length=0800h
          OTHER       :origin=2000h,length=800h
}
SECTIONS
{
.text     :    {}>ROM        PAGE 0
INPUT     :    {}>ROM1       PAGE 0
.data     :    {}>INTRAM3    PAGE 1
twiddle1  :    {}>INTRAM1    PAGE 1
twiddle2  :    {}>INTRAM2    PAGE 1
tempv     :    {}>B2A        PAGE 1
stack     :    {}>B2B        PAGE 1
OUTPUT    :    {}>OTHER      PAGE 1
```

```
.stack    :    {}>OTHER      PAGE 1
}
```

6.7.4 观察信号时域波形及其频谱

由链接命令文件可知，输入信号放在程序存储区 0x3800 开始的 256 个单元中，经程序计算得到的信号功率谱放在数据存储区 0x2000 开始的 256 个单元中。在 CCS 中选择 View→Graph→Time/Frequency 命令，选择程序区 0x3800 开始的 256 个单元中，Display Type 分别选择为 FFT Magnitude 和 Single Time，则信号频谱图及其时域波形如图 6-28 上半部分所示。将起始地址改为 0x2000，page 选项改为 data，Sampling Rate 为 256，Display Type 为 Single Time，则可以观察经程序计算得到的信号功率谱，如图 6-28 下半部分所示。

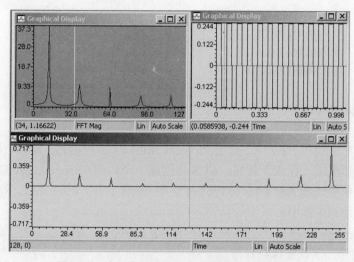

图 6-28　输入信号时域波形、频谱图及其功率谱

6.8　以 C 语言为基础的 DSP 程序

6.8.1　一个简单的 C 语言程序

【例 6-22】一个简单的 C 语言程序。

1. C 语言源程序
```
main()
{
int x,y,z;      //定义三个变量 x、y、z//
x=1; y=2;       //将 x、y 赋值，初始化//
while(1)        //死循环，可插入中断//
{
z=x+y;          //z 为 x、y 之和//
    }
}
```
保存为 CProgram.c。

2. 连接命令文件

```
-l rts.lib
MEMORY
{
PAGE 0:
    PRAM: o=0x100, l=0x2000
PAGE 1:
    DRAM : o=3000h,l=2000h
}
SECTIONS
{
    .text:      {} > PRAM PAGE 0
    .bss:       {} > DRAM PAGE 1
    .stack      {} > DRAM PAGE 1
    .cinit      {} > PRAM PAGE 0
}
```

保存为 CProgram.cmd。

3. 创建一个工程

在 Project 菜单中选择 New 项，弹出 Project Creation（工程创建）窗口，在 Project 一栏键入 CProgram，然后单击"完成"按钮，CCS 将创建一个名为 CProgram.pjt 的工程。

从 Project 菜单中选择 Add Files to Project 命令，选择文件 CProgram.c，双击"打开"按钮，将 CProgram.c 添加到工程中。

点击 Project→Add Files to Project 菜单命令，将 CProgram.cmd 添加到工程文件中。

4. 编译源文件、下载可执行程序

（1）单击菜单"Project"、"Rebuild All"。

（2）执行 File→Load Program，在随后打开的对话框中选择刚刚建立的\ CProgram.out 文件。完成后，系统自动打开一个反汇编窗口 Disassembly，并在其中指示程序的入口地址为"_c_int00"。

5. 观察程序运行结果

这时，在 Disassembly 代表程序运行位置的绿色箭头指向程序的入口地址，程序将从此开始执行。

（1）选择菜单 Debug→Go Main，CCS 自动打开 CProgram.c，程序会停在用户主程序入口 main 上，这从反汇编窗口和 CProgram.c 窗口中的指示箭头位置可以看出。

（2）在内存观察窗口中观察变量的值：

选择 View 菜单中 Memory…项，在 Memroy Window Options 窗口中的 Adress 项中输入&x，单击 OK 按钮完成设置；Memory 窗口中 x 的当前取值显示在第 1 个地址后面。

（3）将变量 x、y、z 分别加入观察窗口：

在源程序中双击变量名，再右击鼠标，选择 Add to Watch Window。这时，这 3 个变量还未作初始化。

（4）单步运行 3 次，在观察窗中观察到变量 x、y 被赋值。变化的值被显示成红色。同时在 Memory 窗口中也能观察到 x 和 y 值的改变。再单步运行，可观察到 z 的值被计算出来。

6.8.2　FIR 滤波的 C 语言编程实现

【例 6-23】直接型 FIR 滤波器的 C 语言编程实现。

C 语言源程序:

```c
#include<stdio.h>
#include<math.h>
long y_out;
long fir(long x_in, long *b,int L);
long x[17]={0,0,0,0,0,0,0,0,0,0,0,0,0,0,0,0,0};
double f[256];
long fin[256];
long fout[256];
void main()
{
int i;
long b[17]={ 0, 158,264,-290,-1406,-951,-1406,-290,264, 3187, 9287, 12272, 9287, 3187, -951, 158, 0};
/****利用 C 语言得到 256 个点的输入信号 f[i]**/
for(i=0;i<=255;i++)
   {f[i]=(sin(2*3.14159*i*1000/8000)+sin(2*3.14159*i*2500/8000))*32768/2;
   fin[i]=(long)f[i];
   }
/****调用 fir 函数于实现 FIR 滤波器 **/
for(i=0;i<=255;i++)
fout[i]=fir(fin[i],b,17);
}
/*********************************************************
* 该 fir 函数用于实现 FIR 滤波器
* L--滤波器的阶数
* b[i]--滤波器的系数,i=0,1,…,L-1
* x[i]--输入信号向量,i=0,1,…,L-1;x[0]对应于当前值,x[1]对应于上一采样值
* x_in--输入信号的当前值
* y_out--输出信号的当前值
*********************************************************/
long fir(long x_in, long *b,int L)
{    int i;
/* 把上一个采样时间的输入信号向量延迟一个单元, 得到当前采样时间的输入信号向量*/
     for(i=L-1;i>0;i--)
     {
             x[i] = x[i-1];
     }
     x[0]=x_in;
/*完成 FIR 滤波*/
     y_out = 0;
     for(i=0;i<L;i++)
```

```
{    y_out = y_out + b[i]*x[i];   }
  return y_out;
}
```

连接命令文件：

```
-c
-m file.map
-o firc.out
firc.obj
-l rts.lib
MEMORY
{
    PAGE 0:
         PRAM: o=0x100, l=0x2000
    PAGE 1:
         DRAM : o=3000h,l=2000h
}
SECTIONS
{
    .text:      {} > PRAM PAGE 0
    .bss:       {} > DRAM PAGE 1
    .stack      {} > DRAM PAGE 1
    .cinit      {} > PRAM PAGE 0
}
```

程序运行结果：

观察输入信号的波形及频谱。单击 View→Graph→
Time/Frequency 命令，按照如图 6-29 所示改变各选项。输
入信号的时域波形，如图 6-30 左边所示，其波形是频率为
1000Hz 和 2500Hz 正弦信号的合成信号。将图 6-29 中的
Display Type 项改为 FFT Magnitude，则将显示输入信号的频
谱图，如图 6-30 左边所示。

图 6-29　Graph 属性设置对话框

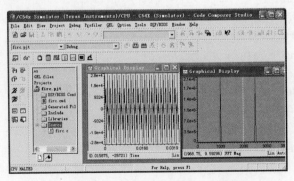

图 6-30　输入信号时域波形、频谱图

（3）观察输出信号的波形及频谱。单击 View→Graph→Time/Frequency 命令，将图 6-29
中 Start Address 项改变为 fout。滤波器输出信号时域波形及其频谱图如图 6-31 所示。

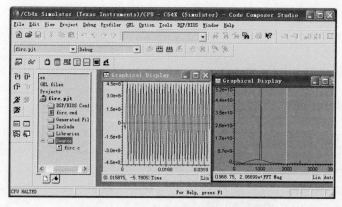

图 6-31　输出信号时域波形、频谱图

6.8.3　FFT 的 C 语言编程实现

基 2DIT FFT 算法的 C 语言编程实现。

（1）主程序：ffttest.c。

```c
#include <math.h>
#include "fcomplex.h"      /*包含浮点复数结构体定义头文件 fcomplex.h*/
extern void    bit_rev(complex *,unsigned int);   /*位反转函数声明*/
extern void    fft(complex *,unsigned int,complex *,unsigned int);
/* fft 函数声明  */
extern void    generator(float *, unsigned int);
#define N 128                        /* FFT 的数据个数*/
#define M 7                          /* M=log2(N)*/
#define PI 3.1415926
complex X[N];                        /*说明输入信号数组，为复数*/
complex W[M];                        /*说明旋转因子数组 e^(-j2PI/N)，为复数*/
complex temp;                        /*说明临时复数变量*/
float xin[N];
float spectrum[N];                   /*说明功率谱信号数组，为实数*/
float re1[N],im1[N];                 /*说明临时变量数组，为实数*/
void main()
{
  unsigned int i,L,LE,LE1;
/*-------------------------------------------------- */
/*  产生旋转因子表  */
 for (L=1; L<=M; L++)
    {
      LE=1<<L;                       /*子 FFT 中的点数 LE=2^L */
      LE1=LE>>1;                     /*子 FFT 中的蝶形运算数目*/
      W[L-1].re = cos(PI/LE1);
      W[L-1].im = -sin(PI/LE1);
    }
/* -------------------------------------------------- */
 generator(xin,N);
 for (;;)
```

```
{
    for (i=0; i<N; i++)
    {                                  /*构造输入信号样本 */
        X[i].re =xin[i]; X[i].im = 0;
                                       /*复制到参考缓冲器 */
        re1[i] = X[i].re; im1[i] = X[i].im;
    }
    /* 启动 FFT */
    bit_rev(X,M);                      /*以倒位次序排列 X[] */
    fft(X,M,W,1);                      /*执行 FFT */
    /* 计算功率谱，验证 FFT 结果 */
```

（2）浮点复数基 2 DIT FFT 函数：fft_float.c。

```
#include "fcomplex.h"
void fft(complex *X,unsigned int M,complex *W,unsigned int SCALE)
{
    complex temp;          /*复变量临时存储器*/
    complex U;             /*旋转因子 W^k */
    unsigned int i,j;
    unsigned int id;       /*蝶形运算中下位节点的序号*/
    unsigned int N=1<<M;   /* FFT 的点数*/
    unsigned int L;        /* FFT 的级序号*/
    unsigned int LE;       /* L 级子 FFT 的点数*/
    unsigned int LE1;      /* L 级子 FFT 蝶形运算的个数*/
    float scale;
    scale = 0.5;
    for(L=1;L<=M;L++)
    {
        LE=1<<L;
        LE1=LE>>1;
        U.re = 1.0;
        U.im = 0.;
        for(j=0;j<LE1;j++)
        {
            for(i=j;i<N;i+=LE)   /*进行蝶形计算*/
            {
                id=i+LE1;
                temp.re=(X[id].re*U.re-X[id].im*U.im)*scale;
                temp.im=(X[id].im*U.re+X[id].re*U.im)*scale;
                X[id].re=X[i].re*scale-temp.re;
                X[id].im=X[i].im*scale-temp.im;
                X[i].re=X[i].re*scale+temp.re;
                X[i].im=X[i].im*scale+temp.im;
            }
            /*递推计算 W^k*/
            temp.re=U.re*W[L-1].re-U.im*W[L-1].im;
```

```
            U.im=U.re*W[L-1].im+U.im*W[L-1].re;
            U.re=temp.re;
        }
    }}
```

（3）位反转函数：bit_rev.c。

```
#include "fcomplex.h"
void bit_rev(complex *X,unsigned int M)
{
    complex temp;
    unsigned int i,j,k;
    unsigned int N=1<<M;    /* FFT 的点数*/
    unsigned int N2=N>>1;
    for (j=0,i=1; i<N-1; i++)
    {
        k=N2;
        while(k<=j)
        {j-=k; k>>=1; }
        j+=k;
        if(i<j)
            {temp=X[j]; X[j]=X[i];X[i]=temp;}
}}
```

（4）信号发生器函数：generator.c。

```
#include "math.h"
#define PI=3.14159265358972
#define Fs=8000    //*;采样频率设为 8000H*/
#define T=1/Fs    // ;采样时间为 0.25ms//
#define f1=500    // ;信号源频率取为 500Hz
#define a1=0.5     //;信号源幅度取为 0.5
#define w1=2*PI*f1*T
#define w2=(float)w1;
void generator(float *x,unsigned int N)
{    unsigned int i;
    for(i=0;i<128;i++)
    {        x[i]=0.5*cos(2*3.14159*500/8000*i);        }
}
```

（5）复数结构定义头文件：fcomplex.h。

```
struct cmpx
{
    float re;
    float im;
};
typedef struct cmpx complex;
```

（6）链接命令文件。

```
-c
-o ffttest.out
-l rts.lib
ffttest.obj
```

```
fft_float.obj
bit_rev.obj
generator.obj

MEMORY
{
  PAGE 0:
          PRAM: o=0x100, l=0x2000
      PAGE 1:
          DRAM : o=3000h,l=2000h   }
SECTIONS
{         .text            >PRAM PAGE 0
          .cinit           >PRAM PAGE 0
          .switch          >PRAM PAGE 0
          .bss             >DRAM   PAGE 1
          .const           >DRAM   PAGE 1
          .sysmem          >DRAM   PAGE 1
          .stack           >DRAM   PAGE 1
}
```

程序运行结果结果：

观察输入信号的波形及频谱。单击 View→Graph→Time/Frequency 命令，按照如图 6-32 所示改变各选项。单击 OK 按钮，则显示输入信号的时域波形如图 6-33 所示，其波形是频率为 500Hz 正弦信号。

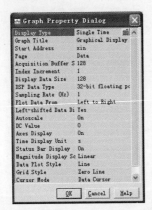

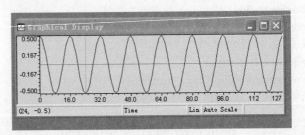

图 6-32 Graph 属性设置对话框   图 6-33   输入信号的时域波形

观察信号的功率谱。单击 View→Graph→Time/Frequency 命令，将图 6-32 中 Start Address 项改变为 spectrum，单击 OK 按钮，将显示信号功率谱，如图 6-34 所示。

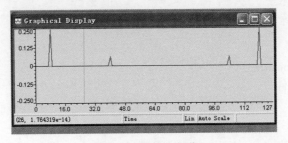

图 6-34   信号功率谱

习题六

一、判断题

1．单条指令中的多个（2～3）条件是"或"的关系。　　　　　　　　　　　　　（　　）
2．大多数 C54x 程序是不需要对其流水线冲突问题特别关注的，只有某些 MMR 写操作才需要注意。
　　　　　　　　　　　　　　　　　　　　　　　　　　　　　　　　　　　（　　）
3．解决流水线冲突的办法就是在写操作指令的后面插入若干条 NOP 指令。　　　（　　）
4．块重复操作执行期间不可以响应中断。　　　　　　　　　　　　　　　　　　（　　）
5．在汇编语言中能直接输入十进制小数，如-0.25。　　　　　　　　　　　　　（　　）
6．循环缓冲区是一个滑动窗，包含最近的数据，若有新的数据到来，它将覆盖旧的数据。（　　）

二、简答题

1．TMS320C54X 芯片的流水线共有多少个操作阶段？每个阶段执行什么任务？完成一条指令都需要哪些操作周期？
2．试分析一下程序片段的流水线冲突情况，画出流水线操作图。如何解决流水线冲突？
```
STLM     A, AR0
STM      #10, AR1
LD       *AR1, B
```
3．叙述块重复操作指令 RPTB 的使用。
4．说明延迟分支转移和非延迟分支转移的不同。
5．定点 DSP 中如何表示小数？
6．在小数乘法中使用了置 FRCT 标志为 1 的指令，如果将该语句取消，那么例 6-9 和例 6-10 中乘法运算的结果是多少？什么时候应该设置 FRCT 标志？
7．利用例 6-9 分别计算 $1.125×1.5$ 和 $18.4×36.8$，并说明如何观察运算结果？
8．如何确定某一数据在 DSP 内存中的位置？
9．在 DSP 中如何实现除法运算？
10．利用例 6-11 程序计算以下算式的结果，并说明如何观察运算结果？
　　　$0.5÷0.58374=0.8565457$　　　（$4000÷4ab8=6da3$）
11．什么是偶地址排列法？什么是奇地址排列法？
12．为什么要使用并行指令，列出可以使用的并行指令。

三、编程题

1．试设计一个段名为 MYSTACK 的有 16 个单元的堆栈，并为堆栈指针赋初值。
2．编写实现计算 g=x+y-z 的程序。
3．编写汇编语言程序，实现数组 X[5]={1, 2, 3, 4, 5}的初始化和每个元素加 1 操作。
4．（1）使用加法指令和乘法指令编写计算以下算式的程序：
　　　　　　　　　　$1×2+3×4+(-5)×6+7×8+9×10$
　（2）使用乘累加指令重新编写程序。
　（3）实现小数运算：$0.1×0.2+0.3×0.4+(-0.5)×0.6+0.7×0.8$ 的程序。
5．例 6-19 中使用了 FIRS 指令完成 FIR 滤波运算，请利用 MAC 或 MACP 指令改写程序。
6．试编写一个 128 点的实数 FFT 程序。
7．试用一般指令（即不使用长字指令）改写例 6-13。

第 7 章 TMS320C54x 片内外设

TMS320C54x 的片内外设是集成在片内的外部设备，CPU 对片内外设的访问是通过对相应的控制寄存器的访问来实现的，本章介绍介绍定时器、时钟发生器、多通道缓冲串口（McBSP、主机接口（HPI）及外部总线操作。C54x 片内定时器是软件可编程的，用于周期性地产生中断和周期输出；时钟发生器为 C54x 提供时钟信号；多通道缓冲串口（McBSP）是在缓冲同步串口 BSP 和时分多路串口 TDM 的基础上发展起来的，它既可以利用 DSP 提供的 DMA 功能实现自动缓存功能，又可以实现时分多路通信功能；主机接口（HPI）提供了 DSP 和外部处理器的接口；C54x 的外部总线具有很强的接口能力，可与外部存储器及 I/O 设备相连。

- 定时器
- 时钟发生器
- 多通道缓冲串口（McBSP）
- 主机接口（HPI）
- 外部总线操作

7.1 定时器

C54x 片内定时器是软件可编程的，用于周期性地产生中断和周期输出，部分芯片如 5402、5420 中有两个定时器，其他芯片中有一个定时器。定时器的组成框图如图 7-1 所示。

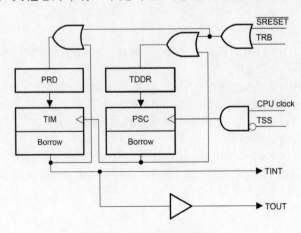

图 7-1 定时器组成框图

C54x 定时器有 3 个存储器映象寄存器：TIM、PRD 和 TCR。这 3 个寄存器在数据存储器中的地址及其说明如表 7-1 所示。定时器控制寄存器（TCR）位结构如图 7-2 所示，各控制位和状态位的功能如表 7-2 所示。

表 7-1　定时器的三个寄存器

Timer0 地址	Timer1 地址	寄存器	说明
0024H	0030H	TIM	定时器寄存器，每计数一次自动减 1
0025H	0031H	PRD	定时器周期寄存器，当 TIM 减为 0 后，自动将 PRD 的值装入 TIM
0026H	0032H	TCR	定时器控制寄存器，包含定时器的控制和状态位

15～12	11	10	9～6	5	4	3～0
保留	soft	free	PSC	TRB	TSS	TDDR

图 7-2　TCR 位结构图

表 7-2　定时器控制寄存器（TCR）的功能

位	名称	复位值	功能
15～12	保留	—	保留，读成 0
11 10	Soft Free	0 0	Soft 和 Free 结合起来使用，以决定在程序调试中遇到断点时定时器的工作状态 Free　Soft　定时器状态 0　　0　　定时器立即停止工作 0　　1　　当计数器减到 0 时停止工作 1　　X　　定时器继续运行
9～6	PSC	—	定时器预定标计数器，这是一个减 1 计数器，当 PSC 减到 0 后，自动将 TDDR 装入 PSC，然后 TIM 开始减 1
5	TRB	—	定时器重新加载位，用于复位片内定时器。当 TRB 置 1 时，以 PRD 中的数加载 TIM，以 TDDR 位域中的数加载到 PSC。TRB 总是读成 0
4	TSS	0	定时器停止状态位，向 TSS 写入 1 停止定时器，向 TSS 写入 0 启动定时器
3～0	TDDR	0000	定时器预定标分频系数。按此分频系数对 CLKOUT 进行分频，以改变定时周期。当 PSC 减到 0 后，CPU 自动将 TDDR 装入 PSC

注：复位时，TIM 和 PRD 都设置为最大值 FFFFH，TCR 的值为 0000H。

在正常工作情况下，当 TIM 减到 0 时，PRD 中的内容（定时器时间常数）重新加载到 TIM。在器件复位或定时器单独复位（TRB=1）时，也以同样方式对 TIM 加载。复位后，定时器控制寄存器（TCR）的停止状态位 TSS=0，定时器启动工作，时钟信号 CLKOUT 加到预定标计数器 PSC。PSC 是一个减 1 计数器，当 PSC 减到 0 或在器件复位或定时器单独复位时，用 TDDR 的内容（定时器分频系数）对 PSC 重新加载。在 CLKOUT 的作用下，PSC 作减 1 计数。当 PSC 减到 0 后，自动将 TDDR 的值装入 PSC，同时产生一个借位信号，令 TIM 减 1，直到 TIM 减为 0，这时发出 TINT 中断信号，同时在 TOUT 引脚输出一个脉冲信号，TOUT 的脉宽为一个 CLKOUT 周期，然后用 PRD 重新装入 TIM，重复下去直到系统或定时器复位，因而定时器中断（TINT）的频率为：

$$TINT\ 的频率 = \frac{1}{t_{C(C)} \times (TDDR+1) \times (PRD+1)}$$

其中，$t_{C(C)}$ 表示 CLKOUT 的周期。

通过读 TIM 可以读出定时器的当前值，读 TCR 可以读出 PSC 的值。读这两个寄存器时需要两条指令，在两次读数的过程中计数器（定时器）的值会发生改变。因此，如果要精确地测量定时值，应该使定时器停止工作后再来读取这两个值。使 TSS 位置位可以停止定时器，清除 TSS 位可以启动定时器。

定时器可以用来产生外部接口电路（如模拟接口）所需的采样时钟信号。可以输出 TOUT 信号直接作为器件的时钟，也可以利用中断周期性地读取寄存器。初始化定时器的步骤如下：

1）将 TCR 中的 TSS 位置 1，停止定时器工作；

2）装入 PRD 初值；

3）重新装入 TCR，以初始化 TDDR 和启动定时器（令 TSS=0）；使 TSS 清 0 以接通 CLKOUT 信号，使 TRB 置位以便 TIM 减到 0 后重新装入定时器时间常数。

开放定时中断的步骤如下（假定 INTM=1）：

1）对 IFR 中的 TINT 位置 1，清除以前的定时器中断；

2）对 IMR 中的 TINT 位置 1，开放定时中断；

3）使 ST1 中的 INTM 位清 0，开放所有的中断。

7.2 时钟发生器

时钟发生器为 C54x 提供时钟信号。C54x 的时钟发生器包括一个内部振荡器和一个锁相环（PLL）电路。时钟发生器工作时需要一个参考时钟输入，可以用以下两种方式提供：

（1）内部晶体振荡器。在引脚 X1 和 X2/CLKIN 之间接一枚晶体，使内部振荡器工作。

（2）外部参考时钟源。外部时钟直接从 X2/CLKIN 引脚输入，X1 脚悬空。

目前，C54x 系列有两种锁相环电路：硬件配置 PLL 和软件可编程 PLL。

7.2.1 硬件配置 PLL

用于 C541、C542、C543、C545 和 C546 芯片。

所谓硬件配置 PLL，就是通过 C54x 的 3 个引脚 CLKMD1、CLKMD2 和 CLKMD3 的状态，选定时钟方式，如表 7-3 所示。由表 7-3 可见，不用 PLL 时，CPU 的时钟频率等于晶体振荡器频率或外部时钟频率的一半；若用 PLL，CPU 的时钟频率等于晶体振荡器频率或外部时钟频率乘以系数 N（PLL×N），使用 PLL 可以使用比 CPU 时钟低的外部时钟信号，以减少高速开关时钟所造成的高频噪声。

表 7-3 时钟方式的配置

引脚状态			时钟方式	
CLKMD1	CLKMD2	CLKMD3	选择方案 1	选择方案 2
0	0	1	外部时钟源，PLL×3	外部时钟源，PLL×5
1	1	0	外部时钟源，PLL×2	外部时钟源，PLL×4
1	0	0	内部振荡器，PLL×3	内部振荡器，PLL×5

引脚状态			时钟方式	
CLKMD1	CLKMD2	CLKMD3	选择方案 1	选择方案 2
0	1	0	外部时钟源，PLL×1.5	外部时钟源，PLL×4.5
0	0	1	外部时钟源，频率除以 2	外部时钟源，频率除以 2
1	1	1	内部振荡器，频率除以 2	内部振荡器，频率除以 2
1	0	1	外部时钟源，PLL×1	外部时钟源，PLL×1
0	1	1	停止方式	停止方式

注：①根据不同的器件选择方案 1 或方案 2；②停止方式，其功能等效于 IDLE3 省电方式，但用该种方式要使时钟正常工作需要改变硬件连接。因此，要省电还是推荐使用 IDLE3 指令，因为用 IDLE3 可以使 PLL 停止工作，当复位或外部中断到来时可以恢复工作。

7.2.2　软件可编程 PLL

用于 C545A、C546A、C548、C549、C5402、C5410 和 C5420 芯片。

软件可编程 PLL 具有高度的灵活性，其时钟定标器提供各种时钟乘法器系数，并能直接接通和关断 PLL。PLL 的锁定定时器可以用于延迟转换 PLL 的时钟方式，直到锁定为止。

通过软件编程，可以选用以下两种时钟方式：

● PLL 方式，其比例系数共 31 种。靠锁相环电路完成。

● 分频（DIV）方式，其比例系数为 1/2 和 1/4，片内 PLL 电路不工作以降低功耗。

DSP 的工作时钟 CLKOUT 为 X2/CLKIN 管脚上的输入时钟（CLKIN）乘以一个比例系数，这个比例系数的产生和片内锁相环 PLL 的工作方式有关，在 DSP 复位时，它由 3 个管脚 CLKMD1/2/3 的电平决定，这 3 个管脚值也决定了时钟方式寄存器（CLKMD）的值。表 7-4 所示为 TMS320C5402 复位时 CLKMD1/2/3 管脚和时钟方式寄存器（CLKMD）及时钟的关系。时钟方式决定 DSP 工作时钟与 CLKIN 输入时钟频率的比值。

表 7-4　复位时的时钟方式（C5402）

CLKMD1	CLKMD2	CLKMD3	CLKMD 寄存器	时钟方式
0	0	0	E007H	乘 15，内部振荡器工作，PLL 工作
0	0	1	9007H	乘 10，内部振荡器工作，PLL 工作
0	1	0	4007H	乘 5，内部振荡器工作，PLL 工作
1	0	0	1007H	乘 2，内部振荡器工作，PLL 工作
1	1	0	F007H	乘 1，内部振荡器工作，PLL 工作
1	1	1	0000H	乘 1/2，内部振荡器工作，PLL 不工作
1	0	1	F000H	乘 1/4，内部振荡器工作，PLL 不工作
0	1	1	…	保留

C5402 复位后，通过修改存储器映像寄存器——时钟工作方式寄存器 CLKMD 就可以重新设置时钟方式，其地址为 0058H，各位的定义如图 7-3 所示，表 7-5 和表 7-6 表示了如何设置 CLKMD 寄存器以得到希望的比例系数。

位	15～12	11	10～3	2	1	0
位定义	PLLMUL	PLLDIV	PLLOOUNT	PLLON/OFF	PLLNDIV	PLLSTATUS
位操作	R/W	R/W	R/W	R/W	R/W	R

图 7-3　时钟工作方式寄存器 CLKMD 位结构图

表 7-5　时钟方式寄存器 CLKMD 各位域功能

位	名称	说明
15～12	PLLMUL	PLL 乘因子。与 PLLDIV 及 PLLNDIV 共同决定频率的乘数，见表 7-6
11	PLLDIV	分频因子。与 PLLMUL 及 PLLNDIV 共同决定频率的乘数，见表 7-6
10～3	PLLOOUNT	PLL 计数器值。PLL 计数器是一个减法计数器，每 16 个输入时钟 CLKIN 到来后减 1。设定 PLL 启动后需要多少个输入时钟周期，以锁定输出、输入时钟
2	PLLON/OFF	PLL 打开/关闭。PLLON/OFF 和 PLLNDIV 共同决定 PLL 是否工作。只有两位都为 0 时，PLL 才不工作；其他情况，PLL 打开工作
1	PLLNDIV	时钟发生器选择位。为 0 时，分频（DIV）方式；为 1 时，PLL 方式
0	PLLSTATUS	PLL 的状态位。指示时钟发生器的工作方式（只读），为 0 时，表明在 DIV 方式，为 1 时，表明在 PLL 方式

表 7-6　比例系数与 CLKMD 的关系

PLLNDIV	PLLDIV	PLLMUL	比例系数
0	X	0～14	0.5
0	X	15	0.25
1	0	0～14	PLLMUL+1
1	0	15	1
1	1	0 或偶数	(PLLMUL+1)÷2
1	1	奇数	PLLMUL÷4

通常，DSP 系统的程序需要从外部低速 EPROM 中调入，可以采用较低工作频率的复位时钟方式，待程序全部调入内部快速 RAM 后，再用软件重新设置 CLKMD 寄存器的值，使 C54x 工作在较高的频率上。例如，外部时钟频率为 10MHz，CLKMD1～CLKMD3=111，时钟方式为 2 分频，复位后，工作频率为 10MHz÷2=5MHz；用软件重新设置 CLKMD 寄存器，就可以改变 DSP 的工作频率，如设定 CLKMD=9007H，则工作频率为 10×10MHz=100MHz。

在 PLL 锁定之前，它是不能用作 C54x 时钟的。为此，通过对 CLKMD 寄存器中的 PLLCOUNT 位编程实现自动延时，直到 PLL 锁定为止。PLL 的锁定定时器是一个计数器，它从 PLLCOUNT 位域加载初始值（0～255），每 16 个输入时钟 CLKIN 到来后减 1，直到减为 0 为止。因此，锁定时间设置范围为（0～255）×16CLKIN 周期。

当时钟发生器从 DIV 方式转移到 PLL 方式时，锁定定时器在转换过程中，时钟发生器继续工作在 DIV 方式。当锁定定时器减到 0 后，PLL 才开始对 C54x 定时，且 CLKMD 寄存器的 PLLSTATUS=1，表明定时器在 PLL 模式。例如，要从 DIV 方式切换到 PLL×3 方式，其中 CLKIN 频率为 13MHz，PLLCOUNT = 41，只需在程序中加入以下指令即可：

STM #0010 0001 0100 1111b, CLKMD

　　从 PLL 模式切换到 DIV 模式没有 PLLCOUNT 延时，这种切换经过短暂的延时后即可实现。例如以下指令代码使时钟发生器从 PLL×3 方式切换到 DIV（除以 2）方式：

```
        STM #0b, CLKMD        ; 切换到 DIV 方式
TstStatu:  LDM CLKMD, A
        AND #01b, A           ; 检测 PLLSTATUS 位
        BC   TstStatu, ANEQ
        STM #0b, CLKMD        ;当处于 DIV 方式时，复位 PLLON/OFF ，关闭 PLL
```

　　要改变 PLL 的倍率，必须先把时钟模式从 PLL 模式切换到 DIV 模式，然后再切换到新倍率的 PLL 模式。不允许从一种 PLL 倍率直接切换到另一种倍率。例如以下指令代码使时钟发生器从 PLL×X 方式切换到 PLL×1 方式：

```
        STM #0b, CLKMD        ;切换到 DIV 方式
TstStatu:  LDM CLKMD, A
        AND #01b, A           ;检测 PLLSTATUS 位
        BC TstStatu, ANEQ
        STM #0000001111101111b, CLKMD ;切换到 PLL×1 方式
```

7.3　定时器/计数器编程举例

　　本节以方波发生器为例介绍定时器的编程、定时常数的设置、定时器中断初始化。

　　【例 7-1】设时钟频率为 16.384MHz，在 TMS320C5402 的 XF 端输出一个周期为 2s 的方波，方波的周期由片上定时器确定，采用中断方法实现。

　　1. 定时器 0 寄存器的初始化值

　　（1）设置定时控制寄存器 TCR（地址 0026H）。

　　15～12（保留位）：通常情况下设置为 0000。

　　11（soft）和 10（free）软件调试控制位：该例中设 free=1、soft=0。

　　9～6（PSC）预定标计数器：复位或其减为 0 时，分频系数 TDDR 自动加载到 PSC 上。该例中设置 TDDR=1001H=9。

　　5（TRB）定时器重新加载控制位：该例中设 TRB=1。

　　4（TSS）定时器停止控制位：该例中设 TSS=0，定时器启动开始工作。

　　3～0（TDDR）预标定分频系数：最大预标定值为 15，最小值为 0。该例中设置 TDDR=1001H=9。

　　最后程序中设置 TCR=669H。

　　（2）设置定时寄存器 TIM（地址 0024H）。复位时，TIM 和 PRD 为 0FFFFH，TIM 由 PRD 中的数据加载。

　　（3）设置定时周期寄存器 PRD（地址 0025H）。因为输出脉冲周期为 2s，所以定时中断周期应该为 1s，每中断一次，输出端电平取反一次。

　　由定时时间计算公式 $t = T \times (1 + TDDR) \times (1 + PRD)$，其中 TDDR 最大为 0FH，PRD 最大为 0FFFFH，所以能计时的最长时间为 $T \times 1048576$。CLKOUT 主频 f=16.384MHz，T=61ns，所以定时最长时间为 $T \times 1048576 = 61 \times 1048576(ns) = 63.96(ms)$。

　　如果需要更长的定时时间，可以在中断程序中设置一个计数器。例如本例可以将定时器设置为 1ms，程序中的计数器设为 1000，则在计数 1ms×1000=1s 输出取反一次，得到一个周

期为 2s 的方波。

为将定时器设置为 1ms，给定 TDDR=9，所以：

$$PRD = \frac{t}{T \times (1+TDDR)} - 1 = \frac{1 \times 10^{-3}}{61 \times 10^{-9} \times (1+9)} - 1 = 1639$$

2. 定时器对 C5402 的主时钟 CLKOUT 进行分频

CLKOUT 与外部晶体振荡器频率（在本系统中外部晶体振荡器的频率为 16.384MHz）之间的关系由 C5402 的三个引脚 CLKMD1、CLKMD2 和 CLKMD3 的电平值决定，为使主时钟频率为 16.384MHz，应使 CLKMD1=1、CLKMD2=1、CLKMD3=0，即 PLL×1。定时器对 C5402 的主时钟 CLKOUT 进行分频。

3. 中断初始化

（1）中断屏蔽寄存器 IMR 中的定时屏蔽位 TINT0 置 1，开放定时器 0 中断。

（2）状态控制寄存器 ST1 中的中断标志位 INTM 位清零，开放全部中断。

4. 汇编源程序

一个完整的 DSP 程序至少包含三个部分：程序代码、中断向量表、链接配置文件（*.cmd）。中断向量表是 DSP 程序的重要组成部分，当有中断发生并且处于允许状态时，程序指针跳转到中断向量表中对应的中断地址。由于中断服务程序一般较长，通常中断向量表存放的是一个跳转指令，指向实际的中断服务程序。

以下为中断矢量表程序 vectors.asm：

```
        .sect ".vectors"
        .ref _c_int00
        .align  0x80
_c_int00
        b start
        nop
        nop
NMI     rete                    ;非屏蔽中断
        nop
        nop
        nop
SINT17  .space 4*16             ;各软件中断
SINT18  .space 4*16
SINT19  .space 4*16
SINT20  .space 4*16
SINT21  .space 4*16
SINT22  .space 4*16
SINT23  .space 4*16
SINT24  .space 4*16
SINT25  .space 4*16
SINT26  .space 4*16
SINT27  .space 4*16
SINT28  .space 4*16
SINT29  .space 4*16
SINT30  .space 4*16
INT0    rsbx  intm              ;外中断 0 中断
```

```
            rete
            nop
            nop
INT1        rsbx   intm           ;外中断 1 中断
            rete
            nop
            nop
INT2        rsbx   intm           ;外中断 2 中断
            rete
            nop
            nop
TINT:       bd   timer            ;定时器中断向量
            nop
            nop
            nop
RINT0:      rete                  ;串口 0 接收中断
            nop
            nop
            nop
XINT0:      rete                  ;串口 0 发送中断
            nop
            nop
            nop
SINT6       .space 4*16           ;软件中断
SINT7       .space 4*16           ;软件中断
INT3:       rete                  ;外中断 3 中断
            nop
            nop
            nop
HPINT:      rete                  ;主机中断
            nop
            nop
            nop
RINT1:      rete                  ;串口 1 接收中断
            nop
            nop
            nop
XINT1:      rete                  ;串口 1 发送中断
            nop
            nop
            nop
            .end
```

以下为汇编源程序代码 times.asm：

```
            .mmregs
            .def _c_int00
STACK       .usect   "STACK",100h
t0_cout     .usect   "vars",1   ;计数器
```

```
t0_flag     .usect   "vars",1        ;当前 XF 输出电平标志。t0_flag=1，则 XF=1；
                                      ;t0_flag=0，则 XF=0
TVAL        .set     1639            ;1640×10×61=1ms，又因中断程序中计数器初值
                                      ;t0_cout=1000，所以定时时间：1ms×1000=1s
TIM0        .set     0024H           ;定时器 0 寄存器地址
PRD0        .set     0025H
TCR0        .set     0026H
            .data
TIMES       .int     TVAL            ;定时器时间常数
            .text
start:          LD      #0,DP
            STM     #STACK+100h,SP
            STM     #07FFFh,SWWSR
            STM     #1020h,PMST        ;中断向量表地址 1000H，ovly=1
            ST      #1000,*(t0_cout)   ;计数器设置为 1000(1s)
            SSBX    INTM               ;关全部中断
            LD      #TIMES,A
            READA   TIM0               ;初始化 TIM,PRD
            READA   PRD0
            STM     #669h,TCR0         ;初始化 TCR0
            STM     #8,IMR             ;初始化 IMR，使能 timer0 中断
            RSBX    INTM               ;开放全部中断
WAIT:       B       WAIT
***************;定时器 0 中断服务子程序***************************
timer:      PSHM    ST0                ;保护 ST0，因为其中 TC 改变
ADDM    #-1,*(t0_cout)                 ;计数器减 1
            CMPM    *(t0_cout),#0      ;判断是否为 0
            BC      next,NTC           ;不是 0，退出循环
            ST      #1000,*(t0_cout)   ;为 0，设置计数器，并将 XF 取反
            BITF    t0_flag,#1
            BC      xf_out,NTC
            SSBX    XF
            ST      #0,t0_flag
            B       next
xf_out:     RSBX    XF
            ST      #1,t0_flag
next:       POPM    ST0
            RETE                       ;同时 INTM=0
            .end
```

5. 链接命令文件 times.cmd

链接命令文件 times.cmd 如下：

```
times.obj
-o times.out
-m times.map
MEMORY
```

```
{PAGE 0:VECS: origin =1000h ,length =080h
    RAM1:   origin =1080h ,length =300h


PAGE 1:SPRAM1: origin=0060h,length=20h
    RAM2:      origin=0100h,length=200h
}
SECTIONS
{   .vectors  :>VECS      PAGE 0
    .text     :>RAM1      PAGE 0
    .data     :>RAM1      PAGE 0
    vars      :>SPRAM1    PAGE 1
    STACK     :>RAM2      PAGE 1
}
```

7.4　多通道缓冲串口（McBSP）

多通道缓冲串口（Multi-channel Buffered Serial Port，McBSP）是在缓冲同步串口 BSP 和时分多路串口 TDM 的基础上发展起来的，它既可以利用 DSP 提供的 DMA 功能实现自动缓存功能，又可以实现时分多路通信功能。TMS320C54xx 芯片中，C5402 有两个 McBSP 串口，C5410 有 3 个 McBSP 串口，C5420 有 6 个 McBSP 串口。多通道缓冲串口功能特点如下：

- 全双工通信。
- 双倍的发送缓冲和三倍的接收缓冲数据寄存器，允许连续的数据流传输。
- 独立的数据发送和接收帧同步脉冲和时钟信号。
- 可编程帧同步、数据时钟极性，支持外部移位时钟或内部频率可编程移位时钟。
- 利用 DSP 提供的 DMA 功能，McBSP 串口可以脱离 CPU 的控制，直接内存存取单独运行。
- 多通道发送和接收功能使串口具备了多通道信号通信能力，最多可达 128 个通道。
- 传输数据宽度可以是 8 位、12 位、16 位、20 位、24 位、32 位。
- 8 位数据传输，可以选择 LSB 先传或是 MSB 先传。
- 内置μ律、A 律硬件压缩和扩展。
- 可与 SPI、IOM-2、AC97 等兼容设备直接接口，可以和工业标准的编/解码器、模拟接口芯片（AICs）芯片以及串行 ADC、串行 DAC 芯片直接接口。

7.4.1　McBSP 原理框图及信号接口

TMS320C54xx 多通道缓冲串口（McBSP）由引脚、接收发送部分、时钟及帧同步信号产生、多通道选择以及 CPU 中断信号和 DMA 同步信号组成，如图 7-4 所示。

表 7-7 给出了有关引脚的定义，McBSP 通过这 7 个引脚为外部设备提供了数据通道和控制通道。McBSP 通过 DX 和 DR 实现 DSP 与外部设备的通信和数据交换。其中，DX 完成数据的发送，DR 用来接收数据。控制信息通过 CLKX、CLKR、FSX 和 FSR，以时钟和帧同步的形式进行通信，C54xx 通过内部 16 位并行总线与 McBSP 的 16 位控制寄存器进行通信。表 7-8 给出了 McBSP 的 CPU 和 DMA 同步操作内部信号说明。

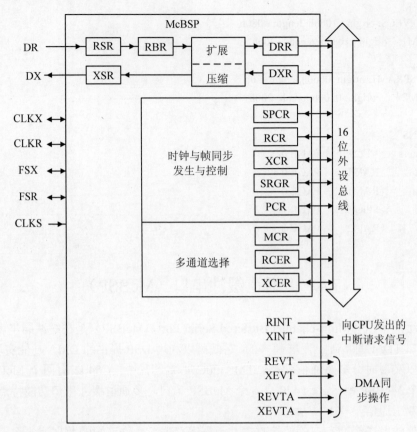

图 7-4   McBSP 原理框图

表 7-7   McBSP 引脚说明

引脚	I/O/Z	说明
DR	I	串行数据接收
DX	O/Z	串行数据发送
CLKR	I/O/Z	接收数据位时钟
CLKX	I/O/Z	发送数据位时钟
FSR	I/O/Z	接收帧同步
FSX	I/O/Z	发送帧同步
CLKS	I	外部时钟输入

表 7-8   McBSP 内部信号说明

信号	说明
RINT	接收中断，送往 CPU
XINT	发送中断，送往 CPU
REVT	DMA 接收到同步事件
XEVT	向 DMA 发出事件同步
REVTA	DMA 接收到同步事件 A
XEVTA	向 DMA 发出事件同步 A

7.4.2 McBSP 控制寄存器

1. 控制寄存器及其映射地址

表 7-9 列出了 McBSP 控制寄存器及其映射地址。

表 7-9　McBSP 控制寄存器及其映射地址

映射地址			子地址	寄存器名称	说明
McBSP0	McBSP1	McBSP2			
—	—	—		RBR[1,2]	接收缓冲寄存器 1 和 2
—	—	—		RSR[1,2]	接收移位寄存器 1 和 2
—	—	—		XSR[1,2]	发送移位寄存器 1 和 2
0020 h	0040 h	0030 h	—	DRR2x	数据接收寄存器 2
0021 h	0041 h	0031 h	—	DRR1x	数据接收寄存器 1
0022 h	0042 h	0032 h	—	DXR2x	数据发送寄存器 2
0023 h	0043 h	0033 h	—	DXR1x	数据发送寄存器 1
0038 h	0048 h	0034 h	—	SPSAx	子地址寄存器
0039 h	0049 h	0035 h	0x0000	SPCR1x	串口控制寄存器 1
0039 h	0049 h	0035 h	0x0001	SPCR2x	串口控制寄存器 2
0039 h	0049 h	0035 h	0x0002	RCR1x	接收控制寄存器 1
0039 h	0049 h	0035 h	0x0003	RCR2x	接收控制寄存器 2
0039 h	0049 h	0035 h	0x0004	XCR1x	发送控制寄存器 1
0039 h	0049 h	0035 h	0x0005	XCR2x	发送控制寄存器 2
0039 h	0049 h	0035 h	0x0006	SRGR1x	采样率发生器寄存器 1
0039 h	0049 h	0035 h	0x0007	SRGR2x	采样率发生器寄存器 2
0039 h	0049 h	0035 h	0x0008	MCR1x	多通道控制寄存器 1
0039 h	0049 h	0035 h	0x0009	MCR2x	多通道控制寄存器 2
0039 h	0049 h	0035 h	0x000A	RCERAx	接收通道使能寄存器 A
0039 h	0049 h	0035 h	0x000B	RCERBx	接收通道使能寄存器 B
0039 h	0049 h	0035 h	0x000C	XCERAx	发送通道使能寄存器 A
0039 h	0049 h	0035 h	0x000D	XCERBx	发送通道使能寄存器 B
0039 h	0049 h	0035 h	0x000E	PCRx	引脚控制寄存器

由表 7-9 可知，每个 McBSP 口包括很多寄存器，而 C54xx 的数据存储器第 0 页长度有限（80h 个字），因此，对于 McBSP 这样拥有很多寄存器的片内外设采用了子地址寻址技术，即 McBSP 通过复接器将一组子地址寄存器复接到存储器映射寄存器的同一个位置上。复接器由子块地址寄存器 SPSAx 控制。子块数据寄存器 SPSDx 用于指定对应子地址寄存器中数据的读写，其内部连接方式如图 7-5 所示。这种方法的好处是可以将多个寄存器映射到一个较小的存储空间。

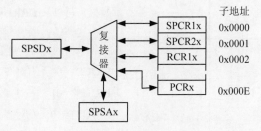

图 7-5　子地址映射示意图

为访问某个指定的子地址寄存器，首先要将相应的子地址写入 SPSAx，再由 SPSAx 驱动复接器，使其与 SPSDx 相连，接入相应子地址寄存器所在的实际物理存储位置。这样，当向 SPSDx 写入数据时，数据送入子地址寄存器中所指定的控制寄存器，当从 SPSDx 读取数据时，读取来自子地址寄存器中所指定的控制寄存器中的数据，这样就可以通过 SPSDx 与实际的控制寄存器交换数据了。下面以配置 McBSP0 的控制寄存器（SPCR10）为例，介绍配置过程，代码如下：

```
SPSA0    .set  38H ;定义子块地址寄存器映射地址
SPSD0    .set  39H ;定义子块数据寄存器映射地址
SPCR10   .set  00H ;定义 SPCR10 的偏移子地址
STM      #SPCR10 ,SPSA0   ;写入 SPCR10 的偏移子地址到子块地址寄存器
STM      #0000H , SPSD0   ;将控制信息写入 SPCR10
```

2. 串行口的配置

串口控制寄存器（SPCR1、SPCR2）和引脚控制寄存器（PCR）用于对串口进行配置，接收控制寄存器（RCR1、RCR2）和发送控制寄存器（XCR1、XCR2）分别对接收和发送操作进行控制。PCR 除了在通常串口操作中配置 McBSP 引脚作为输入、输出外，还可以配置串行口作为通用 I/O 口。在以下寄存器说明中，R 代表可读，W 代表可写，+0 代表复位值是 0。

（1）串口控制寄存器（SPCR1、SPCR2）。串口控制寄存器 1（SPCR1）结构如图 7-6 所示，表 7-10 为 SPCR1 控制位功能说明。串口控制寄存器 2（SPCR2）结构如图 7-7 所示，表 7-11 为 SPCR2 控制位功能说明。

15	14～13	12～11	10～8
DLB	RJUST	CLKSTP	Reserved
RW,+0	RW,+0 RW,+0	RW,+0	R,+0

7	6	5～4	3	2	1	0
DXENA	ABIS	RINTM	RSYNCERR	RFULL	RRDY	RRST
RW,+0	RW,+0	RW,+0	RW,+0	R,+0	R,+0	RW,+0†

图 7-6　串口控制寄存器 1（SPCR1）

表 7-10　SPCR1 控制位功能说明

位	字段名	功能
15	DLB	数字环路返回模式 DLB=0　数字环路返回模式无效，串口工作在正常方式 DLB=1　数字环路返回模式有效，在 McBSP 内部将收、发部分连在一起，即 DX 与 DR、FSX 与 FSR、CLKX 与 CLKR 分别相连，若向 DXR1 写一个数据，可以从 DRR1 收到该数，因此可以在只有一个 DSP 时测试其 McBSP 的工作情况
14～13	RJUST	接收数据的符号扩展及对齐方式 RRJUST=00　右对齐、MSB 补零 RRJUST=01　右对齐、MSB 符号扩展 RRJUST=10　左对齐、LSB 补零 RRJUST=11　保留

位	字段名	功能
12～11	CLKSTP	时钟停止模式 CLKSTP = 0X　时钟停止模式无效，非 SPI 模式下为正常时钟 各种 SPI 模式： 1. CLKSTP = 10 且 CLKXP = 0 时钟开始于上升沿（无延迟）。缓冲串口在 CLKX 上升沿发送数据，在 CLKR 下降沿接收数据 2. CLKSTP = 10 且 CLKXP = 1 时钟开始于下降沿（无延迟）。缓冲串口在 CLKX 下降沿发送数据，在 CLKR 上升沿接收数据 3. CLKSTP = 11 且 CLKXP = 0 时钟开始于上升沿（有延迟）。缓冲串口在 CLKX 上升沿前半个时钟周期发送数据，在 CLKR 上升沿接收数据 4. CLKSTP = 11 且 CLKXP = 1 时钟开始于下降沿（有延迟）。缓冲串口在 CLKX 下降沿前半个时钟周期发送数据，在 CLKR 下降沿接收数据
10-8	Reserved	保留
7	DXENA	DX　引脚使能 DXENA = 0　　DX 引脚无效 DXENA = 1　　DX 引脚有效
6	ABIS	ABIS 模式 ABIS = 0　　A-bis 模式无效 ABIS = 1　　A-bis 模式有效
5～4	RINTM	接收中断模式 RINTM = 00　RINT 由 RRDY（字尾）和 ABIS 模式的帧尾驱动 RINTM = 01　RINT 由多通道运行时的块尾和帧尾产生 RINTM = 10　RINT 由一个新的帧同步信号产生 RINTM = 11　RINT 由 RSYNCERR 产生
3	RSYNCERR	接收同步错误 RSYNCERR = 0　　没有接收同步错误 RSYNCERR = 1　　McBSP 检测到接收同步错误
2	RFULL	接收移位寄存器满 RFULL = 0　　RBR[1,2] 不满 RFULL = 1　　DRR[1,2] 未读，RBR[1,2]已满，RSR[1,2]已填入新数据
1	RRDY	接收器就绪 RRDY = 0　　接收器未就绪 RRDY = 1　　接收器就绪，可以从 DRR[1,2]中读取数据
0	$\overline{RRST}$	接收器复位 $\overline{RRST}$ = 0　　串口接收器无效，处于复位状态 $\overline{RRST}$ = 1　　串口接收器有效

（2）引脚控制寄存器（PCR）。引脚控制寄存器（PCR）结构如图 7-8 所示，表 7-12 为 PCR 控制位功能说明。

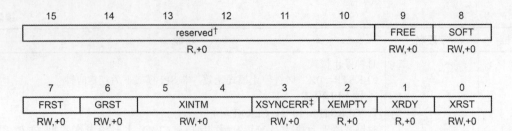

图 7-7　串口控制寄存器 2（SPCR2）

表 7-11　SPCR2 控制位功能说明

位	字段名	功能		
15～10	Reserved	保留		
9	FREE	FREE 和 SOFT 都是仿真位，当高级语言调试程序过程中遇到一个断点时，将由这两位决定串口时钟的状态		
8	SOFT	FREE	SOFT	串口时钟状态
		0	0	立即停止串口时钟，结束传送数据
		0	1	若正在发送数据，则等到当前字送完后停止发送数据；接收数据不受影响
		1	×	不管 SOFT 为何值，一旦出现断点，时钟继续运行，数据继续传输
7	$\overline{\text{FRST}}$	帧同步产生器复位 $\overline{\text{FRST}}$ =0　帧同步逻辑复位，帧同步信号 FSG 不由采样率发生器提供 $\overline{\text{FRST}}$ =1　帧同步信号 FSG 每隔(FPER+1)个 CLKG 时钟产生一次		
6	$\overline{\text{GRST}}$	采样率发生器复位（关于采样率发生器在 7.4.3 节介绍） $\overline{\text{GRST}}$ =0　采样率发生器复位 $\overline{\text{GRST}}$ =1　采样率发生器复位结束		
5～4	XINTM	发送中断模式 XINTM = 00　XINT 由 XRDY 驱动（即字尾）和 A-bis 模式的帧尾产生 XINTM = 01　XINT 由多通道运行时的块尾和帧尾产生 XINTM = 10　XINT 由一个新的帧同步信号产生 XINTM = 11　XINT 由 XSYNCERR 产生		
3	XSYNCERR	发送同步错误 XSYNCERR = 0　没有发送同步错误 XSYNCERR = 1　McBSP 检测到发送同步错误		
2	$\overline{\text{XEMPTY}}$	发送移位寄存器空 $\overline{\text{XEMPTY}}$ =0　发送移位寄存器空 $\overline{\text{XEMPTY}}$ =1　发送移位寄存器未空		
1	XRDY	发送器就绪 XRDY=0　发送器尚未就绪 XRDY=1　发送器已就绪		
0	$\overline{\text{XRST}}$	发送器复位 $\overline{\text{XRST}}$ =0　串口发送器无效，处于复位状态；$\overline{\text{XRST}}$ =1　串口发送器有效		

15	14	13	12	11	10	9	8
Rreserved		XIOEN	RIOEN	FSXM	FSRM	CLKXM	CLKRM
R,+0		RW,+0	RW,+0	RW,+0	RW,+0	RW,+0	RW,+0

7	6	5	4	3	2	1	0
Reserved	CLKS_STAT	DX_STAT	DR_STAT	FSXP	FSRP	CLKXP	CLKRP
R,+0	R,+0	R,+0	R,+0	RW,+0	RW,+0	RW,+0	RW,+0

图 7-8　引脚控制寄存器（PCR）

表 7-12　PCR 控制位功能说明

位	字段名	功能
15~14	Reserved	保留
13	XIOEN	发送通用 I/O 模式（仅当 SPCR 中的 $\overline{XRST}$=0 时） XIOEN=0　DX、FSX 和 CLKX 被设置为串口引脚，不用作通用 I/O 引脚 XIOEN=1　DX、FSX 和 CLKX 不用作串口引脚。DX 用作通用输出引脚，FSX 和 CLKX 用作通用 I/O 引脚
12	RIOEN	接收通用 I/O 模式（仅当 SPCR 中的 $\overline{RRST}$=0 时） RIOEN=0　DR、FSR、CLKR 和 CLKS 被设置为串口引脚，不用作通用 I/O 引脚 RIOEN=1　DR、FSR、CLKR 和 CLKS 不用作串口引脚。DR 和 CLKS 用作通用输入引脚，FSR、CLKR 用作通用 I/O 引脚
11	FSXM	发送帧同步模式 FSXM=0　帧同步信号由外部信号源驱动 FS XM=1　帧同步信号由 SRGR 中的 FSGM 位决定
10	FSRM	接收帧同步模式 FSRM=0　帧同步信号由外部器件提供；FSR 为输入引脚 FSRM=1　帧同步信号由内部的采样率发生器提供；FSR 为输出引脚
9	CLKXM	发送时钟模式 CLKXM=0　发送时钟由外部时钟驱动，CLKX 为输入引脚 CLKXM=1　CLKX 为输出引脚，由内部的采样率发生器驱动 SPI 模式下的设置： CLKXM=0　McBSP 作为从器件，CLKX 由 SPI 系统中的主器件提供，CLKR 在内部由 CLKX 驱动 CLKXM=1　McBSP 作为主器件，产生 CLKX 驱动 CLKR 及 SPI 系统中从器件的移位时钟
8	CLKRM	接收时钟模式 SPCR1 中的 DLB = 0 时： CLKRM = 0　CLKR 为输入引脚，由外部时钟驱动 CLKRM = 1　CLKR 为输出引脚，由内部的采样率发生器驱动 SPCR1 中的 DLB = 1 时： CLKRM = 0　接收时钟（不是 CLKR 引脚）由发送时钟（CLKX）驱动，CLKX 取决于 PCR 中的 CLKXM 位，CLKR 引脚呈高阻抗 CLKRM =1　CLKR 为输出引脚，由发送时钟（CLKX）驱动，CLKX 取决于 PCR 中的 CLKXM 位
7	Reserved	保留
6	CLKS_STAT	CLKS 引脚状态 当 CLKS 作为通用输入时，该位用于反映该引脚的值

位	字段名	功能
5	DX_STAT	DX 引脚状态 当 DX 作为通用输出时，该位用于反映出该引脚的值
4	DR_STAT	DR 引脚状态 当 DR 作为通用输入时，该位用于反映该引脚的值
3	FSXP	发送帧同步极性 FSXP = 0 发送帧同步 FSX 高电平有效 FSXP = 1 发送帧同步 FSX 低电平有效
2	FSRP	接收帧同步极性 FSRP = 0 接收帧同步 FSR 高电平有效 FSRP = 1 接收帧同步 FSR 低电平有效
1	CLKXP	发送时钟极性 CLKXP = 0 在 CLKX 的上升沿对发送数据采样 CLKXP = 1 在 CLKX 的下降沿对发送数据采样
0	CLKRP	接收时钟极性 CLKRP = 0 在 CLKR 的下降沿对接收数据采样 CLKRP = 1 在 CLKR 的上升沿对接收数据采样

（3）接收控制寄存器（RCR[1,2]）。接收控制寄存器（RCR[1,2]）结构如图 7-9 所示，表 7-13 所示为 RCR1 控制位功能说明，表 7-14 所示为 RCR2 控制位功能说明。

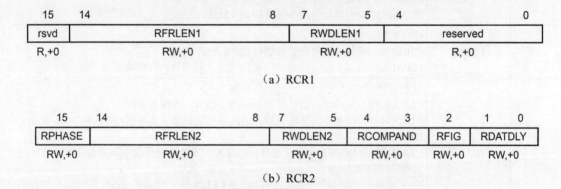

（a）RCR1

（b）RCR2

图 7-9　接收控制寄存器（RCR[1,2]）

表 7-13　RCR1 控制位功能说明

位	字段名	功能
15	rsvd	保留
14～8	RFRLEN1	接收帧长度 1 RFRLEN1 = 000 0000 每帧 1 个字 RFRLEN1 = 000 0001 每帧 2 个字 ⋮ RFRLEN1 = 111 1111 每帧 128 个字

续表

位	字段名	功能
7~5	RWDLEN1	接收字长度 1 RWDLEN1 = 000　每字 8 bits RWDLEN1 = 001　每字 12 bits RWDLEN1 = 010　每字 16 bits RWDLEN1 = 011　每字 20 bits RWDLEN1 = 100　每字 24 bits RWDLEN1 = 101　每字 32 bits RWDLEN1 = 11X　保留
4~0	Reserved	保留

表 7-14　RCR2 控制位功能说明

位	字段名	功能
15	RPHASE	接收相 RPHASE = 0　单相帧 RPHASE = 1　双相帧
14~8	RFRLEN2	接收帧长度 2 RFRLEN2 = 000 0000　每帧 1 个字 RFRLEN2 = 000 0001　每帧 2 个字 ⋮ RFRLEN2 = 111 1111　每帧 128 个字
7~5	RWDLEN2	接收字长度 2 RWDLEN2= 000　每字 8 bits RWDLEN2 = 001　每字 12 bits RWDLEN2 = 010　每字 16 bits RWDLEN2 = 011　每字 20 bits RWDLEN2 = 100　每字 24 bits RWDLEN2 = 101　每字 32 bits RWDLEN2 = 11X　保留
4~3	RCOMPAND	接收压缩/解压模式 RCOMPAND = 00　无压缩/解压，数据传输从 MSB 开始 RCOMPAND = 01　无压缩/解压，数据传输从 LSB 开始 RCOMPAND = 10　接收数据进行 μ 律压缩/解压 RCOMPAND = 11　接收数据进行 A 律压缩/解压
2	RFIG	接收帧忽略 RFIG = 0　第一个接收帧同步脉冲之后的帧同步脉冲重新启动数据传输 RFIG = 1　第一个接收帧同步脉冲之后的帧同步脉冲被忽略
1~0	RDATDLY	接收数据延迟 RDATDLY = 00　0-bit 数据延迟 RDATDLY = 01　1-bit 数据延迟 RDATDLY = 10　2-bit 数据延迟 RDATDLY = 11　保留

（4）发送控制寄存器（XCR[1,2]）。发送控制寄存器（XCR[1,2]）结构如图 7-10 所示，表 7-15 所示为 XCR1 控制位功能说明，表 7-16 所示为 XCR2 控制位功能说明。

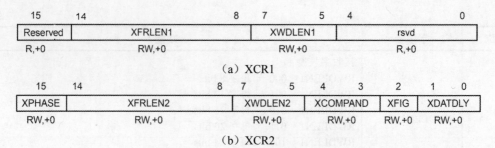

图 7-10 发送控制寄存器（XCR[1,2]）

表 7-15 XCR1 控制位功能说明

位	字段名	功能
15	Reserved	保留
14~8	XFRLEN1	发送帧长度 1 XFRLEN1 = 000 0000　　每帧 1 个字 XFRLEN1 = 000 0001　　每帧 2 个字 ⋮ XFRLEN1 = 111 1111　　每帧 128 个字
7~5	XWDLEN1	发送字长度 1 XWDLEN1 = 000　　每字 8 bits XWDLEN1 = 001　　每字 12 bits XWDLEN1 = 010　　每字 16 bits XWDLEN1 = 011　　每字 20 bits XWDLEN1 = 100　　每字 24 bits XWDLEN1 = 101　　每字 32 bits XWDLEN1 = 11X　　保留
4~0	rsvd	保留

表 7-16 XCR2 控制位功能说明

位	字段名	功能
15	XPHASE	发送相：　XPHASE = 0　单相帧 XPHASE = 1　双相帧
14~8	XFRLEN2	发送帧长度 2 XFRLEN2 = 000 0000　　每帧 1 个字 XFRLEN2 = 000 0001　　每帧 2 个字 ⋮ XFRLEN2 = 111 1111　　每帧 128 个字
7~5	XWDLEN2	发送字长度 2 XWDLEN2 = 000　　每字 8 bits XWDLEN2 = 001　　每字 12 bits XWDLEN2 = 010　　每字 16 bits XWDLEN2 = 011　　每字 20 bits XWDLEN2 = 100　　每字 24 bits XWDLEN2 = 101　　每字 32 bits XWDLEN2 = 11X　　保留

续表

位	字段名	功能
4～3	XCOMPAND	发送压缩/解压模式 XCOMPAND = 00 无压缩/解压，数据传输从 MSB 开始 XCOMPAND = 01 无压缩/解压，数据传输从 LSB 开始 XCOMPAND = 10 发送数据进行 μ 律压缩/解压 XCOMPAND = 11 发送数据进行 A 律压缩/解压
2	XFIG	发送帧忽略 XFIG = 0 第一个发送帧同步脉冲之后的帧同步脉冲重新启动数据传输 XFIG = 1 第一个发送帧同步脉冲之后的帧同步脉冲被忽略
1～0	XDATDLY	发送数据延迟 XDATDLY = 00 0-bit 数据延迟 XDATDLY = 01 1-bit 数据延迟 XDATDLY = 10 2-bit 数据延迟 XDATDLY = 11 保留

7.4.3 时钟和帧同步

McBSP 接收和发送部分可以对时钟信号和帧同步信号进行独立的选择，既可以由外部设备产生，也可以由内部采样率发生器提供。采样率发生器由三级时钟分频组成，如图 7-11 所示，可以产生可编程的 CLKG（数据位时钟）信号和 FSG（帧同步时钟）信号。CLKG 和 FSG 是 McBSP 的内部信号，用于驱动接收/发送时钟信号（CLKR/X）和帧同步信号（FSR/X）。采样率发生器时钟既可以由内部的 CPU 时钟驱动（CLKSM=1），也可以由外部时钟源驱动（CLKSM=0）。采样率发生器的三级时钟分频为：

● CLKGDV（Clock divide down）：一个数据位时钟所含的输入时钟数。

● FPER（Frame period divide down）：一个帧周期所含的数据位时钟数。

● FWID（Frame width count down）：有效帧脉冲宽度所含的数据位时钟数。

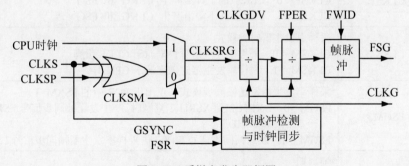

图 7-11 采样率发生器框图

CLKGDV、FPER 及 FWID 的值可通过对采样率发生器 SRGR1/2 的相应位编程确定。

CLKSM=0 时，同步时钟信号频率 CLKG=CLKS÷(1+CLKGDV)；CLKSM=1 时，同步时钟信号频率 CLKG=CPU CLOCK÷(1+CLKGDV)，其中 CLKS 是 CLKS 引脚输入的外部时钟，CUP CLOCK 为 DSP 的主时钟。

帧同步信号宽度=(FWID+1)×CLKG

帧同步信号周期=(FPER+1)×CLKG

采样率发生器寄存器 SRGR[1，2]控制着采样率发生器的各种操作，其结构如图 7-12 所示。表 7-17 所示为 SRGR1 控制位功能说明，表 7-18 所示为 SRGR2 控制位功能说明。

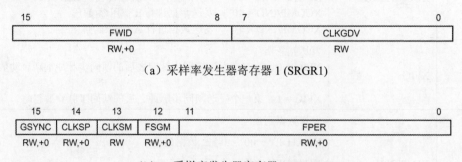

（a）采样率发生器寄存器 1 (SRGR1)

（b） 采样率发生器寄存器 2 (SRGR2)

图 7-12　采样率发生器寄存器 SRGR[1，2]结构图

表 7-17　SRGR1 控制位功能说明

位	字段名	功能
15～8	FWID	帧宽度。该字段的值加 1 决定了帧同步脉冲的宽度。取值范围为 1～256
7～0	CLKGDV	采样率发生器时钟分频。缺省值为 1

表 7-18　SRGR2 控制位功能说明

位	字段名	功能
15	GSYNC	采样率发生器时钟同步（仅当外部时钟驱动采样率发生器时，即 CLKSM=0） GSYNC = 0　采样率发生器自由运行 GSYNC = 1　采样率发生器时钟 CLKG 正在运行，但是，仅当检测到 FSR 之后，才重新同步 CLKG 和产生 FSG，帧周期 FPER 此时不被考虑
14	CLKSP	CLKS 时钟边沿选择（仅当 CLKSM = 0 时） CLKSP = 0　CLKS 的上升沿产生 CLKG 和 FSG CLKSP = 1　CLKS 的下降沿产生 CLKG 和 FSG
13	CLKSM	采样率发生器时钟模式 CLKSM = 0　采样率发生器时钟来源于 CLKS 引脚 CLKSM = 1　采样率发生器时钟来源于 CPU 时钟
12	FSGM	采样率发生器发送帧同步模式（仅用于 PCR 中的 FSXM=1） FSGM =0　DXR[1,2]到 XSR[1,2]复制时，产生发送帧同步信号 FSX，忽略 FPR 和 FWID FSGM = 1　发送帧同步信号 FSX，由采样率发生器帧同步信号 FSG 驱动
11～0	FPER	帧周期 该字段的值加 1 决定在下一个帧同步信号有效所经过的 CLKG 周期数 范围：1～4096 个 CLKG 周期

例如：FPER = 15（或 0000 1111b），FWID = 1 时，时钟和帧同步信号的定时关系如图 7-13 所示。

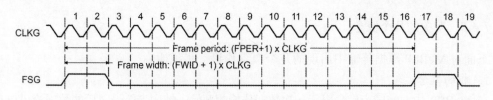

图 7-13 可编程帧周期和帧脉冲宽度

7.4.4 McBSP 数据的接收和发送

数据的接收是通过三级缓冲完成的，当接收帧同步信号（FSR）有效被接收数据位时钟信号（CLKR）检测到时，引脚 DR 上的数据经过了由 RDATDLY 指定的延迟后被移入接收移位寄存器（RSR），当收满一个字（8-、12-、16-、20-、24- 或 32-bit）数据之后，如果此时接收缓冲寄存器（RBR）未被前一数据装满，在字尾的接收数据位时钟（CLKR）的上升沿，RSR中的内容被复制到 RBR 中，然后，RBR 中的内容复制到接收数据寄存器（DRR）中，并导致RRDY 状态位在 CLKR 的下降沿处置为 1，表明 DRR 中数据已准备好，可以从 DRR 中读取数据。例如，通过设置 SPCR1 寄存器的 RINTM=00b，则可由 RRDY 信号驱动产生接收中断信号 RINT，TMS320C54xx CPU 响应中断，读取 DRR 中的数据。接收时序如图 7-14 所示。

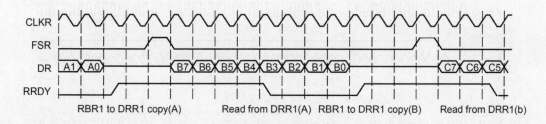

图 7-14 数据的接收

数据的发送通过两级缓冲完成，发送数据由 CPU 或 DMA 写入发送寄存器（DXR）中，如果发送移位寄存器（XSR）中没有数据，则将 DXR 中的数据复制到 XSR 中，否则，当 XSR中最后一个比特数据移出 DX 引脚后，再将 DXR 中的数据复制到 XSR 中；一旦发送帧同步信号（FSX）有效，XSR 中的数据在经过了由 XDATDLY（发送控制寄存器 XCR2 中）指定的延迟后，在发送数据位时钟（CLKX）的作用下，以高位在前的方式被移至 DX 引脚上。XRDY在每次 DXR 中的数据复制到 XSR 中之后的 CLKX 时钟下降沿置为 1，表明 DXR 中可以写入下一个发送数据了。通过设置 SPCR2 寄存器的 XINTM=00b，可由 XRDY 驱动产生发送中断信号 XINT，TMS320C54xx CPU 响应中断，将下一个发送数据写入 DXR 中，随后 XRDY降为 0。发送时序如图 7-15 所示。

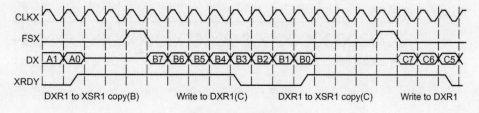

图 7-15 数据的发送

7.4.5　有关的几个概念

下面对 McBSP 数据传输中出现的几个概念作进一步说明。

1. 相的概念

在 McBSP 中，帧同步信号表示一次数据传输的开始。帧同步信号之后的数据流可以有两个相——相 1 和相 2。相的个数（1 或 2）可以通过设置 RCR2 和 XCR2 中的（R/X）PHASE 位来实现。每帧的字数和每字的位数分别由（R/X）FRLEN[1,2]和（R/X）WDLEN[1,2]决定。

【例 7-2】如图 7-16 所示的数据流由两相组成。第一相由两个 12 位的字构成，第二相由 3 个 8 位的字构成。注意，帧内的数据流是连续的，相和相之间以及字和字之间没有间隙。RCR[1,2]/XCR[1,2]相关位域中的具体设置如下：

RFRLEN1/XFRLEN1（每帧相 1 的字数）=000 0001b

RFRLEN2/XFRLEN2（每帧相 2 的字数）=000 0010b

RWDLEN1/XWDLEN1（相 1 每字的位数）=001b

RWDLEN2/XWDLEN2（相 2 每字的位数）=000b

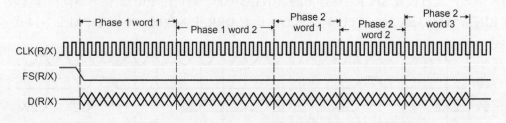

图 7-16　例 7-2 的图

(R/X)PHASE = 0 代表单相帧，对于单相帧 FRLEN2 不用考虑, (R/X)FRLEN1（帧的长度）范围为 000 0000～111 1111b，表示每帧的字数为 1～128。(R/X)PHASE = 1 代表双相帧，每帧相 1 的字数为 1～128，每帧相 2 的字数为 1～128，所以双相帧每帧字数最多为 256。

【例 7-3】在图 7-17 中，数据流采用单相帧，每相由 4 个 8 位的字组成。RCR[1,2]/XCR[1,2]相关位域中的具体设置如下：

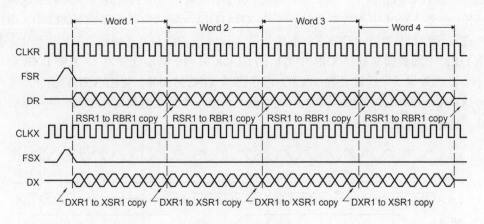

图 7-17　例 7-3 的图

(R/X)FRLEN1 = 0000011b，每帧 4 个字

(R/X)PHASE = 0，单相帧

(R/X)FRLEN2 = X，不用考虑

(R/X)WDLEN1 = 000b，每字 8 位

2. 数据延迟

　　每一帧都是从帧同步信号有效时到来的第一个时钟周期开始的。实际的数据接收或传输开始时刻相对于帧的开始时刻可以有延时，这一延时称为数据延迟，用 RDATDLY 和 XDATDLY 分别指定接收和发送的数据延迟。可编程数据延迟的范围为 0、1、2 个时钟周期（[R/X]DATDLY = 00b –10b），如图 7-18 所示。

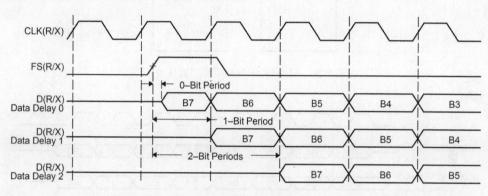

图 7-18　数据延迟

3. SPI 协议：McBSP 时钟停止模式

　　SPI 协议是一种主从配置的、支持一个主方、一个或多个从方的串行通信协议，一般使用 4 条信号线：串行移位时钟线（SCK）、主机输入/从机输出线（MISO）、主机输出/从机输入线（MOSI）、低电平有效的使能信号线（$\overline{SS}$）。

　　TMS320C54xx 系列 DSP 芯片的 McBSP 串口工作于时钟停止模式时与 SPI 协议兼容。所谓时钟停止模式是指其时钟会在每次数据传输结束时停止，并在下次数据传输开始时立即启动或延迟半个周期后再启动，而且发送器和接收器在内部得到同步，这时 McBSP 可作为 SPI 的主设备或从设备。发送时钟信号（BCLKX）对应于 SPI 协议中的串行时钟信号（SCK），发送帧同步信号对应于从设备使能信号（$\overline{SS}$）。在这种方式下，接收时钟信号（BCLKR）和接收帧同步信号（BFSR）将不进行连接，因为它们在内部分别与 BCLKX 和 BFSX 相连接。在 SPI 串行协议中，主设备提供时钟信号并控制数据传输过程。

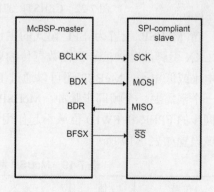

　　当 McBSP 配置为 SPI 模式的主设备时，BDX 作为 SPI 协议的 MOSI 信号，BDR 作为 SPI 协议的 MISO 信号。与其他 SPI 器件接口如图 7-19 所示。

　　当 McBSP 配置为 SPI 模式的从设备时，BDX 作为 SPI 协议的 MISO 信号，BDR 作为 SPI 协议的 MOSI 信号。与其他 SPI 器件接口如图 7-20 所示。

图 7-19　McBSP 作为 SPI 模式的主设备

　　SPCR1 中的 CLKSTP 位域和 PCR 中的 CLKXP 位域用于配置 McBSP 的时钟停止模式。PCR 中的 CLKXM 位域用于配置 McBSP 作为主设备（CLKX 为输出）还是从设备（CLKX 为

输入）。图 7-21 以字长 8-bit 为例示出 CLKSTP=10b、CLKXP=0 时钟停止模式 1 的时序图。图 7-22 所示为 CLKSTP=11b，CLKXP=1 时钟停止模式 4 的时序图。

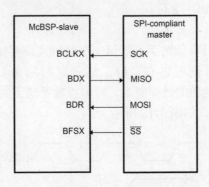

图 7-20　McBSP 作为 SPI 模式的从设备

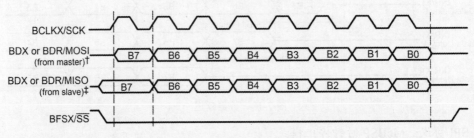

图 7-21　CLKSTP=10b、CLKXP=0 时钟停止模式 1 的时序图

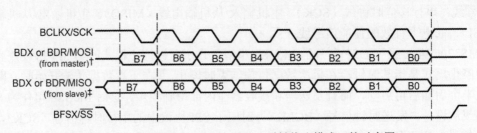

图 7-22　CLKSTP=11b、CLKXP=1 时钟停止模式 4 的时序图

当 McBSP 配置为 SPI 模式的主设备时，McBSP 提供时钟信号并控制数据传输过程。BCLKX 引脚的时钟信号仅在数据传输期间有效，在数据不传输期间，根据 CLKX 的极性保持高电平或低电平。McBSP 还可以通过 BFSX 引脚提供从设备有效信号（$\overline{SS}$），且配置为每传输一个字需要一个帧同步脉冲。McBSP 的数据延迟设置为 1（XDATDLY 和 RDATDLY=01）。帧同步的 FPER 和 FWID 位域不起作用。McBSP 配置为 SPI 模式的主设备时，McBSP 寄存器位域设置如表 7-19 所示。

表 7-19　McBSP 寄存器位域设置（SPI 模式的主设备）

位域	值	说明	寄存器
CLKXM	1	设置 CLKX 引脚作为输出引脚	PCR
CLKSM	1	采样率发生器的时钟来源于 CPU 时钟	SRGR2
CLKGDV	1～255	定义采样率发生器的时钟分频系数	SRGR1

续表

位域	值	说明	寄存器
FSXM	1	配置 FSX 引脚作为输出	PCR
FSGM	0	在每个字传输期间 FSX 信号有效	SRGR2
FSXP	1	配置 FSX 引脚低电平有效	PCR
XDATDLY	01b	给 FSX 信号提供正确的建立时间	XCR2
RDATDLY	01b	给 FSX 信号提供正确的建立时间	RCR2

当 McBSP 配置为 SPI 模式的从设备时,时钟信号、从设备使能信号由外部的主设备产生,CLKX 和 BFSX 引脚配置为输入引脚。尽管 CLKX 信号由外部的主设备产生,但是 McBSP 的采样率发生器需设置为最大速率(即 CPU 时钟的一半),使 McBSP 同步于外部主时钟和从设备使能信号。McBSP 的数据延迟设置为 0(XDATDLY 和 RDATDLY=00)。在每次数据传输之前主设备应提供从设备使能信号使之有效,两次数据传输之间从设备使能信号应处于无效电平。McBSP 配置为 SPI 模式的从设备时,McBSP 寄存器位域设置如表 7-20 所示。

表 7-20　McBSP 寄存器位域设置(SPI 模式的从设备)

位域	值	说明	寄存器
CLKXM	0	设置 CLKX 引脚作为输入引脚	PCR
CLKSM	1	采样率发生器的时钟来源于 CPU 时钟	SRGR2
CLKGDV	1	定义采样率发生器的时钟分频系数	SRGR1
FSXM	0	配置 FSX 引脚作为输入	PCR
FSGM	0	在每个字传输期间 BFSX 信号有效	SRGR2
FSXP	1	配置 FSX 引脚低电平有效	PCR
XDATDLY	00b	作为 SPI 从设备时,必须为 0	XCR2
RDATDLY	00b	作为 SPI 从设备时,必须为 0	RCR2

7.5　主机接口(HPI)

主机接口(HPI,Host Port Interface)提供了 DSP 和外部处理器的接口。在 C54x 系列中,只有 542、545、548 和 549 提供了标准 8 位 HPI 接口,C54xx 系列中 C5402、C5410 提供了 8 位增强 HPI 接口,C5420 提供了 16 位的增强 HPI 接口。在这里仅介绍 8 位 HPI 接口。

7.5.1　HPI-8 接口的结构

HPI-8 是一个 8 位的并行口,外部主机是 HPI 的主控者,HPI-8 作为主机的从设备,其框图如图 7-23 所示。其接口包括一个 8 比特的双向数据总线、各种控制信号及 3 个寄存器。片外的主机通过修改 HPI 控制寄存器(HPIC)设置工作方式,通过设置 HPI 地址寄存器(HPIA)来指定要访问的片内 RAM 单元,通过读/写数据锁存器(HPID)来对指定存储器单元读/写。主机通过 HCNTL0、HCNTL1 管脚电平选择 3 个寄存器中的一个。

HPI 地址寄存器(HPIA):HPIA 只能由主机直接访问,寄存器中存放当前访问所需的 C54x

片内 RAM 地址。

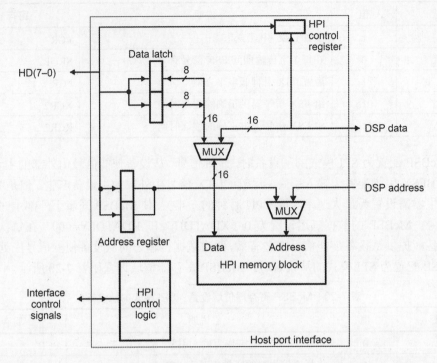

图 7-23　HPI-8 框图

HPI 数据锁存器（HPID）：HPID 也只能由主机直接访问，主机通过 HPID 与 C54x 的 HPI 内存块交换数据。HPI 接口根据 HPIA 值，由 HPI 接口控制信号确定是将 HPI 内存单元值读入 HPID，还是将 HPID 值写入 HPI 内存单元。读/写过程需要 5 个 C54x 时钟周期，因此主机读/写周期一般要大于 5 个 C54x 时钟周期。

HPI 控制逻辑：用于处理 HPI 与主机之间的接口信号。

HPI 控制寄存器（HPIC）：主机和 C54x 都能对其直接访问，包括配置通信协议和控制通信（握手）的比特。

HPI-8 在 8 位外围接口时提供了有效的 16 位数据传输方式，即 HPI 自动将外部接口传来的连续的 8 位数组合成 16 位数。当主机用 HPI-8 传送数据时，HPI 控制逻辑自动进入 C54x 片内 DRAM 存取数据，然后 C54x 可以在它的存储空间进行读/写。标准 HPI 接口中外部主机只能访问固定位置 2K 大小（数据空间 1000h～17FFh）的片内 RAM，而增强 HPI 接口可以访问整个内部 RAM。

标准 HPI 有如下两种工作方式：

● 共用寻址方式（SAM）：这是常用的工作方式。主机和 C54x 都可以访问 HPI 存储器，异步工作的主机的访问会被 C54x 的时钟同步，主机与 C54x 访问发生冲突时，主机有优先权，C54x 退让（等待）一个周期。

● 仅主机寻址方式（HOM）：在这种方式下，仅让主机访问 HPI 存储器，C54x 处于复位状态或 IDLE2 空闲状态。

标准与增强 8 位 HPI 接口区别：增强 8 位 HPI 只有共用寻址方式，主机的访问总是被 C54x 的时钟同步，没有主机寻址方式；标准 8 位 HPI 有主机寻址方式，即可以在 DSP 的时钟 CLOCK

不工作时访问内部 RAM。标准 HPI 接口中外部主机只能访问固定位置的 2K 大小的片内 RAM，而增强 HPI 接口可以访问整个片内 RAM。

7.5.2　HPI-8 控制寄存器和接口信号

HPI 控制寄存器（HPIC）的状态位控制着 HPI 的操作。如图 7-24 所示为标准 HPI-8 的 HPIC 寄存器位结构图，如图 7-25 所示为增强 HPI-8 的 HPIC 寄存器位结构图。它们各自高 8 位和低 8 位的功能完全相同，各位的功能如下：

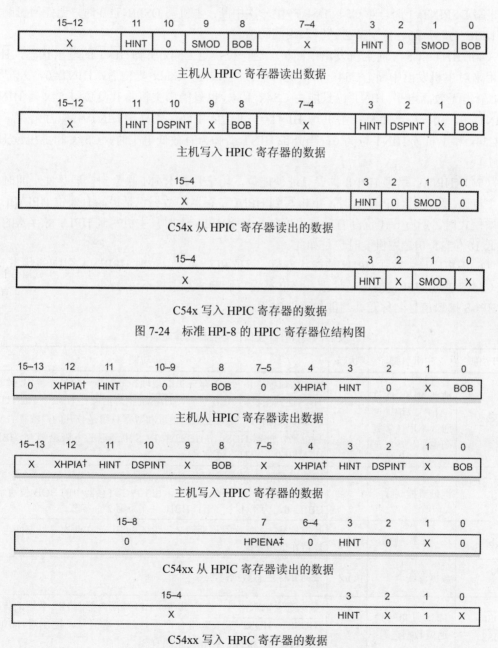

15–12	11	10	9	8	7–4	3	2	1	0
X	HINT	0	SMOD	BOB	X	HINT	0	SMOD	BOB

主机从 HPIC 寄存器读出数据

15–12	11	10	9	8	7–4	3	2	1	0
X	HINT	DSPINT	X	BOB	X	HINT	DSPINT	X	BOB

主机写入 HPIC 寄存器的数据

15–4	3	2	1	0
X	HINT	0	SMOD	0

C54x 从 HPIC 寄存器读出的数据

15–4	3	2	1	0
X	HINT	X	SMOD	X

C54x 写入 HPIC 寄存器的数据

图 7-24　标准 HPI-8 的 HPIC 寄存器位结构图

15–13	12	11	10–9	8	7–5	4	3	2	1	0
0	XHPIA†	HINT	0	BOB	0	XHPIA†	HINT	0	X	BOB

主机从 HPIC 寄存器读出数据

15–13	12	11	10	9	8	7–5	4	3	2	1	0
X	XHPIA†	HINT	DSPINT	X	BOB	X	XHPIA†	HINT	DSPINT	X	BOB

主机写入 HPIC 寄存器的数据

15–8	7	6–4	3	2	1	0
0	HPIENA‡	0	HINT	0	X	0

C54xx 从 HPIC 寄存器读出的数据

15–4	3	2	1	0
X	HINT	X	1	X

C54xx 写入 HPIC 寄存器的数据

图 7-25　增强 HPI-8 的 HPIC 寄存器位结构图

（1）BOB：字节次序位。只能由主机读/写，如果 BOB=1，主机读/写的第 1 个字节为低字节，第 2 个字节为高字节；如果 BOB=0，主机读/写的第 1 个字节为高字节，第 2 个字节为低字节。主机第一次读/写 HPIA 和 HPID 之前，BOB 必须先进行初始化。

（2）SMOD：标准 HPI-8 寻址方式位。如果 SMOD=1，选择共用寻址方式（SAM）；如果 SMOD=0，仅主机寻址方式（HOM），C54x 不能寻址 HPI 的 RAM 区。C54x 复位期间，SMOD=0；复位后，SMOD=1。SMOD 位只能由 C54x 修改，而 C54x 和主机都可以读该位。

（3）DSPINT：主机向 C54x 发出中断位。只能由主机写，且 C54x 和主机都不能读该位，当主机写 DSPINT=1 时，对 C54x DSP 产生一次中断；主机写 DSPINT=0 时，无任何影响。主机对 HPIC 写时，高、低字节必须写入相同的值。

（4）HINT：C54x 向主机发出中断位。这一位决定 C54x 引脚 $\overline{\text{HINT}}$ 的输出状态，$\overline{\text{HINT}}$ 引脚用来对主机发出中断。C54x 和主机都能读/写该位。C54x 复位后，HINT=0，外部引脚 $\overline{\text{HINT}}$ 输出无效高电平。HINT 位只能由 C54x 置位，也只能由主机将其复位。C54x 写 HINT=1 使 $\overline{\text{HINT}}$ =0，用来中断主机；主机写 HINT=1 可清除中断。当外部 $\overline{\text{HINT}}$ 引脚为无效高电平时，C54x 和主机读 HINT 位为 0；当外部 $\overline{\text{HINT}}$ 引脚为有效低电平时，C54x 和主机读 HINT 位为 1。

（5）XHPIA：增强 HPI-8 扩展寻址使能位，用于片内 RAM 映象到扩展寻址空间时，只能由主机读/写，当 XHPIA=1 时，主机写到 HPIA 寄存器的数据包括最高有效位 HPIA[n:16]，在自增模式时，所有 n+1 位高有效位也增加；当 XHPIA=1 时，主机写到 HPIA 寄存器的数据只有低 16 位[15:0]。主机读时也是如此。

（6）HPIENA：增强 HPI-8 使能状态位。该位和 C54xx 复位时 HPIENA 引脚的状态一致。用于 C54xx 决定 HPI 使能还是禁止。该位不受写影响，且主机不可读/写。

HPI-8 接口信号名称及其功能如表 7-21 所示。

表 7-21　HPI-8 接口信号名称及其功能

HPI 引脚	主机引脚	状态	信号功能
$\overline{\text{HAS}}$	地址锁存允许（ALE）或地址选通或不用（接到高电平）	I	地址选通输入信号。如果主机的地址和数据是一个多路复用总线，则 $\overline{\text{HAS}}$ 连到主机的 ALE 引脚，$\overline{\text{HAS}}$ 的下降沿锁存 HBIL、HCNTIL0/1 和 HR/$\overline{\text{W}}$ 信号；如果主机的地址和数据总线是分开的，就将 $\overline{\text{HAS}}$ 接高电平，此时 $\overline{\text{HDS1}}$、$\overline{\text{HDS2}}$ 或 $\overline{\text{HCS}}$ 中最迟的下降沿锁存 HBIL、HCNTIL0/1 和 HR/$\overline{\text{W}}$ 信号
HBIL	地址或控制线	I	字节识别信号。识别主机传送过来的是第 1 个字节还是第 2 个字节（第 1 个字节是高字节还是低字节，由 HPIC 寄存器中的 BOB 位决定），HBIL=0，为第 1 个字节；HBIL=1，为第 2 个字节
$\overline{\text{HCS}}$	地址或控制线	I	片选信号。在每次寻址期间必须为低电平，而在两次寻址期间也可以停留在低电平
HD0– HD7	数据总线	I/O/Z	双向并行三态数据总线
$\overline{\text{HDS1}}$，$\overline{\text{HDS2}}$	读选通和写选通或数据选通	I	数据选通输入信号。在主机寻址 HPI 周期内控制 HPI 数据的传送。$\overline{\text{HDS1}}$、$\overline{\text{HDS2}}$ 与 $\overline{\text{HCS}}$ 组合产生内部选通信号，控制对 HBIL、HCNTIL0/1 和 HR/$\overline{\text{W}}$ 信号的采样

续表

HPI 引脚	主机引脚	状态	信号功能
HCNTL0, HCNTL1	地址或控制线	I	主机控制输入信号。用来选择主机要寻址的 HPIA 寄存器、HPI 数据锁存器或 HPIC 寄存器:
HINT	主机中断输入	O/Z	主机中断输出信号。受 HPIC 寄存器中的 HINT 位控制。当 C54x 复位时为高电平
HRDY	异步准备好	O/Z	HPI 准备好输出信号。高电平表示 HPI 已准备好数据传输,主机可以进行数据传输;低电平表示 HPI 接口忙,主机不可传输数据
HR/W̄	读/写选通,地址线或多路地址/数据	I	读/写输入信号。高电平表示主机要读 HPI,低电平表示主机要写 HPI。如主机没有读/写信号,可以用一根地址线代替

HCNTL1	HCNTL0	说明
0	0	主机可以读/写 HPIC 寄存器
0	1	主机可以读/写 HPI 的数据锁存器。每读一次,HPIA 事后增 1;每写一次,HPIA 事先增 1
1	0	主机可以读/写 HPIA 寄存器。该寄存器指向 HPI 的 RAM
1	1	主机可以读/写 HPI 的数据锁存器,但 HPIA 不受影响

7.5.3 HPI-8 接口与主机的连接框图

HPI 接口不需要或需要很少一部分附加逻辑就能够和各种主机相连。8 位数据总线(HD0~HD7)用于和主机交换数据;两个控制输入(HCNTL0 和 HCNTL1)指示访问哪一个 HPI-8 寄存器;这两个控制输入和 HBIL 一起,通常由主机地址总线驱动。图 7-26 给出了 HPI-8 和主机之间的一个简单连接框图。

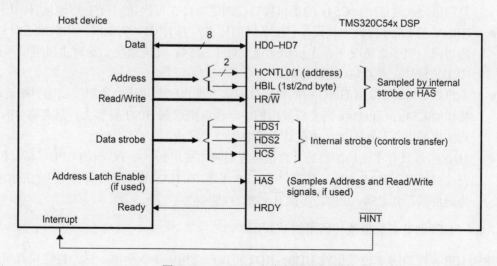

图 7-26 C54x HPI 与主机链接框图

使用 HCNTL0/1 输入,主机能够指定对 HPI 控制寄存器(HPIC)、HPI 地址寄存器(HPIA)

和 HPI 数据寄存器（HPID）的访问。由于是 16 比特字结构，所以所有的 HPI-8 传输必须包含两个连续的字节。HBIL 指示第一个字节和第二个字节的发送顺序。内部控制寄存器确定第一个字节还是第二个字节为 16 比特的高位。

HPID 寄存器具有可供选择的自动地址自增特性，为读/写连续的存储区提供了方便。自增模式下，连续传送数据，每访问存储器一次，HPIA 寄存器中的值自动增加。由于主机无需在每次访问存储器时修改 HPIA 值，从而提高了系统性能，当 HCNTL0=1，HCNTL1=0 时选择自增模式。注意，主机如果访问扩展的片内 RAM，需要保证正确的自增操作，HPIC 寄存器中的 XHPIA 位必须设置为 1。

使用地址自增模式时，读操作后将使 HPIA 寄存器地址加 1；写操作前，HPIA 寄存器地址加 1。因此，如果对给定地址在自增模式下写操作，HPIA 寄存器应初始化为起始地址减 1。地址自增会影响 HPIA 的 16 位，使用扩展的片内 RAM（C5410 除外）时，地址自增会影响扩展地址。如果 HPIA=FFFFh，那么下次读/写时 HPI 地址为 010000h。由于 C5410 的地址自增不会影响扩展 HPI 寻址，因此在上面的操作中，C5410 的地址改为 00000h。

HPI-8 使用中断使得软件的通信"握手"变得容易。主机通过在 HPIC 寄存器中写特定位来中断 C54x CPU；同样 C54x 也能在 HPIC 寄存器中写特定位，使用 HINT 输出来中断主机。主机可以通过写 HPIC 寄存器中的 HINT 位来清除 HINT 引脚。

HPI-8 接口与主机的连接总结如下：

- 主机通常是 PC 机，可以将主机的高位地址线译码产生 $\overline{HDS1}$、$\overline{HDS2}$ 和 $\overline{HCS}$ 信号，主机的读/写控制产生 HR/$\overline{W}$ 信号，$\overline{HDS1}$、$\overline{HDS2}$、$\overline{HCS}$ 信号可以接在一起，由主机产生的选通（译码）脉冲驱动。
- 主机利用 HCNTL0、HCNTL1 来区分 3 个 HPI 寄存器，利用 HBIL、HPIC 寄存器中的 BOB 位区分 16 位数据的高、低字节。因此一种简便的方法是把主机的 3 个低位地址线 A2、A1、A0 分别接到 HCNTL0、HCNTL1、HBIL 上。
- 主机先向 HPIC 写入控制字，以设置工作方式，然后将访问地址写入 HPIA，再对 HPID 进行读写，即可读出或写入指定存储单元。当主机连续地把地址写入存储器时，可以只送出一次地址码，C54x 的主机接口控制逻辑会在每次访问前/后将地址自动增 1。
- HRDY 是 C54x 告诉主机设备已准备好的标志，当 HRDY 为低时，主机推迟对 C54x 的访问。但多数情况下，主机访问速度低于 C54x 反应速度，这时主机可以不理会 HRDY 信号，对 C54x 连续访问。
- 主机和 C54x 可以用 HPIC 中的对应位向对方提出中断请求，主机发出的中断请求直接送给 C54x，而 C54x 向主机发出的中断请求则送到 $\overline{HINT}$ 管脚上，只有将 $\overline{HINT}$ 接到主机的中断源输入上，才能让主机收到这个请求。
- $\overline{HAS}$ 信号只有在主机的地址、数据线复用时才被用到，如 PC 机的 CPU、单片机等，在这种情况下 $\overline{HAS}$ 与地址锁存信号 $\overline{ALE}$ 相连，在 $\overline{HAS}$ 的下降沿将数据线上的数据作为地址锁存到 C54x 片内。不用 $\overline{HAS}$ 时应将其接高电平。

7.5.4 HPI 的 8 条数据线作通用的 I/O 引脚

增强 HPI-8 接口的 8 位数据线 HD0～HD7 可以作通用的 I/O 引脚。这一特性只有当 HPI 接口被禁止，即在复位时，HPIENA 引脚为低的情况下才可以实现。通用 I/O 控制寄存器（GPIOCR）和通用 I/O 状态寄存器（GPIOSR）用于控制 HPI-8 数据引脚的通用 I/O 功能。如

表 7-22 所示为通用 I/O 控制寄存器（GPIOCR）各位的功能。

表 7-22　通用 I/O 控制寄存器（GPIOCR）各位的功能

位	名称	复位值	功能
15	TOUT1	0	定时器 1 输出使能。TOUT1 和 HINT 复用同一引脚，该位允许或禁止定时器 1 的输出到 HINT 引脚。TOUT1=0，定时器 1 的输出不外送；TOUT1=1，定时器 1 的输出由 HINT 引脚输出
14-8	rsvd	0	保留
7-0	DIR7-DIR0	0	对应定义 HD7～HD0 引脚是输出还是输入。当 DIRx=1 时，HDx 为输出，当 DIRx=0 时，HDx 为输入；若使能主机接口时，DIR7～DIR0 都被置为 0，其中 x=0,1,2,…7

HD7～HD0 设置为通用 I/O 管脚后，管脚的电平值（无论作输入还是输出）都反映在通用 I/O 状态寄存器 GPIOSR 的低 8 位对应位上，可以被读（输入）或写（输出），GPIOSR 的其他位未用。

7.6　外部总线操作

TMS320C54x 系列 DSP 芯片具有片内存储器，使用片内存储器可以全速运行，达到芯片的最高速度，但其片内内存数量有限，所以有时需要扩展外部存储器。由于 DSP 片内外设有限，有时需要扩展外围功能，如键盘输入、液晶显示等，即 DSP 需要和扩展 I/O 设备相连。TMS320C54x 通过外部总线与外部存储器以及 I/O 设备相连。

C54x 的外部总线接口包括数据总线、地址总线和一组控制信号。C54x 的外部存储器和扩展 I/O 设备的地址总线和数据总线复用，外部存储器和 I/O 设备这两个并行接口分别由 $\overline{\text{MSTRB}}$ 信号和 $\overline{\text{IOSTRB}}$ 信号控制，这两个接口不能同时操作。$\overline{\text{MSTRB}}$ 用于访问外部存储器，$\overline{\text{IOSTRB}}$ 用于访问 I/O 口，R/$\overline{\text{W}}$ 用于控制数据流的方向。

C54x 片内有 1 条程序总线（PB）、3 条数据总线（CB、DB 和 EB）以及 4 条地址总线（PAB、CAB、DAB 和 EAB），允许 CPU 同时寻址这些总线。但是，C54x 只有一套外部总线，所以每个周期只能访问一次，当出现同一周期内要从外部存储器进行多次存取时，它将自动安排存取次序，即数据寻址比程序存储器取指的优先权要高，在所有 CPU 数据寻址完成以前，程序存储器取指操作是不可能开始的。

通过外部准备好输入信号（READY）以及片内软件等待状态发生器，处理器可以与不同速率的外部存储器及 I/O 设备接口。当与较低速率的设备通讯时，CPU 处于等待状态，当低速设备完成其操作，并发出 READY 信号后才能继续执行（硬等待）。在某些情况下，只有在两个外部存储器之间传送数据时才需要等待周期，这时片内的可编程分区切换逻辑可以自动插入一个等待周期。

当外部设备需要寻址 TMS320C54x 的外部程序、数据和 I/O 空间时，可以利用 $\overline{\text{HOLD}}$ 和 $\overline{\text{HOLDA}}$ 信号。由 $\overline{\text{HOLD}}$ 信号控制 C54x 工作在保持模式（HOLD）下，由外部设备直接控制 C54x 的外部总线，以访问外部的程序、数据和 I/O 存储器空间的资源。C54x 有两种保持模式：正常模式和 DMA 模式。

当 CPU 访问内部存储器时，外部数据总线处于高阻状态，但地址总线和存储器选通信号

（程序选通信号（$\overline{PS}$）、数据选通信号（$\overline{DS}$）和 I/O 选通信号（$\overline{IS}$））仍维持先前的状态，$\overline{MSTRB}$、$\overline{IOSTRB}$、R/$\overline{W}$、$\overline{IAQ}$ 和 $\overline{MSC}$ 信号无效。如果 PMST 寄存器中的地址可见模式位（AVIS）为 1，则 CPU 执行指令时，用一个有效的 $\overline{IAQ}$ 信号将内部程序存储器地址放在外部地址总线上。

7.6.1 软件等待状态发生器

软件可编程等待状态发生器可以将外部总线周期扩展到 7 个机器周期，以使 C54x 能与低速外部设备接口。需要多于 7 个等待周期的设备，可以用硬件 READY 信号来接口（硬等待）。当所有的外部访问都没有等待周期时，等待状态发生器的内部时钟被关闭以使设备处于低功耗的运行中。

软件可编程等待状态发生器是由一个 16 位的软件等待状态寄存器（SWWSR）控制，它在数据区的映象地址为 0028h。SWWSR 将程序和数据空间各划分为 2 个 32K 字的块，I/O 空间有一个 64K 字的块。每一块在 SWWSR 中都有一个 3 位的字段，可以分别设置这 5 块的软等待状态周期数。如表 7-23 所示为软件等待状态寄存器（SWWSR）各字段的功能。

表 7-23　软件等待状态寄存器（SWWSR）各字段的功能

位	名称	复位值	功能
15	保留/XPA	0	C542、C546 为保留位；C548、C549、C5402、C5409、C5410、C5420 为扩展程序地址控制位（XPA）。XPA=0，程序存储器不扩展；XPA=1，程序存储器扩展
14～12	I/O	1	I/O 空间的软等待周期数：0～7
11～9	Data	1	片外数据空间 8000h～FFFFh 的软等待周期数：0～7
8～6	Data	1	片外数据空间 0000h～7FFFh 的软等待周期数：0～7
5～3	Program	1	片外程序空间 x8000h～xFFFFh（XPA=0）的软等待周期数：0～7
2～0	Program	1	片外程序空间 x0000h～x7FFFh（XPA=0）或 00000h～FFFFFh（XPA=1）的软等待周期数：0～7

对于 TMS320C54xx 系列的 DSP，软件等待状态控制寄存器（SWCR）中的 SWSM 位，用于扩展 SWWSR 的软等待周期数。如表 7-24 所示为软件等待状态控制寄存器（SWCR）的功能。

表 7-24　软件等待状态控制寄存器（SWCR）的功能

位	名称	复位值	功能
15～1	保留	-	保留位
0	SWSM	0	软件等待状态乘法位 SWSM=0，SWWSR 中设置的等待状态数乘 1 SWSM=1，SWWSR 中设置的等待状态数乘 2

当 SWSM=0 时，软等待状态周期数可能是 0、1、2、3、4、5、6 和 7；当 SWSM=1 时，软等待状态周期数可能是 0、2、4、6、8、10、12 和 14。

复位后，SWWSR=7FFFh，SWSM=0，即所有外部访问都插入 7 个等待状态。

7.6.2　可编程分区切换逻辑

可编程分区切换逻辑允许 C54x 在外部存储器分区间切换时不需要外部为存储器插入等待状态。当跨越外部程序或数据空间中的存储器分区界线时,分区转换逻辑会自动插入一个周期。当使用多片外部存储器并要连续访问片外不同片的存储器时,两片存储器在关闭、打开时间上有先有后,插入等待状态将确保不会因为瞬间都处于打开状态而引起噪声和功耗的增大。

分区转换由分区转换控制寄存器(BSCR)来定义,它在数据区的映象地址为 0029h。分区转换控制寄存器(BSCR)各字段的功能如表 7-25 所示。

表 7-25　分区转换控制寄存器(BSCR)各字段的功能

位	名称	复位值	功能
15~12	BNKCMP	1111	分区对照位。此位决定外部分区的大小,当两次连续的片外访问在不同分区时,会自动插入一个等待状态。BNKCMP 用于屏蔽高 4 位地址。例如 BNKCMP=1111,地址的高 4 位被屏蔽掉,所以分区大小为 4K 字空间。

BNKCMP	屏蔽地址	分区大小
0000	-	64K
1000	A15	32K
1100	A15-14	16K
1110	A15-13	8K
1111	A15-12	4K	
11	PS~DS	1	程序空间读—数据空间读访问位。两次连续的访问为程序读—数据读或数据读—程序读时,中间是否插入一个附加等待周期。 PS~DS=0,不插; PS~DS=1,插入一个附加的等待周期
10~3	Reserved	0	保留
2	HBH	0	HPI 总线保持位。 HBH=0,HPI 总线不保持; HBH=1,使能 HPI 总线保持,HPI 总线保持在先前的逻辑电平
1	BH	0	总线保持位。 BH=0,总线不保持; BH=1,使能总线保持,数据总线(D15-D0)保持在先前的逻辑电平
0	EXIO	0	外部总线接口关断位。 EXIO=0,外部总线接口处于接通状态; EXIO=1,关闭外部总线接口,在完成当前总线周期后,地址总线、数据总线和控制信号变成无效。地址线为原先的状态,数据线为高阻状态, $\overline{PS}$、$\overline{DS}$、$\overline{IS}$、$\overline{MSTRB}$、$\overline{IOSTRB}$、R/$\overline{W}$、$\overline{MSC}$ 以及 $\overline{IAQ}$ 为高电平。 PMST 中的 DROM、MP/$\overline{MC}$ 和 OVLY 位以及 ST1 中的 HM 位都不能被修改

TMS320C54x 分区转换逻辑可以在下列情况下自动插入一个附加的周期(在这个周期内让地址总线转换到一个新的地址),即:

● 一次程序存储器读操作之后,紧跟着对不同的存储器分区的另一程序存储器进行读操作或数据存储器读操作。

- 当 PS～DS=1 时，一次程序存储器读操作之后紧跟着一次数据存储器读操作。
- 对 C548、C549、C5402 和 C5420，一次程序存储器读操作之后，紧跟着对不同页进行另一次程序存储器读操作。
- 一次数据存储器读操作之后，紧跟着对不同的存储器分区的另一程序存储器进行读操作或数据存储器读操作。
- 当 PS～DS=1 时，一次数据存储器读操作之后紧跟着一次程序存储器读操作。

如图 7-27 所示为分区切换时插入附加周期的时序图，如图 7-28 所示为连续进行程序存储器读—数据存储器读操作时插入附加周期的时序图，均为零等待。

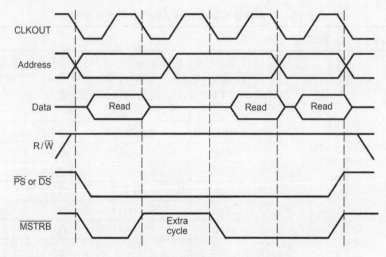

图 7-27　存储器两次读操作之间分区切换

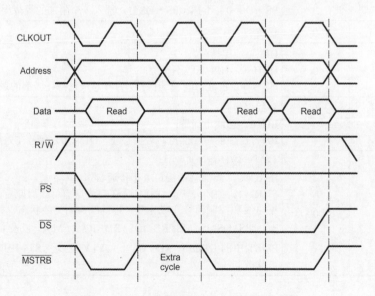

图 7-28　程序存储器读切换到数据存储器读

7.6.3　外部总线接口定时

所有的外部总线寻址都是在整数个 CLKOUT 周期内完成的。某些不插入等待状态的外部总线寻址，如存储器写操作或 I/O 写和 I/O 读操作，都是两个机器周期。存储器读操作只需一个机器周期，但如果存储器读操作后紧跟着一次存储器写操作，或者反过来，那么存储器读操作就要多花半个周期。

以下简要归纳存储器寻址以及 I/O 寻址定时图的特点，这对于正确用好外部总线接口非常重要。除非另作说明，所举例为零等待状态寻址时序。

1. 存储器寻址定时图

如图 7-29 所示为存储器读—读—写操作时序图。外部存储器的写需要两个机器周期，而连续在同一分区读时，每次读都是单周期，而且 $\overline{\text{PS}}$（当读程序存储器时）或 $\overline{\text{DS}}$（当读数据存储器时）、$\overline{\text{MSTRB}}$ 一直保持低电平。

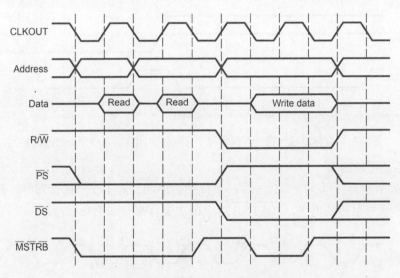

图 7-29　存储器读—读—写操作时序

如图 7-30 所示为存储器写—写—读操作时序图。连续在同一区写时，写为双周期，每次写都对应一个 $\overline{\text{MSTRB}}$ 的负脉冲。注意图中的 $\overline{\text{MSTRB}}$ 由低变高后，写操作的地址线和数据线继续保持有效约半个周期，紧跟着写操作之后的读操作也要两个机器周期。

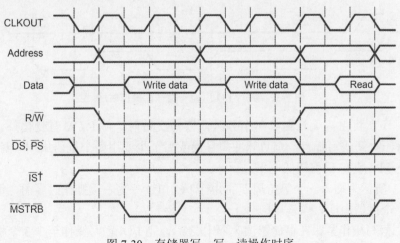

图 7-30　存储器写—写—读操作时序

如图 7-31 所示为程序空间读插入一个等待周期的存储器读—读—写操作时序图。

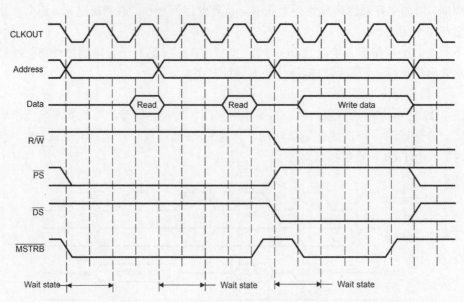

图 7-31 存储器读—读—写操作时序（程序空间读插入一个等待周期）

2. I/O 寻址定时图

如图 7-32 所示为并行 I/O 口读—写—读操作时序图。对 I/O 空间读写时，每次读或写都为双周期，$\overline{IS}$ 一直保持低电平，$\overline{IOSTRB}$ 对应每次读写都有一个负脉冲。

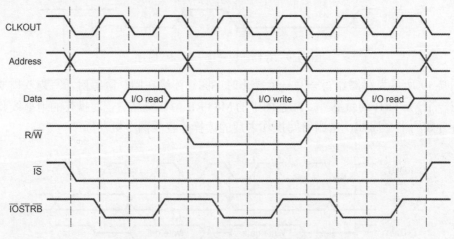

图 7-32 并行 I/O 口读—写—读操作时序

由以上时序图可见，无论在哪一个分区，读写交替时，除 $R/\overline{W}$ 有变化外，$\overline{MSTRB}$ 或 $\overline{IOSTRB}$ 对每一次读或写都有一个负脉冲，且读或写至少要用两个机器周期。对同一区读/写交替时，$\overline{DS}$、$\overline{PS}$ 或 $\overline{IS}$ 仍保持低电平。

如图 7-33 所示为插入一个等待周期的并行 I/O 口读—写—读操作时序图。每次 I/O 读写操作都延长一个机器周期。

如果 I/O 读/写操作紧跟在存储器读/写操作之后，则 I/O 读/写操作至少 3 个机器周期，如果存储器读操作紧跟在 I/O 读/写操作之后，则存储器读操作至少 2 个机器周期。

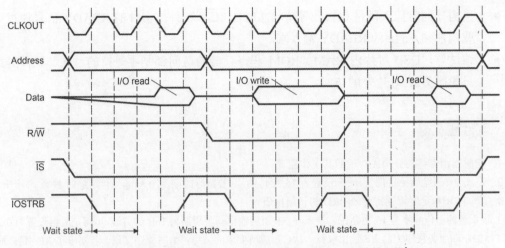

图 7-33　并行 I/O 口读—写—读操作时序（插入一个等待周期）

3．软、硬件等待状态的使用

DSP 无论是运算还是存取数据，速度都很快，但外部存储器或其他设备的读写周期都较长。若 DSP 的指令周期为 T，不加等待时（零等待）要求外部存储器的读写周期小于此周期的 60%。如果在 DSP 与外部存储器之间还有译码电路，即使高速的译码电路也有 4ns 左右的门延迟，那么对外部存储器的速度要求更高。如一个 DSP 指令周期为 25ns，不加译码电路时，要求零等待外部存储器的读写周期小于 15ns；若 DSP 与存储器之间有 4ns 延迟的译码电路，则存储器的读写周期必须小于 11ns。因此经常用等待方式访问外存储器。

相对于存储器，其他设备的读写响应速度要低得多，更有必要加入等待状态。为此，DSP 有软等待（内等待）、硬等待（外等待）访问控制以便于与不同速度的外围器件交换数据，同时 DSP 自身的运行速度又可以保持很高。软、硬件等待都可以分别对不同类型、不同地址范围的外设产生不同的等待状态数。

软件等待由 DSP 设置片内的软件等待状态寄存器来指定访问时的周期数，它可以为片外不同的地址空间产生不同的软等待周期。若 DSP 的一个标准访问周期是 20ns，则零等待访问周期就是 20ns，5 个等待访问周期就是 20+20×5=120ns。新的访问开始时，软等待计数器清 0 并开始计数，当软等待计数达到设定值时，软等待信号从无效变为有效。

软件等待灵活可改，不用专门的硬件电路，但其局限性在于等待时间有限，只限于 0～7 个（C54xx 系列可达 14 个）等待，对于极慢速的器件就无能为力了。

硬件等待首先由外围器件给 DSP 的准备好（READY）管脚发出信号，以告知 DSP 当前的访问能否结束。DSP 测到此管脚信号有效，则结束这次访问；若此管脚信号无效，则延续当前访问（继续让相应的地址线、数据线、读/写线、控制线保持现有状态），等到下一个时钟周期重新检测此管脚。

C54x 的软、硬等待关系和使用方法如下：

- 当软等待数大于等于 2 时，C54x 才检测 READY 管脚，即软等待状态（2～7 个）结束时，C54x 根据 READY 信号决定是否插入硬等待。硬件等待状态是在软件等待状态的基础上插入的。
- 如果不用硬等待或仅用零等待和 1 等待时，READY 信号固定接高电平。
- 零等待和 1 等待只能由软等待方式产生。

- 当需要同时插入硬件和软件等待状态时，$\overline{\text{MSC}}$ 和外部器件的 READY 信号通过一个或门加到 C54x 的 READY 输入端。
- 请注意，DSP 对片内 RAM、ROM 和寄存器的访问都是零等待的，软、硬件等待都只影响 DSP 对片外的访问。

习题七

1．定时器由哪些部分构成？说明其工作原理。

2．在例 7-1 中，系统的工作频率设置为 16.384MHz。若定时时间为 0.5ms，计算定时常数，给出定时控制寄存器 TCR 和定时周期寄存器 PRD 的初始化值。

3．设系统的工作频率为 16.384MHz，要求在 XF 引脚输出一个周期为 1ms 的方波，可将定时器设置为 0.5ms，在定时器的中断服务程序中对 XF 输出取反一次，形成所要求的波形，编写程序实现。若要求在 XF 引脚输出一个周期为 40μs 的方波，重新设计程序。

4．多通道缓冲串口（McBSP）由哪些部分构成？

5．描述 McBSP 数据的接收和发送过程。

6．什么是子地址寻址技术？举例说明如何访问串口控制寄存器？

7．HPI-8 接口有几个寄存器？它们的作用是什么？

8．HPI-8 接口如何控制 16 位数据的传输？

9．DSP 片内存储器和片外存储器有哪些区别？为什么要尽量使用片内存储器？

10．DSP 如何与不同速率的片外存储器以及其他外设进行数据交换？

第 8 章　TMS320C54x 硬件系统设计

本章介绍基于 TMS320C54x 芯片的硬件设计。首先概述 DSP 系统硬件设计过程，然后介绍 DSP 硬件基本设计，包括电源电路、复位电路、时钟电路、JTAG 接口电路等，并给出一个完整的 DSP 软硬件设计入门实例。接着介绍程序存储器和数据存储器的扩展，并详细描述了 FLASH 烧写、自举加载的过程。最后介绍了数字信号处理系统常用的两个实例，即 A/D、D/A 和 DSP 的接口软硬件设计，以及语音信号处理系统的软硬件设计。

- DSP 系统的基本设计：电源电路、复位电路、时钟电路、JTAG 接口电路
- 外部存储器扩展
- A/D、D/A 接口电路设计
- 语音信号处理系统设计

8.1　硬件系统设计概述

DSP 系统的硬件设计又称为目标板设计，是在考虑算法需求、成本、体积和功耗核算的基础上完成的，一个典型的 DSP 目标板主要包括：DSP 芯片及 DSP 基本系统、程序和数据存储器、数/模和模/数转换器、模拟控制与处理电路、各种控制口和通信口、电源处理电路和同步电路。

DSP 硬件设计包括：硬件方案设计、DSP 及周边器件选型、原理图设计、PCB 设计及仿真、硬件调试等。

系统硬件设计过程：

第一步，确定硬件实现方案。

在考虑系统性能指标、工期、成本、算法需求、体积和功耗核算等因素的基础上，选择系统的最优硬件实现方案。

第二步，器件的选择。

一个 DSP 硬件系统除了 DSP 芯片外，还包括 ADC、DAC、存储器、电源、逻辑控制、通信、人机接口、总线等基本部件。

① DSP 芯片的选择。首先要根据系统对运算量的需求来选择；其次要根据系统所应用领域来选择合适的 DSP 芯片；最后要根据 DSP 的片上资源、价格、外设配置以及与其他元部件的配套性等因素来选择。

② ADC 和 DAC 的选择。A/D 转换器的选择应根据采样频率、精度以及是否要求片上自

带采样、多路选择器、基准电源等因素来选择；D/A 转换器应根据信号频率、精度以及是否要求自带基准电源、多路选择器、输出运放等因素来选择。

③ 存储器的选择。常用的存储器有 SRAM、EPROM、EEPROM 和 FLASH 等。可以根据工作频率、存储容量、位长（8/16/32 位）、接口方式（串行还是并行）、工作电压（5V/3V）等来选择。

④ 逻辑控制器件的选择。系统的逻辑控制通常是用可编程逻辑器件来实现。首先确定是采用 CPLD 还是 FPGA；其次根据自己的特长和公司芯片的特点选择哪家公司的哪个系列的产品；最后还要根据 DSP 的频率来选择所使用的 PLD 器件。

⑤ 通信器件的选择。通常系统都要求有通信接口。首先要根据系统对通信速率的要求来选择通信方式。然后根据通信方式来选择通信器件，一般串行口只能达到 19kb/s，而并行口可达到 1Mb/s 以上，若要求过高可考虑通过总线进行通信。

⑥ 总线的选择。常用总线 PCI、ISA 以及现场总线（包括 CAN、3xbus 等）。可以根据使用的场合、数据传输要求、总线的宽度、传输频率和同步方式等来选择。

⑦ 人机接口。常用的人机接口主要有键盘和显示器。它们可通过与其他单片机的通信构成，也可与 DSP 芯片直接构成。采用哪种方式视情况而定。

⑧ 电源的选择。主要考虑电压的高低和电流的大小。既要满足电压的匹配，又要满足电流容量的要求。

第三步，原理图设计。

在原理图设计阶段必须清楚地了解器件的特性、使用方法和系统的开发，必要时可对单元电路进行功能仿真。

原理图设计包括：

① 系统结构设计，可分为单 DSP 结构和多 DSP 结构、并行结构和串行结构、全 DSP 结构和 DSP/MCU 混合结构等。

② 模拟数字混合电路的设计，主要用来实现 DSP 与模拟混合产品的无逢连接。包括信号的调理、A/D 和 D/A 转换电路、数据缓冲等。

③ 存储器的设计，是利用 DSP 的扩展接口进行数据存储器、程序存储器和 I/O 空间的配置。在设计时要考虑存储器映射地址、存储器容量和存储器速度等。

④ 通信接口的设计。

⑤ 电源和时钟电路的设计。

⑥ 控制电路的设计，包括状态控制、同步控制等。

第四步，PCB 设计。

数字器件正朝着高速低功耗、小体积、高抗干扰性的方向发展，这一发展趋势对印刷电路板的设计提出了很多新要求。由于 DSP 指令周期为 ns 级，高频特性已经非常明显，这就要求设计人员既要熟悉系统的工作原理，还要清楚硬件系统的抗干扰技术、布线工艺和系统结构设计。必要时采用多层板进行 PCB 设计，以提高布通率和抗噪声性能，保证信号的完整性。

第五步，硬件调试。

拿到 PCB 板后，首先应检查是否同电路板图一致，对于重要的点和线（特别是电源、地）要用万用表进行测试，确保连接正确；对所用的元器件进行质量检查；按照印刷电路板上的器件名称、标识焊接好各个元器件；采用硬件仿真器和万用表、示波器、信号发生器等对硬件电路电器系统测试，看是否能正常工作，通常应对不同功能模块编写出相应的测试程序。

8.2　DSP 硬件系统的基本设计

一个 DSP 硬件系统要能够正常地运行程序完成简单的任务，并能够通过 JTAG 被调试，它的最小系统应该包括 DSP 芯片、电源、时钟源、复位电路、JTAG 电路、程序 ROM 以及对芯片所做的设置，如图 8-1 所示，图中'上下拉'指把 DSP 的某些控制引脚接高电平或低电平，以设置 DSP 时钟及工作模式。本节主要以 TMS320VC5402 芯片为例，首先介绍 DSP 硬件系统的基本电路设计，即电源电路、时钟电路、复位电路、JTAG 电路的设计，然后给出一个用 DSP 点亮 LED 灯的入门实例。

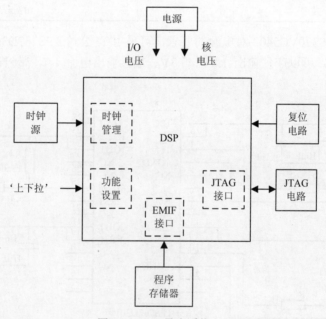

图 8-1　DSP 最小系统

8.2.1　电源电路

为了降低芯片功耗，TMS320C54x 系列芯片大部分采用低电压设计，并且采用双电源供电，即内核电源 CV_{DD} 和 I/O 电源 DV_{DD}。内核电源 CV_{DD} 主要为芯片的内部逻辑提供电压，通常采用 3.3V、2.5V 或 1.8V 电源供电。I/O 电源 DV_{DD}，主要供 I/O 接口使用，采用 3.3V 电源供电。

TMS320C54x 系列芯片采用双电源供电，使用时要考虑它们的加电次序。TMS320C54x 系列芯片的一些 I/O 管脚是双向的，方向由内核控制。I/O 电压一旦被加上以后，I/O 管脚就立即被驱动，如果此时还没加核电压，那么 I/O 的方向可能就不确定是输入还是输出。如果是输出，且这时与之相连的其他器件的管脚也处于输出状态，那么就会造成时序的紊乱或者对器件本身造成损伤。故需要内核电压 CV_{DD} 比 I/O 电压 DV_{DD} 先加载，至少是同时加载。CPU 内核与 I/O 供电应尽可能同时，二者时间相差不能太长（一般不能＞1s，否则会影响器件的寿命或损坏器件）。同时电源关闭也应该遵循这样的原则，即 CPU 内核电压 CV_{DD} 后于 I/O 电压 DV_{DD} 掉电。

电源电路设计主要的考虑因素有：输出的电压、电流、功率；输入的电压、电流；输出纹波；电磁兼容和电磁干扰；体积限制；功耗限制；成本限制等因素。

目前，生产电源的芯片较多，如 Maxim 公司的 MAX604、MAX748；TI 公司的 TPS71xx、TPS72xx、TPS73xx 等系列。电源器件的选择有线性电源芯片、开关电源芯片、电源模块几种类型，各自特点如表 8-1 所示。

表 8-1 电源电路类型

	供电功率	自身热耗	设计难易程度	电源质量	价格
线性电源芯片	小	大	易	好	低
开关电源芯片	大	小	难	相对差	低
电源模块	大	小	易	相对差	高

为了满足 TMS320VC5402 对电源的要求，可采用 TI 公司 TPS767D301 的专用电源芯片，其电源输入为 5V，可以产生输出 1.8V、3.3V、最大输出电流 1A，带过热保护功能。其应用电路如图 8-2 所示。

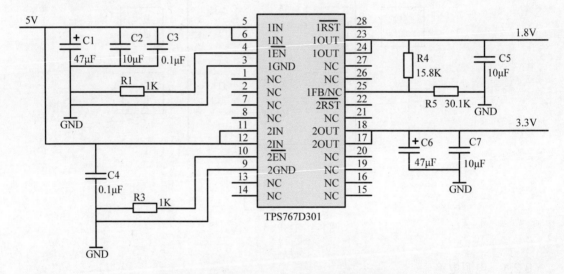

图 8-2 TPS767D301 组成的双电源应用电路

8.2.2 复位电路

TMS320C54x 的复位输入引脚（$\overline{RS}$）为处理器提供了一种硬件初始化的方法，它是一种不可屏蔽的外部中断，可在任何时候对 TMS320C54x 进行复位。对于复位电路，一方面应确保复位低电平时间足够长（一般需要 20ms 以上），保证 DSP 可靠复位；另一方面应保证稳定性良好，防止 DSP 误复位。复位后（$\overline{RS}$ 回到高电平），CPU 从程序存储器的 FF80H 单元取指，并开始执行程序。

TMS320C54x 的复位分为软件复位和硬件复位。软件复位是通过执行指令实现芯片的复位。硬件复位是通过硬件电路实现复位。硬件复位有上电复位、手动复位、自动复位几种方法。

1. 上电复位电路

上电复位电路是利用 RC 电路的延迟特性来产生复位所需的低电平时间。电路如图 8-3

所示。由 RC 电路和施密特触发器组成。

上电瞬间，由于电容 C 上的电压不能突变，使 $\overline{RS}$ 仍为低电平，芯片处于复位状态，同时通过电阻 R 对电容 C 进行充电，充电时间常数由 R 和 C 的乘积确定。

为了使芯片正常初始化，通常应保证 $\overline{RS}$ 低电平的时间至少持续 3 个外部时钟周期。但在上电后，系统的晶体振荡器通常需要 100～200ms 的稳定期，因此由 RC 决定的复位时间要大于晶体振荡器的稳定期。为了防止复位不完全，RC 参数可选择大一些。

复位时间可根据充电时间来计算。电容电压：$V_C = V_{CC}(1-e^{-t/\tau})$，时间常数 $\tau = RC$。复位时间为：

$$t = -RC\ln\left[1 - \frac{V_c}{V_{cc}}\right] \tag{8-1}$$

设 $V_C=1.5V$ 为阈值电压，选择 R = 100k，C = 4.7μF，电源电压 V_{CC} = 5V，可得复位时间 t = 167ms。随后的施密特触发器保证了低电平的持续时间至少为 167ms，从而满足复位要求。

2. 手动复位电路

手动复位电路是通过上电或按钮两种方式对芯片进行复位。电路图如图 8-4 所示。电路参数与上电复位电路相同。当按钮闭合时，电容 C 通过按钮和 R_1 进行放电，使电容 C 上的电压降为 0；当按钮断开时，电容 C 的充电过程与上电复位相同，从而实现手动复位。

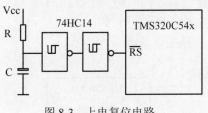

图 8-3　上电复位电路

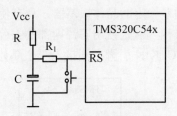

图 8-4　手动复位电路

3. 自动复位电路

由于实际的 DSP 系统需要较高频率的时钟信号，在运行过程中极容易发生干扰现象，严重时可能会造成系统死机，导致系统无法正常工作。为了解决这种问题，除了在软件设计中加入一些保护措施外，硬件设计还必须做出相应的处理。目前，最有效的硬件保护措施是采用具有监视功能的自动复位电路，俗称"看门狗"电路。

自动复位电路除了具有上电复位功能外，还能监视系统运行。当系统发生故障或死机时可通过该电路对系统进行自动复位。基本原理是通过电路提供的监视线来监视系统运行。当系统正常运行时，在规定的时间内给监视线提供一个变化的高低电平信号，若在规定的时间内这个信号不发生变化，自动复位电路就认为系统运行不正常，并对系统进行复位。

自动复位电路的设计可采用 555 定时器和计数器组成，也可采用专用的自动复位集成电路，如 Maxim 公司的 MAX706、MAX706R 芯片。MAX706R 是一种能与具有 3.3V 工作电压的 DSP 芯片相匹配的自动复位电路。由 MAX706R 组成的自动复位电路如图 8-5 所示。引脚 6 为系统提供的监视信号 CLK，来自 DSP 芯片某个输出端，是一个通过程序产生的周期不小于 10Hz 的脉冲信号。引脚 7 为低电平复位输出信号，是一个不小于 1.6s 的复位脉冲，用来对 DSP 芯片复位。

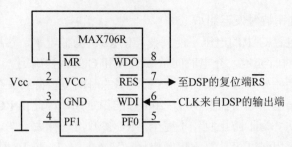

图 8-5　自动复位电路

当 DSP 处于不正常工作时，由程序所产生的周期脉冲 CLK 将会消失，自动复位电路将无法接收到监视信号，MAX706R 芯片将通过引脚 7 产生复位信号，使系统复位，程序重新开始运行，强迫系统恢复正常工作。

8.2.3　时钟电路

时钟电路用来为 C54x 芯片提供时钟信号，由一个内部振荡器和一个锁相环 PLL 组成，可通过芯片内部的晶体振荡器或外部的时钟电路驱动。

C54x 时钟信号的产生有两种方法：一种是使用外部时钟源的时钟信号，连接方式如图 8-6 所示。将外部时钟信号直接加到 DSP 芯片的 X2/CLKIN 引脚，而 X_1 引脚悬空。外部时钟源可以采用频率稳定的晶体振荡器，具有使用方便，价格便宜，因而得到广泛应用。

另一种方法是使用芯片内部的振荡器构成时钟电路，连接方式如图 8-7 所示，在芯片的 X_1 和 X_2/CLKIN 引脚之间接入一个晶体，用于启动内部振荡器。

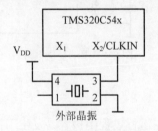

图 8-6　使用外部时钟源

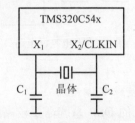

图 8-7　使用芯片内部的振荡器

8.2.4　JTAG 接口电路

JTAG 接口用于 DSP 程序下载和仿真通信。为了达到与仿真器通信的目的，用户的目标系统必须包含一个 14 个引脚的接头（两排，每排 7 个引脚）。JTAG 接口引脚如图 8-8 所示，各引脚功能描述如表 8-2 所示。注意：仿真器第 6 个引脚位置被堵塞以防止不正确的连接。

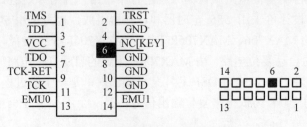

图 8-8　JTAG 接口引脚功能图

DSP 系统设计中，JTAG 接口电路如图 8-9 所示。

表 8-2　14 个引脚的接头的信号描述

信　号	描　述	仿真器状态	DSP 状态
EMU0	仿真管脚 0	I	I/O
EMU1	仿真管脚 1	O	I/O
GND	接地端		
VCC	目标系统的电源	I	O
TCK	检测时钟。TCK 是一个来自于仿真电缆盒的 10.368MHz 的时钟信号源，本信号可被用来驱动系统检测时钟	O	I
TCK-RET	检测时钟返回。提供给仿真器的测试时钟，可以是 TCK 的缓冲或非缓冲形式	I	O
TDI	测试数据输入	O	I
TDO	测试数据输出	I	O
TMS	测试模式选择	O	I
$\overline{\text{TRST}}$	测试复位	O	I

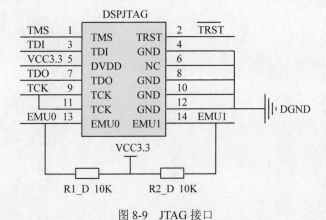

图 8-9　JTAG 接口

8.2.5　DSP 系统硬件设计入门实例

本节以用 TMS320VC5402 芯片点亮 LED 灯为一个入门实例，给出完整的软硬件设计。

系统硬件总体设计图如图 8-10 所示，主要包括电源电路、复位电路、时钟电路、JTAG 接口、一个 LED 灯。

图 8-10　系统硬件总设计图

LED 灯与 DSP 的连接电路如图 8-11 所示；DSP 芯片电路如图 8-12 所示。电源电路如 8.2.1 节中的图 8-2 所示；复位电路采用手动式，电路如图 8-13 所示；时钟电路如图 8-14 所示；JTAG

电路如 8.2.4 节中的图 8-9 所示。

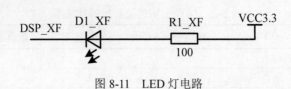

图 8-11　LED 灯电路

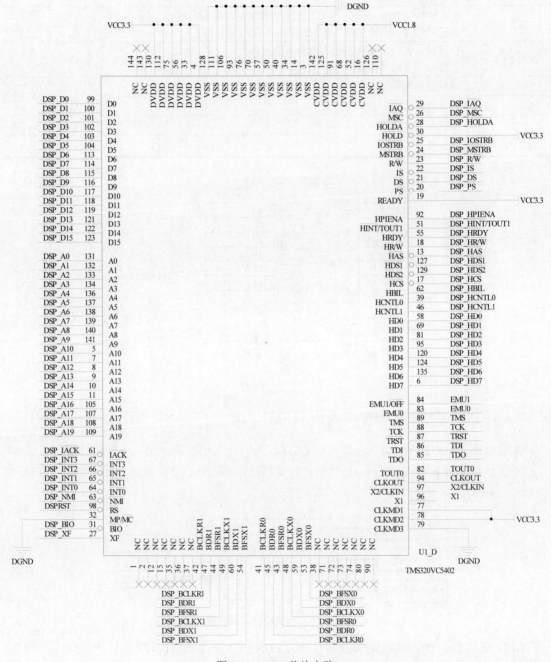

图 8-12　DSP 芯片电路

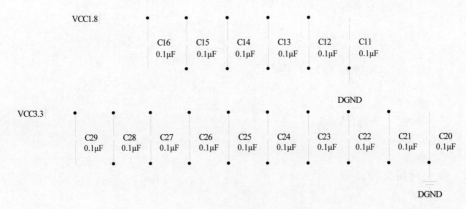

图 8-12　DSP 芯片电路（续图）

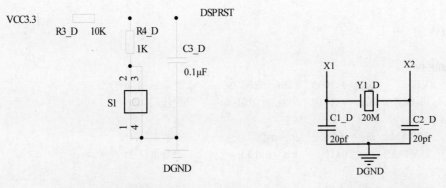

图 8-13　手动复位电路　　　　　　　　图 8-14　时钟电路

　　软件工程主要包括三个文件，即汇编源文件、复位向量文件和链接命令文件，具体代码分别如下。

　　（1）汇编源程序如下：

```
            .mmregs
            .def    _c_int00
stack       .usect  "STACK",10H
            .text
_c_int00:
            STM     #stack+10H, SP
            STM     #0000h, CLKMD
status:     LDM     CLKMD, A
            AND     #01h, A
            BC      status, ANEQ
            STM     #40C7h,CLKMD ;   //设置 CPU 运行频率=100M
            STM     #0, SWWSR
            STM     #1020h, PMST
loop:       SSBX    XF
            CALL    delay
            RSBX    XF
            CALL    delay
            B       loop
```

```
delay:
        STM      #3000h, AR6
loop1:
        STM      #0100h, AR7
loop2:
        BANZ     loop2,*AR7-
        BANZ     loop1,*AR6-
        RET
        .end
```

（2）复位向量文件。

```
.ref    _c_int00
.sect ".vectors"
B       _c_int00
.end
```

（3）链接命令文件。

```
MEMORY
{
    PAGE 0:
        VECS:    org = 0x1000,    len = 0x0010       /*中断向量表*/
        PROG1:   org = 0x1010,    len = 0x0100       /*代码区*/
    PAGE 1:
        SPRAM:   org = 0x80,      len = 0x20         /*数据区 1*/
        DARAM:   org = 0x100,     len = 0x100        /*数据区 2*
}

SECTIONS
{
    .text       :>      PROG1     PAGE 0
    .vectors    :>      VECS      PAGE 0
    .bss        :>      SPRAM     PAGE 1
    STACK       :>      DARAM     PAGE 1
    .data       :>      DARAM     PAGE 1
}
```

8.3　外部存储器扩展设计

对于数据运算量和存储容量要求较高的系统，在应用 DSP 芯片作为核心器件时，由于芯片自身的内存和 I/O 资源有限，往往需要存储器和 I/O 的扩展。在进行 DSP 外部存储器扩展之前，必须了解 DSP 片上存储资源，并根据应用需求来扩展存储空间。当片上存储资源不能满足系统设计的要求时，就需要进行外部存储器扩展。

外部存储器主要分为两类。一类是 ROM，包括 EPROM、EEPROM 和 FLASH 等。ROM 主要用于存储用户的程序和系统常数表，一般映射在程序存储空间。另一类是 RAM，分为静态 RAM（SRAM）和动态 RAM（DRAM）。RAM 常选择速度较高的快速 RAM，既可以用作程序空间的存储器，也可以用作数据空间的存储器。

8.3.1　程序存储器扩展

C54xx 的地址总线有 16～23 条，芯片的型号不同其配置的地址总线也不同。

C5402 芯片共有 20 根地址线，最多可以扩展 1M 字外部程序存储空间，其中高 4 位地址线（A19～A16）是受 XPC 寄存器控制。

扩展程序存储器时，除了考虑地址空间分配外，关键是存储器读写控制和片选控制与 DSP 的外部地址总线、数据总线及控制总线的时序配合。

1. 程序存储器的工作方式

程序存储器有三种工作方式：

① 读操作。若存储器的片选信号 $\overline{CE}$ 和输出使能信号 $\overline{OE}$ 为低电平时，地址线所选中单元的内容出现在数据总线上，实现读操作。

② 维持操作。当片选信号 $\overline{CE}$ 为高电平时，存储器处于维持状态，芯片的地址和数据总线为高阻状态，存储器不占用地址和数据总线。

③ 编程操作。当编程电源加规定的电压，片选和读允许端加要求的电平，通过编程器可将数据固化到存储器中，完成编程操作。

2. 扩展程序存储器

选取程序存储器主要需考虑以下几方面因素：

- 根据应用系统的容量选择存储芯片容量；
- 根据 CPU 工作频率，选取满足最大读取时间、电源容差、工作温度等性能的芯片；
- 选择逻辑控制芯片，以满足程序扩展、数据扩展和 I/O 扩展的兼容；
- 与 5V 存储器扩展时，要考虑电平转换。

FLASH 存储器与 EPROM 相比，具有更高的性能价格比，而且体积小、功耗低、可电擦写、使用方便，并且 3.3V 的 FLASH 可以直接与 DSP 芯片连接。

SST39VF400A 是 SST 公司生产的多用途高性能、低电压、基于 CMOS 的 FLASH，其主要特点为：256K×16 位容量；可擦写次数高达 10 万次；快速读取速度为 90ns；支持 JEDEC 标准，引脚分布和指令集与单电源闪存相兼容；可进行在线编程操作，同时其 2.7～3.6V 工作电压使其能直接与 3.3V 的高性能 DSP 连接，简化了系统对电源的要求。其功能表如表 8-3 所示。

表 8-3　SST39VF400A 功能表

工作模式	$\overline{CE}$	$\overline{OE}$	$\overline{WE}$	DQ	地址
读	L	L	H	数据输出	地址输入
编程	L	H	L	数据输入	地址输入
擦除	L	H	L	×[1]	扇区或块地址，整片擦除地址 XXH
保持	H	×	×	高阻	×
写禁止	×	L	×	高阻/数据输出	×
	×	×	H	高阻/数据输出	×

×[1]：该引脚为高电平或低电平，不能取其他值。

图 8-15 为 TMS320VC5402 与 SST39VF400A 的程序存储器扩展电路。SST39VF400A 为
DSP 的外部程序存储器。将两个芯片的低 17 位地址线对应相连。将 TMS320VC5402 的读写
状态信号引脚 R/$\overline{\text{W}}$ 直接接到 SST39VF400A 的写使能引脚 $\overline{\text{WE}}$，并在反相后接到读使能引脚
$\overline{\text{OE}}$，即可实现 TMS320VC5402 对 FLASH 的读写控制。由于 FLASH 芯片用作 DSP 系统的外
部程序存储器，因此应将 TMS320VC5402 的外部存储器选通信号 $\overline{\text{MSTRB}}$ 接到 SST39VF400A
的片选信号 $\overline{\text{CE}}$。这样，当需要对外部存储器进行操作时，$\overline{\text{MSTRB}}$ 信号有效就可选中 FLASH。
自举引导装载完成后，系统将使用内部 RAM，此后 $\overline{\text{MSTRB}}$ 处于无效（高电平）状态。由于
设计中将 FLASH 芯片屏蔽不选通，因而避免了地址访问的冲突。

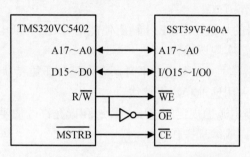

图 8-15　DSP 与 SST39VF400A 连接图

3. 烧写 FLASH

FLASH 的写操作相对复杂一些，它需要一串命令序列，写入 FLASH 的命令寄存器来完
成相应的命令，只要按照特定的命令时序向 FLASH 写入编程命令和数据，就可以实现对
FLASH 的编程。在对 FLASH 编程之前应先进行擦除工作，擦除之后所有存储单元中数据均
为 FFFFH。擦除指令序列如表 8-4 所示；编程指令如表 8-5 所示。

表 8-4　SST39VF400A 的擦除命令

擦除类型	1		2		3		4		5		6	
	地址	数据	地址	数据	地址	数据	地址	数据	地址	数据	地址	数据
扇区擦除	5555H	AAH	2AAAH	55H	5555H	80H	5555H	AAH	2AAAH	55H	SAx	30H
块擦除	5555H	AAH	2AAAH	55H	5555H	80H	5555H	AAH	2AAAH	55H	BAx	50H
整片擦除	5555H	AAH	2AAAH	55H	5555H	80H	5555H	AAH	2AAAH	55H	5555H	10H

表 8-5　SST39VF400A 的编程命令

1		2		3		4	
地址	数据	地址	数据	地址	数据	地址	数据
5555H	AAH	2AAAH	55H	5555H	A0H	WA	DATA

（1）擦除命令。擦除命令支持扇区擦除（每扇区 2K 字）、块擦除（每块 32K 字）和整片
擦除，并且两种操作均需要 6 个总线周期来完成，每个总线周期可往特定的地址写入相应的指
令字，其具体的擦除命令如表 8-4 所示。表 8-4 中，SAx 为扇区擦除的首地址，可由地址线
A17～A11 决定；BAx 为块擦除的首地址，可由地址线 A17～A15 决定。下面是以整片擦除为
例的擦除程序代码：

```
ERASE_COMMAND:
        STM   0x5555,  AR1    ;周期 1 解锁
        LD    AAH,  A
        STL   A,  *AR1
        RPT   #12
        NOP
        STM   0x2AAA,  AR1    ;周期 2 解锁
        LD    55H,  A
        STL   A,  *AR1
        RPT   #12
        NOP
            STM   0x5555,  AR1    ;周期 3 建立
            LD    80H,  A
            STL   A,  *AR1
            RPT   #12
            NOP
            STM   0x5555,  AR1    ;周期 4 解锁
            LD    AAH,  A
            STL   A,  *AR1
            RPT   #12
            NOP
            STM   0x2AAA,  AR1    ;周期 5 解锁
            LD    55H,  A
            STL   A,  *AR1
            RPT   #12
            NOP
            STM   0x5555,  AR1    ;周期 6（片擦除）
            LD    10H,  A
            STL   A,  *AR1
            RPT   #12
            NOP
            CALL   JUDGE   ;检测是否擦除结束,见 Flash 的操作检测
            RET
```

（2）编程命令。通过该命令可将 DSP 中的程序代码"烧写"到 FLASH 存储器中，执行该命令共需要 4 个总线周期，具体如表 8-5 所示。表中的 WA 是要写入数据的地址。其具体编程程序如下：

```
WRITE_COMMAND:
        STM   0x5555,  AR1    ;周期 1 解锁
        LD    AAH,  A
        STL   A,  *AR1
        RPT   #12
        NOP
        STM   0x2AAA,  AR1;周期 2 解锁
        LD    55H,  A
        STL   A,  *AR1
        RPT   #12
        NOP
```

```
        STM   0x5555,  AR1;周期 3 建立
        LD   A0H,  A
        STL  A,  *AR1
        RPT  #12
        NOP
        RET
```

（3）FLASH 的操作检测。为了判断编程/擦除操作是否完成，SST39VF400A 提供了两种方法。一种是通过数据线的第 7 位 DQ7 判断，在内部编程过程中，DQ7 位输出的值是该位写入值的反码，编程结束后变为该位写入的真实值，而在内部擦除过程中 DQ7 位输出为逻辑"0"，擦除结束后输出逻辑"1"。另一种是通过数据线 DQ6 位判断，若连续读取 DQ6 位，在内部编程或擦除过程中，其值是在"0"和"1"之间不断跳变的，当内部编程和擦除结束后，它就停止跳变。

其检测程序如下：

```
JUDGE:
        LD    *(WA1),  B        ; WA1 为要写入的数据
        AND   #0080h,  B
        LD    *(WA2),  A        ; WA2 为被烧写地址的数据
        AND   #0080h,  A
        XOR   B,       A
        BC    JUDGE,  AEQ       ; 若 DQ7 不是写入的数据则继续检测
        RET
```

（4）FLASH 中的自举表存储格式。为了实现 DSP 的上电自举，FLASH 中的数据必须按照自举表的格式进行"烧写"。自加载时，首先由 DSP 运行自举表，并根据表中前部分的用户起始地址把后面的程序代码加载到 DSP 片内程序空间中相应的用户地址区域，然后根据自举表中的程序入口地址，在程序空间相应的地址开始运行程序。

具体而言，当 $MP/\overline{MC}=0$ 时，TMS320C5402 被置于微计算机模式。上电或复位时，程序指针指向片内 ROM 区的 FF80H 单元，该单元放置了一条跳转指令，使程序跳转到 F800H 单元。而 F800H 就是自举加载器（Bootloader）引导程序的起始单元。Bootloader 的任务就是将存放在外部 FLASH 中的程序"搬运"到 DSP 内部或外部的 RAM 区，"搬运"完后跳转到程序入口处执行。存放在外部 FLASH 中的用户程序与一些必要的引导信息组合在一起，称为 Boot 表（自举表）。16 位模式下通用的 Boot 表结构如表 8-6 所示。

表 8-6　16 位模式下通用 Boot 表结构

序号	内容
1	10AA（16 位存储格式）
2	SWWSR 值
3	BSCR 值
4	Boot 之后程序执行入口偏移地址 XPC
5	Boot 之后程序执行入口地址 PC
6	第一个程序段的长度
7	第一个程序段要装入的内部 RAM 区偏移地址
8	第一个程序段要装入的内部 RAM 区地址

续表

序号	内容
9	第一个程序段代码…
10	第二个程序段的长度
11	第二个程序段要装入的内部 RAM 区偏移地址
12	第二个程序段要装入的内部 RAM 区地址
13	第二个程序段代码…
14	Boot 表结束标志: 0x0000

TMS320C5402 提供了多种自举加载的方法。在此使用并行加载模式，因此令 INT2=1 和 INT3=1。在并行模式下，自举表放在外部数据存储器的 32K 高端地址区间：8000H～0FFFFH。自举表首地址放在数据空间的 0FFFFH 单元。加载时，Bootloader 读取数据空间的 0FFFFH 单元中的内容，将其作为首地址，从该地址开始复制数据到内部的程序空间。复制完毕后，Bootloader 便跳转到指定的程序入口地址，开始执行用户程序。

（5）"烧写"程序代码。整个程序的"烧写"过程是先将用户程序代码通过仿真器 load 到 DSP 的 DARAM 中，然后将"烧写"程序搬移到 FLASH 中。具体过程如下：建立两个独立的工程文件：MyProject.pjt 和 FlashBurn.pjt。前者生成的目标文件就是要烧入到 FLASH 中的用户程序，后者则用来实现烧入过程。

两个工程建立并且编译完毕后，在 CCS 中先打开 MyProject.pjt 工程文件，用"File→Load Program..."菜单命令下载用户程序目标代码 MyProject.out；再打开 FlashBurn.pjt 工程文件，下载 FlashBurn.out，运行 FlashBurn.out，即可将 MyProject.out 代码及其 Boot 引导信息写入到 FLASH 中。

脱离仿真器，令 $MP/\overline{MC}$=0，上电复位，即可实现自举加载并自动运行。

注意，由于两个工程的可执行文档都要 load 到 DSP 中，因此要求用户程序链接文件中的程序空间和"烧写"程序所存放的程序空间不能重合，否则就会将错误的程序代码写入到 FLASH 中。

"烧写"程序代码如下：

```
CALL   ERASE_COMMAND
CALL   WRITE_COMMAND
STM    0x8000, AR1
LD     10AAH, A
STL    A, *AR1+
RPT    #12
NOP
CALL   JUDGE
CALL   WRITE_COMMAND
LD     6E00H, A
STL    A, *AR1+
RPT    #12
NOP
CALL   JUDGE
CALL   WRITE_COMMAND
```

```
LD      F8000H,  A
STL     A,  *AR1+
RPT     #12
NOP
CALL    JUDGE
......
STM     #0080,   AR2
STM     #0x4D5,  BRC
RPTB    END-1
CALL    WRITE_COMMAND
LD      *AR2,   A+
STL     A,  *AR1+
RPT     #12
CALL    WRITECOMMAND
STM     0xFFFF,  AR1
LD      8000H,  A
STL     A,  *AR1
RPT     #12
NOP
CALL    JUDGE
END: CALL    WRITE_COMMAND
STM     0xFFFF,  AR1
LD      8000H,  A
STL     A,  *AR1
RPT     #12
NOP
CALL    JUDGE
```

下面是用户程序的连接文件 MyProject.cmd：

```
MEMORY
{
  PAGE 0:
        VECS:  origin=0x0080,  length=0x0080
        PROG:  origin=0x0100,  length=0x500
  PAGE 1:
        SRAM:  origin=0x0060,  length=0x0020
        STCK:  origin=0x2000,  length=0x0800
}
SECTIONS
{
   .vectors  :> VECS    PAGE  0
   .text     :> PROG    PAGE  0
   .stack    :> STCK    PAGE  1
   .bss      :> SRAM    PAGE  1
}
```

烧写程序的连接文件 FlashBurn.cmd 为：

```
MEMORY
{
```

```
PAGE 0:   PROG:   origin=0x0600, length=0x300
PAGE 1:   SRAM:   origin=0x0060, length=0x0020
          STCK:   origin=0x2000, length=0x0800
}
SECTIONS
{
    .text  :>  PROG   PAGE 0
    .stack :>  STCK   PAGE 1
    .bss   :>  SRAM   PAGE 1
}
```

4. DSP 并行自举引导加载过程

TI 公司的 DSP 芯片出厂时,在片内 ROM 中固化有引导装载程序 Bootloader,其主要功能就是将外部的程序装载到片内 RAM 中运行,以提高系统的运行速度。

TMS320VC5402 是 TI 公司的一款定点 DSP 芯片,其指令周期可达 10ns,片内有 16K×16 位的 RAM,性价比极高,被广泛应用在嵌入式系统、数据采集系统中。TMS320VC5402 的 Bootloacler 程序位于片内 ROM 的 0F800H~0FBFFH 空间。系统上电时,DSP 将检查外部引脚 MP/$\overline{\text{MC}}$ 的状态,如果该引脚为高电平,则 DSP 按微处理器模式启动;如果该引脚为低电平,则 DSP 按微计算机模式启动。此时,系统从 0FF80H 地址处开始执行程序,0FF80H 是 Bootloader 的中断矢量。因此,如果系统上电时 MP/$\overline{\text{MC}}$ 的状态为低电平,DSP 将从 FF80H 处跳转到 F800H 开始执行 TI 的 Bootloader 自动装载程序。

进入 Bootloader 程序后,首先检查 DSP 引脚 $\overline{\text{INT2}}$ 的状态,如果为低电平,则进入 HPI 引导装载模式,如果 $\overline{\text{INT2}}$ 为高电平则接下来检查 $\overline{\text{INT3}}$ 引脚。如果 $\overline{\text{INT3}}$ 引脚为低电平,则进入串行 EEPROM 引导装载模式,如果 $\overline{\text{INT3}}$ 为高电平则进入并行引导装载模式。当并行引导装载模式失败后,系统会自动进入串行口引导装载模式. 串行口引导装载失败后,系统又将进入 I/O 口引导装载模式。

当进入并行引导装载模式后,DSP 首先读取地址为 0FFFFH 的 I/O 空间单元,并将该单元的值作为引导表的首地址。在数据地址空间中读取引导表的第一个字,如果该字的值为 10AAH,则进入 16 位引导模式,如果低字节为 08H,则再进一步读取下一个值,如果该值的低字节为 AAH,则进入 8 位引导模式。如果从 I/O 地址空间中读取的引导表首地址所对应的引导表中得不到正确的引导信息,那么 DSP 将会从数据空间的 0FFFFH 地址再去读一个字作为引导表首地址,进而再从引导表首地址读取一个字。如果该字为 10AAH,则立即进入 l6 位引导模式,否则,将按 8 位方式处理:从 0FFFFH 读取一字节作为引导表首地址的低字节,从 0FFFEH 读取一字节作为引导首地址的高字节,再从引导表首地址读取一个值,如果低字节为 08H,则再读引导表的下一个值,如果为 AAH,则说明外部存储器是 8 位宽度,进入 8 位引导装载模式;如果以上步骤不能获取正确的引导信息,那么 DSP 将进入串行口引导装载模式。

如果并行引导装载成功,DSP 将从装载后新的程序开始地址执行程序。详细的并行引导流程图如图 8-16 所示。

硬件设计中,将 DSP 的 MP/$\overline{\text{MC}}$ 引脚接低电平,$\overline{\text{INT1}}$ ~ $\overline{\text{INT3}}$ 引脚通过上拉电阻接高电平。通过前面的方法将代码烧写到 FLASH 中。然后脱离仿真器,重新上电复位,即可实现自举加载并自动运行。

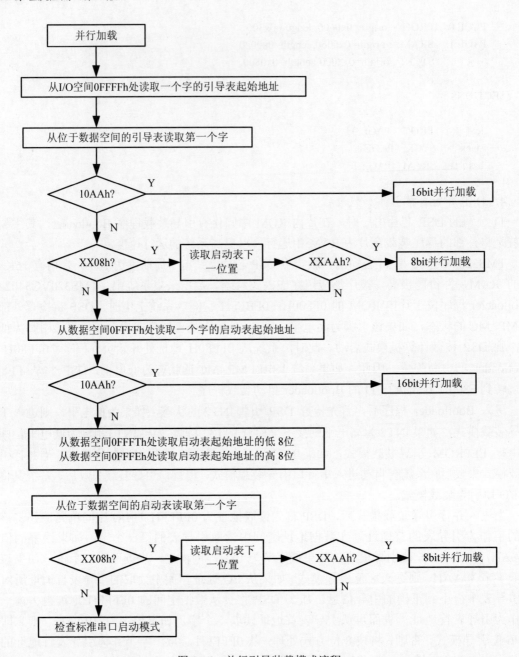

图 8-16　并行引导装载模式流程

8.3.2　数据存储器扩展

在 TMS320C54x 系列芯片中，型号不同所配置的内部 RAM 容量也不同。考虑到程序的运行速度、系统的整体功耗、性能价格比以及电路的抗干扰能力等方面的因素，在选择芯片型号时应尽量选择内部 RAM 容量大的芯片。但是芯片内部 RAM 的容量是有限的，在某些情况下需要大量的数据运算和存储时，就必须考虑外部数据存储器的扩展。常用的数据存储器分为静态存储器 SRAM 和动态存储器 DRAM。

如果系统对外部数据存储器的运行速度要求不高，可以采用常规的静态 RAM，如 62256、

62512 等。若兼顾 DSP 的运行速度，可以选择高速数据存储器。

IS61LV12816L 是一种高速数据存储器，容量为 128K 字。电源电压为 3.3V，与 DSP 外设电压相同。其功能表如表 8-7 所示，结构图如图 8-17 所示。

表 8-7　IS61LV12816L 功能表

工作模式	$\overline{WE}$	$\overline{CE}$	$\overline{OE}$	$\overline{LB}$	$\overline{UB}$	1/O0-I/O7	I/O8-I/O15
未选中	×	H	×	×	×	高阻	高阻
禁止输出	H	L	H	×	×	高阻	高阻
	×	L	×	H	H	高阻	高阻
读操作	H	L	L	L	H	数据输出	高阻
	H	L	L	H	L	高阻	数据输出
	H	L	L	L	L	数据输出	数据输出
写操作	L	L	×	L	H	数据输入	高阻
	L	L	×	H	L	高阻	数据输入
	L	L	×	L	L	数据输入	数据输入

TMS320VC5402 与 IS61LV12816L 扩展连接如图 8-18 所示。地址线和数据线对应相连，由于是数据存储器扩展，存储器的片选信号 $\overline{CE}$ 和 DSP 数据存储器片选信号 $\overline{DS}$ 相连，以选通外部数据存储器，而存储器的写允许端 $\overline{WE}$ 与 DSP 的读写控制段 $\overline{R}$ /W 相连，以实现数据的读/写操作。

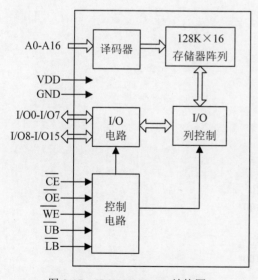

图 8-17　IS61LV12816L 结构图

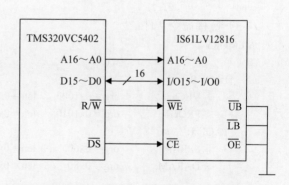

图 8-18　DSP 与 IS61LV12816L 连接图

向数据存储器 IS61LV12816L 写数据的程序清单如下。该代码完成向外部数据存储器起始地址为 0x4000 的空间写数据 0x55。

（1）汇编源程序如下：

```
            .mmregs
            .def   _c_int00
ExRamStart  .set   4000h
```

```
DataW       .set    55h
            .text
_c_int00:
            STM     #0000h,   CLKMD
status:     LDM     CLKMD,  A
            AND     #01h,   A
            BC      status,  ANEQ
            STM     #40C7h,   CLKMD     ;//设置 CPU 运行频率=100M
            STM     #4240h,   SWWSR
            STM     #1020h,   PMST
            STM     #0802h,   BSCR
            SSBX    #1h,  INTM

            STM     #100h,   BRC
            STM     #ExRamStart,   AR2
            RPTB    end-1
WExRam:     LD      #DataW,  B
            STL     B,  *AR2
            LD      *AR2,  A
            SUB     #DataW,  A
            BC      WExRam,  ANEQ      ;满足 A 不等于 0，则转到 WExRam
            LD      #DataW,  B
            STL     B,  *AR2+
end         B       end
            .end
```

（2）复位向量文件：

```
.ref      _c_int00
.sect     ".vectors"
B         _c_int00
.end
```

（3）链接命令文件：

```
MEMORY
{
    PAGE 0:
        VECS:           org = 0x1000,    len = 0x10
        PROG1:          org = 0x1010,    len = 0x100
    PAGE 1:
        SPRAM:          org = 0x60,      len = 0x20
        DARAM:          org = 0x80       len = 0x100
}
SECTIONS
{   .text      :>      PROG1      PAGE 0
    .vectors   :>      VECS       PAGE 0
    .bss       :>      SPRAM      PAGE 1
    .data      :>      DARAM      PAGE 1          }
```

打开存储器窗口，可查看向外部数据存储器 IS61LV12816L 写数据成功。

8.4　A/D 和 D/A 接口设计

在由 DSP 芯片组成的信号处理系统中，A/D 和 D/A 转换器是非常重要的器件。一个典型的实时信号处理系统如图 8-19 所示。输入信号可以有各种各样的形式，可以是语音信号或是来自电话线的已调制数字信号，也可以是各种传感器输出的模拟信号。这些输入信号首先经过放大和滤波，然后进行 A/D 转换将模拟信号变换成数字信号，再由 DSP 芯片对数字信号进行某种形式的处理，如进行一系列的乘法－累加运算。经过处理后的数字信号由 D/A 转换器变换成模拟信号，之后再进行平滑滤波，得到连续的模拟波形，完成实时信号的处理。

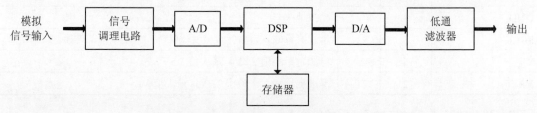

图 8-19　典型的实时信号处理系统

本节主要介绍 A/D、D/A 转换器件的工作原理和与 DSP 的接口设计及相应的软件编程。

8.4.1　DSP 与 A/D 的接口设计

模拟信号的采集过程是将模拟信号转换成数字信号，从而进行数字信号的处理。将模拟信号转换成数字信号的器件称为 A/D 转换器，用 ADC 表示。它对数字信号处理系统的设计和技术指标的保证起着重要作用。基于不同的应用，可选用不同性能指标和价位的芯片。对于 A/D 转换器的选择，主要考虑以下几方面的因素：

- 转换精度，一般系统要求对信号做一些处理，如 FFT 变换。因为 DSP 数据是 16 位，所以最理想的精度为 12 位，留出 4 位做算法溢出保护位。除此之外，DSP 可以接收高于 16 位的 ADC，例如接收 PCM1800（20 位的 ADC）的传输数据。
- 转换时间，DSP 的指令周期为 ns 级，运算速度极快，能进行信号的实时处理。为了体现它的优势，其外围设备的数据处理速度就要满足 DSP 的要求。同时，转换时间也决定它对信号的处理能力。
- 器件价格，器件的价格也是 A/D 的一个重要选择因素。

除了上述因素外，选择 ADC 时，也要考虑芯片的功耗、封装形式、质量标准等。

这里介绍同步串行 10 位 A/D 转换芯片 TLV1572，并给出 TLV1572 与 TMS320VC5402 缓冲串口接口的软、硬件设计实现方法。

1. TLV1572 芯片简介

TLV1572 是高速同步串行的 10 位 A/D 转换芯片，单电源 2.7V 至 5.5V 供电，8 引脚 SOIC 封装。功耗较低（3V 供电功耗 3mW，5V 供电功耗 25mW），当 AD 转换不进行期间自动进入省电模式。5V 供电、时钟速率 20MHz 时最高转换速率为 1.25 MSPS，3V 供电、时钟速率 10MHz 时最高转换速率为 625 KSPS。TLV1572 D 封装引脚排列如图 8-20 所示，

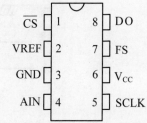

图 8-20　TLV1572 的引脚排列

表 8-8 所列为 TLV1572 的引脚说明。

表 8-8　TLV1572 引脚功能表

引脚名称	编号	I/O	说明
AIN	4	I	模拟输入。最小值：GND；最大值：VREF
$\overline{CS}$/Powerdown	1	I	片选信号，低电平有效。高电平时电源和 TLV1572 不连接
DO	8	O	ADC 串行数据输出
FS	7	I	DSP 方式时帧同步信号输入，在帧同步信号的下降沿模数转换的串行数据开始移至 DO 引脚输出；SPI 方式时和 V_{CC} 接在一起为高电平
GND	3		模拟地
SCLK	5	I	串行时钟输入，串行数据发送时钟，也用于内部转换
V_{CC}	6		电源。最小值 2.7V，最大值 5.5V
VREF	2	I	基准电压输入。最小 2.7V，最大值 V_{CC}

2. TLV1572 与 TMS320 系列 DSP 的连接

TLV1572 与 TMS320 系列 DSP 串行接口以及（Q）SPI 接口协议完全兼容，可以与 TMS320 系列 DSP 的串口及微处理器的 SPI 接口直接连接，不需要其他外部硬件电路。TLV1572 有两种工作方式，一种为 TMS320 DSP 工作方式，另一种为 SPI 工作方式，这里介绍 TLV1572 与 TMS320 系列 DSP 串口的连接，即 DSP 工作方式。

如图 8-21 所示为 TLV1572 与 TMS320 系列 DSP 的连接框图，如图 8-22 所示为 TLV1572 DSP 工作方式时序图。

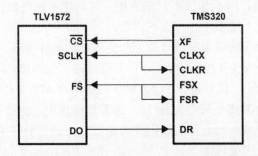

图 8-21　TLV1572 与 TMS320 系列 DSP 连接框图

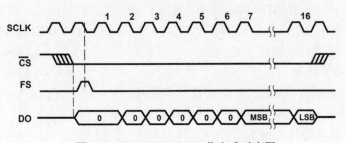

图 8-22　TLV1572 DSP 工作方式时序图

DSP 工作方式要求在 TLV1572 片选信号 $\overline{CS}$ 的下降沿时，DSP 串口输出的帧频脉冲 FS 必须为低电平，且 FS 应保持一段时间的低电平以便于确认 DSP 工作方式，但此时 TLV1572 仍工作在省电模式直到 FS 变为高电平。TLV1572 在串行输入时钟 SCLK 的下降沿检测 FS，一旦检测到 FS 为高电平，便开始对输入信号采样，当 FS 变为低电平后，DO 引脚开始移出数据，经过 6 个无效数据位（6 个 0）后，A/D 转换的有效数据位在 SCLK 的上升沿在 DO 引脚输出，DSP 在 SCLK 的下降沿采样数据。

3. TLV1572 与 TMS320VC5402 的 McBSP1 接口软件编程

【例 8-1】在本例应用中，TMS320VC5402 的 McBSP1 以 CPU 中断的方式读取 TLV1572 模数转换结果，并存放在 DSP 片内的 DARAM 区的 3000H 开始的单元中，共采样 256 个点，A/D 转换的速率为 64kHz，由串口 McBSP1 的帧频决定，TMS320VC5402 的主时钟频率为 81.925MHz。链接命令文件的编写参考 7.3 节例 7-1，其汇编源程序如下：

```
STACK        .usect  "STACK",100h
AK_RCR11     .set 0000000001000000b        ;每帧一个字，字长为 16 bit
AK_RCR21     .set 0000000001000000b        ;单相帧
AK_XCR11     .set 0000000001000000b
AK_XCR21     .set 0000000001000000b
AK_SRGR11    .set 0000000000010011b        ;帧的宽度=CLKG，
                                           ;CLKG=CPU CLK/(1+CLKGDV)=CPU CLK/20
AK_SRGR21    .set 0011000000111111b
                                           ;GLKSM=1，采样率发生器时钟来源于 CPU 时钟
                                           ;FSGM=1，发送帧同步信号 FSX 由采样率发生器 FSG 驱动
                                           ;帧周期=（FPER+1）×CLKG=64 CLKG
AK_PCR1      .set 0000101000000000b
                                           ;FSXM=1，FSRM=0，FSR 引脚为输入，由 FSX 引脚提供输入
                                           ;CLKRP=0，在 CLKR 的下降沿采样接收数据
SPSA1        .set 48h     ;串口 1 子地址寄存器
McBSP1       .set 49h     ;串口 1 子数据寄存器
DRR11        .set 41h     ;数据接收寄存器 1
DRR21        .set 40h     ;数据接收寄存器 2
             .text
_c_int00
             b start
             nop
             nop
             :                             ;中断矢量表程序段省略部分参见 8.3 节例 7-1 汇编源程序
RINT1:       B       RECIV
             nop
             nop
XINT1:       rete
             nop
             nop
             nop
start:       LD      #0,DP
             STM     #STACK+100h,SP
             STM     #7FFFh,SWWSR
             STM     #1020h,PMST
             SSBX    INTM
             SSBX    CMPT                  ;CMPT=1，ARP 可以改变
             CALL    ADCBSP
             STM     #0400H,IMR            ;使能串口 1 接收中断
```

```
           RSBX    INTM
           STM     #3000H,AR0                ;起始地址
           STM     #256,AR1                  ;数据存储器单元个数
WAIT:      B       WAIT
                                             ;以下为串口 1 的初始化程序
ADCBSP     STM     #00h,SPSA1                ;00h 串口控制寄存器 1 子地址
           STM     #0000h,McBSP1             ;RRST=0
           STM     #01h,SPSA1                ;01h 串口控制寄存器 2 子地址
           STM     #0000h,McBSP1             ;XRST=GRST=0，将整个串口复位
           STM     #06h,SPSA1                ;06h 采样率发生器寄存器 1 子地址
           STM     #AK_SRGR11,McBSP1
           STM     #07h,SPSA1                ;07h 采样率发生器寄存器 2 子地址
           STM     #AK_SRGR21,McBSP1
           STM     #02h,SPSA1                ;02h 接收控制寄存器 1 子地址
           STM     #AK_RCR11,McBSP1
           STM     # 03h,SPSA1               ;03h 接收控制寄存器 2 子地址
           STM     #AK_RCR21,McBSP1
           STM     #04h,SPSA1                ;04h 发送控制寄存器 1 子地址
           STM     #AK_XCR11,McBSP1
           STM     #05h,SPSA1                ;05h 发送控制寄存器 2 子地址
           STM     #AK_XCR21,McBSP1
           STM     #0Eh,SPSA1                ;0Eh 引脚控制寄存器子地址
           STM     #AK_PCR1,McBSP1
           NOP                               ;等待两个 CPU 时钟
           NOP
           STM     #01h,SPSA1                ;01h 串口控制寄存器 2 子地址
           STM     #0000001001000000b,McBSP1  ;GRST=1，使采样率发生器工作
           RPT     #20
           NOP
           RSBX    XF                        ;选通 ADC
           STM     #01h,SPSA1                ;01h 串口控制寄存器 2 子地址
           STM     #0000001001000001b,McBSP1  ;XRST=1，发送部分退出复位状态
           STM     #00h,SPSA1                ;00h 串口控制寄存器 1 子地址
           STM     #0000000000000001b,McBSP1  ;RRST=1，接收部分退出复位状态
           STM     #01h,SPSA1                ;01h 串口控制寄存器 2 子地址
           STM     #0000001011000001b,McBSP1  ;FRST=1，产生帧同步脉冲信号
           NOP
           NOP
           RET
RECIV:     STM     #3FFFH,IFR                ;串口 1 的接收中断服务程序
           LDM     DRR11,A
           LD      #0,ARP
           STL     A,*AR0+
           LD      #1,ARP
           BANZ    LOOP1,*AR1-
           STM     #3000H,AR0                ;重复采样，设初值
           STM     #256,AR1
```

```
LOOP1:          RETE
                .end
```

8.4.2　DSP 与 D/A 的接口设计

D/A 转换器（DAC）完成数字信号至模拟信号的转换。TI 公司为本公司生产的 DSP 芯片提供了多种配套的数模转换器，根据数字信号的传送形式不同，可分为并行和串行转换器。

这里介绍一种同步串行 10 位 D/A 转换芯片 TLC5617，并给出 TLC5617 与 TMS320VC5402 缓冲串口接口的软、硬件设计实现方法。

1. TLC5617 工作原理

TLC5617 是带有缓冲基准输入的双路 10 位电压输出数模转换器。单电源 5V 供电，输出电压范围为基准电压的两倍，且单调变化。TLC5617 通过与 CMOS 兼容的 3 线串行接口实现数字控制，器件接收的用于编程的 16 位字的前 4 位用于产生数据的传送模式，中间 10 位产生模拟输出，最后两位为任意的 LSB 位。TLC5617 数字输入端带有施密特触发器，且具有较高的噪声抑制能力。输入数据更新速率为 1.21MHz，数字通信协议符合 SPI、QSPI、Microwire 标准。由于 TLC5617 功耗极低（慢速方式 3mW，快速方式 8mW），采用 8 引脚小型 D 封装，因此可用于移动电话、电池供电测试仪表以及自动测试控制系统等领域。

TLC5617 的 D 封装引脚排列如图 8-23 所示，如表 8-9 所示为 TLC5617 的引脚功能说明。

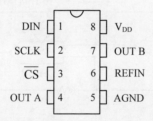

图 8-23　TLC5617 引脚排列

表 8-9　TLC5617 引脚功能说明

引脚名称	编号	I/O	功能说明
AGND	5		模拟地
$\overline{CS}$	3	I	片选，低电平有效
DIN	1	I	串行数据输入 $VIH=0.7V_{DD}$，$VIL=0.3V_{DD}$
OUT A	4	O	DAC A 模拟输出
OUT B	7	O	DAC B 模拟输出
REFIN	6	I	基准电压输入，$1V\sim V_{DD}-1.1V$
SCLK	2	I	串行时钟输入，$f(SCLK)max=20MHz$
V_{DD}	8		电源正极 $4.5\sim5.5V$

TLC5617 的功能框图如图 8-24 所示，时序图如图 8-25 所示。当片选信号 $\overline{CS}$ 为低电平时，输入数据在时钟控制下，以最高有效位在前的方式读入 16 位移位寄存器，在 SCLK 的下降沿把数据移入寄存器 A、B。当片选 $\overline{CS}$ 信号上升沿到来时，再把数据送至 10 位 D/A 转换器开始

D/A 转换。16 位数据的前 4 位（D15～D12）为可编程控制位，其功能如表 8-10 所示，中间 10 位（D11～D2）为数据位，用于模拟数据输出，最后两位（D1～D0）为任意填充位。

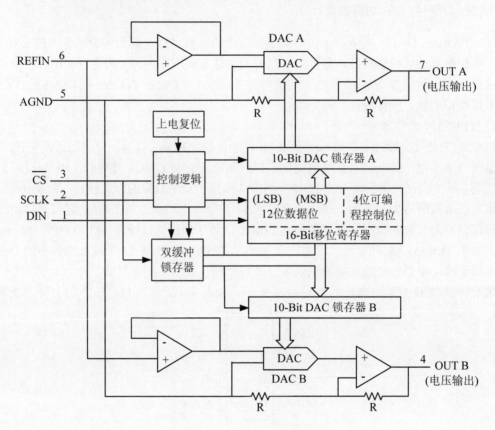

图 8-24　TLC5617 功能框图

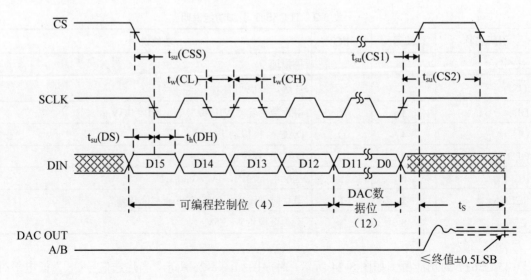

图 8-25　TLC5617 的时序图

TLC5617 有三种数据传输方式：方式一，（D15=1，D12=×）为锁存器 A 写，锁存 B 更新，此时串口寄存器的数据写入锁存器 A（latch A），双缓冲锁存器（double buffer latch）的内容写入锁存器 B（latch B），而双缓冲锁存器的内容不受影响，这种方式允许 DAC 的两个通道同时输出；方式二，（D15=0，D12=0）为锁存器 B 和双缓冲锁存器写，即将串口寄存器的数据写入锁存器 B 和双缓冲锁存器中，此方式锁存器 A 不受影响；方式三，（D15=0，D12=1）为仅写双缓冲锁存器，即将串口寄存器的数据写入双缓冲锁存器，此时锁存器 A 和 B 的内容不受影响。

表 8-10　可编程控制位（D15～D12）功能表

可编程控制位				TLC5617 功能
D15	D14	D13	D12	
1	×	×	×	串行寄存器数据写入 A 锁存器，并用缓冲锁存器数据更新 B 锁存器
0	×	×	0	写入 B 锁存器和双缓冲锁存器
0	×	×	1	只写入双缓冲锁存器
×	1	×	×	12.5μs 建立时间
×	0	×	×	2.5μs 建立时间
×	×	0	×	加电操作
×	×	1	×	断电方式

双缓冲锁存器的使用可以使 A、B 两个通道同时输出。先将 B 通道的数据打入双缓冲锁存器，而不输出（只要输出到 B 通道的数据的 D15=0、D12=1 即可），然后在向 A 通道写数据时，只要写到 A 通道数据的 D15=1，就可以使 A、B 通道同时输出。

2. TLC5617 与 TMS320VC5402 的 McBSP 接口设计

TLC5617 符合 SPI 数字通信协议，而 TMS320C54xx 系列 DSP 芯片的多通道缓冲串口（McBSP）工作于时钟停止模式时与 SPI 协议兼容。发送时钟信号（CLKX）对应于 SPI 协议中的串行时钟信号（SCLK），发送帧同步信号（FSX）对应于从设备使能信号（$\overline{\text{CS}}$）。TLC5617 与 TMS320VC5402 的 McBSP0 接口连接如图 8-26 所示。

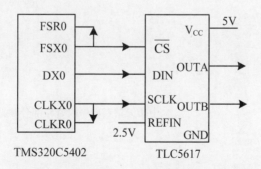

图 8-26　TMS320VC5402 与 TLC5617 的连接

TLC5617 时序要求在数据传输过程中 $\overline{\text{CS}}$ 信号必须为低电平，此信号由 MCBSP0 的 FSX0 引脚提供，因此必须正确设置 DSP 的发送帧同步信号 FSX0，使之在开始传输数据的第一位时变为有效状态（低电平），然后保持此状态直到数据传输结束。因此，设置 FSXP=1，使发送帧同步脉冲 FSX 低电平有效；设置 SRGR10 中 FWID=1111b，即帧的宽度=16×CLKX。

由图 8-25 可知，TLC5617 要求在 SCLK 变低之前的半个周期开始传输数据，因此需要设置 McBSP0 为合适的时钟方案，本应用实例中设置 McBSP0 为时钟停止模式 4，即 CLKSTP=11b，CLKXP=1，这样即可保证 McBSP0 与 TLC5617 的时序相配合。

3. 软件设计

以下给出了较完整的软件程序，包括主程序、串口初始化程序和 CPU 中断服务程序，中断服务程序分别对数据进行处理，然后在 TLC5617 的 A、B 两个通道同时输出。TMS320VC5402 的主时钟频率为 81.925MHz，数模转换速率为 128kHz。汇编源程序如下：

```
STACK         .usect   "STACK",100h
DK_SPCR10     .set 0001100010100001b      ;CLKSTP=11，时钟停止模式；DXENA=1，DX 使能
DK_SPCR20     .set 0000001011000001b      ;FREE=1，soft=0；GRST=1，使采样率发生器工作；
                                          ;FRST=1，产生帧同步脉冲信号
DK_RCR10      .set 0000000001000000b      ;每帧一个字，字长为 16 bit
DK_RCR20      .set 0000000001000000b
DK_XCR10      .set 0000000001000000b
DK_XCR20      .set 0000000001000000b
DK_SRGR10     .set 0000111100010011b      ;帧的宽度=16×CLKG
;CLKG=CPU CLK/(1+CLKGDV)= CPU CLK/20
DK_SRGR20     .set 0011000000011111b      ;GLKSM=1，采样率发生器时钟来源于 CPU 时钟
                                          ;FSGM=1，发送帧同步信号 FSX 由采样率发生器 FSG 驱动
                                          ;帧周期=（FPER+1）×CLKG=32 CLKG
DK_PCR0       .set 0000101000001111b      ;CLKXM=1，CLKX 为输出引脚，由采样率发生器驱动
                                          ;CLKXP=1，在 CLKX 的下降沿对发送数据采样
                                          ;FSXP=1，发送帧同步脉冲 FSX 低电平有效
SPSA0         .set 38h                    ;串口 0 子地址寄存器
McBSP0        .set 39h                    ;串口 0 子数据寄存器
DXR10         .set 23h                    ;数据发送寄存器 1
DXR20         .set 22h                    ;数据发送寄存器 2

TMP           .set     6Fh
TMPL          .set     70h
TMPH          .set     71h


              .text
_c_int00
              b start
              nop
              nop
              ⋮                           ;中断矢量表程序段省略部分参见 7.3 节例 7-1 汇编源程序
XINT0:        B        XT
              nop
              nop
              nop
              ⋮
start:        LD       #0,DP
              STM      #STACK+100h,SP
              STM      #1020h,PMST
              STM      #3FFFH,IFR
              SSBX     INTM
```

```
            CALL      DACBSP
            STM       #0020H,IMR       ;BXINT0
            RSBX      INTM
            ST        #1,TMP
WAIT:       B                  WAIT
```
以下为发送中断服务程序***************
```
XT:         CMPM      TMP,#0
            BC        XT1,TC
            ⋮                             ;对数据进行处理，得到 B 通道输出数据存放在累加器 A 中
STL         A,TMPL
            LD        TMPL,2,A
            AND       #0FFCH,A
            OR        #1000H,A           ;D15=0、D12=1
            ST        #0,TMP
            B         XT2                ;先将 B 通道的数据打入双缓冲锁存器，而不输出
XT1:
            ⋮                             ;对数据进行处理，得到 A 通道输出数据存放在累加器 A 中
STL         A,TMPH
LD          TMPH,2,A
            AND       #0FFCH,A
            OR        #8000H,A           ;D15=1，将累加器 AL 中的数据打入 DAC 的 A 锁存器
                                         ;则 DAC 的 A、B 两通道同时输出
            ST        #1,TMP
XT2:        STLM      A,DXR10
            RETE
```
以下为 McBSP0 初始化程序***************************
```
DACBSP:     STM       #00h,SPSA0                 ;00h 串口控制寄存器 1 子地址
            STM       #0000h,McBSP0             ;RESET R
            STM       #01h,SPSA0                 ;01h 串口控制寄存器 2 子地址
            STM       #0000h,McBSP0             ;RESET X
            STM       #00h,SPSA0
            STM       #DK_SPCR10,McBSP0         ;ENBLE R
            STM       #01h,SPSA0
            STM       #DK_SPCR20,McBSP0         ;ENBLE X
            STM       #02h,SPSA0                 ;02h 接收控制寄存器 1 子地址
            STM       #DK_RCR10,McBSP0
            STM       #04h,SPSA0                 ;04h 发送控制寄存器 1 子地址
            STM       #DK_XCR10,McBSP0
            STM       #0Eh,SPSA0                 ;0Eh 引脚控制寄存器子地址
            STM       #DK_PCR0,McBSP0
            STM       #06h,SPSA0                 ;06h 采样率发生器寄存器 1 子地址
            STM       #DK_SRGR10,McBSP0
            STM       #07h,SPSA0                 ;07h 采样率发生器寄存器 2 子地址
            STM       #DK_SRGR20,McBSP0
            STM       #03h,SPSA0                 ;03h 接收控制寄存器 2 子地址
            STM       #DK_RCR20,McBSP0
            STM       #05h,SPSA0                 ;05h 发送控制寄存器 2 子地址
            STM       #DK_XCR20,McBSP0
            RPT       #FFH
            NOP
            RET
```

链接命令文件的编写参考 7.3 节例 7-1。以上详细讨论了 TLC5617 与 DSP 串口通信的硬件接口及软件设计。将中断服务程序中对数据进行处理部分，根据需要加入合适的处理程序代码，即可构成一个完整的应用程序。

8.5　语音信号处理系统设计

语音识别技术在近几十年已经获得了飞速的发展，且得到了广泛应用。DSP 是一种适合于实时数字信号处理的微处理器，主要用于实时、快速实现各种数字信号的处理算法，被广泛应用于语音信号处理、数字图像处理、通信等领域。本节主要介绍采用 TMS320C5402 实现语音信号采集与处理系统的设计。

语音采集处理系统硬件电路设计的原理框图如图 8-27 所示，它主要由语音采集与输出模块、语音处理 DSP 模块、程序数据存储器 FLASH 模块、数据存储器 SRAM 模块、系统时序逻辑控制 CPLD 模块、DSP JTAG 接口模块、CPLD JTAG 接口模块以及电源模块组成。语音采集与输出模块主要由 TLC320AD50C 来完成。

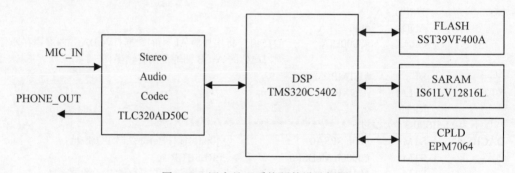

图 8-27　语音处理系统硬件设计框图

由于 TMS320C5402 片上没有 FLASH 且片内 RAM 只有 16K，要想使其成为独立系统就必须外扩外部存储器，可选用存储容量为 256K 字的低功耗 FLASH 芯片 SST39VF400A，RAM 选用 ISSI 公司 128K 的 SRAM 芯片 IS61LV12816L。

CPLD 模块主要用来对存储器的扩展实现逻辑译码，CPLD 的供电电压为 3.3V，和 DSP 相同，并且可在线编程，译码逻辑修改起来非常方便。DSP 的一些控制信号经过 CPLD 后输出了 RAM 和 FLASH 的片选及读写信号，从而实现 DSP 对 FLASH 与 SRAM 的读写操作。

关于 DSP 的基本设计可参考本章第 8.2 和 8.3 小节内容。这里重点介绍语音接口芯片 TLC320AD50C 与 TMS320C5402 接口的软硬件设计。

8.5.1　模拟接口芯片 TLC320AD50C 的工作原理

音频接口芯片 TLC320AD50C 集成了 16 位 A/D 和 D/A 转换器，使用过采样（Over Sampling）∑–Δ 技术提供 16 位 A/D 和 D/A 低速信号转换，该器件包括两个串行的同步转换通道（用于各自的数据方向），工作方式和采样速率均可由 DSP 编程设置。其内部 ADC 之后有抽样滤波器，DAC 之前有插值滤波器，接收和发送可同时进行。AD50C 片内还包括一个定时器（调整采样率和帧同步延时）和控制器（输入输出增益可编程控制放大器、锁相环 PLL、主从模式等）。该芯片可工作在单端或差分方式，支持 3 个从机级联，其参数设置模式采用单线串行口直接对内部寄存器编程，不受数据转换串行口的影响。

　　AD50C 有 28 脚的塑料 SOP 封装（带 DW 后缀）和 48 脚的塑料扁平封装（带 PT 后缀），体积较小，适用于便携设备。AD50C 的工作温度范围是 0～70℃，单一 5V 电源供电或 5V 和 3.3V 联合供电，工作时的最大功耗为 120 mW。如图 8-28 所示是采用 DW 封装的引脚排列图。

　　如图 8-29 所示为 AD50C 的内部结构框图。最上面第一通道为模拟信号输入监控通道，第二通道为模拟信号转化为数字信号（A/D）通道，第三通道为数字信号转化为模拟信号（D/A）通道，最下面一路是 AD50C 的工作频率和采样频率控制通道。为了使数据和控制信号能在同一串行口中传输，AD50C 采用了两种通信模式：主通信模式和次通信模式。主通信专用于转换数据的传送，次通信用来设置和读出 AD50C 寄存器的值。主通信发生在每个数据转换期间，次通信只有在被请求时才会进行。

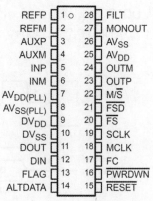

图 8-28　AD50C 的引脚排列

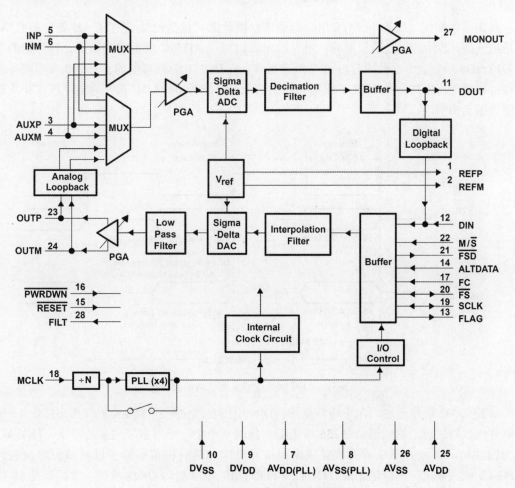

图 8-29　AD50C 的内部结构框图

（1）ADC 信号通道。输入模拟信号加到可编程增益放大器（PGA）放大，然后进行模数转换（ADC），变换为二进制补码数字信号。16 位还是 15+1 位 ADC 模式由寄存器 2 的 D4 位决定。帧同步信号（$\overline{FS}$）有效期间，在移位时钟 SCLK 的作用下，数字信号以高位在前的方式从 DOUT 引脚移出。每一次主通信（256 SCLKs）输出一个字，主通信时序如图 8-30 所示，15+1 位 ADC 模式时，D0 位 M/$\overline{S}$ 用来表明 15 位数据是来自于主 ADC 还是从 ADC 器件。

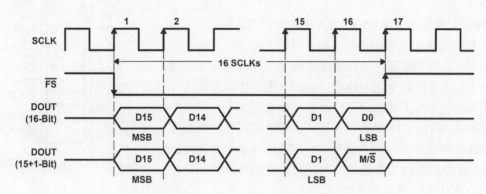

图 8-30　ADC 通道主通信时序图

在次通信期间，D15 位 M/$\overline{S}$ 用来表明寄存器数据（包括地址和内容）是来自于主 ADC 还是从 ADC 器件。在次通信期间，可以读出以前写入 AD50C 寄存器的数据，寄存器的地址由 D12～D8 确定，通过设置 D13=1 实现读操作，从 DOUT 引脚移出的 D7～D0 为相应寄存器内容；如果是写操作，从 DOUT 引脚移出的 D0～D7 均为 0。ADC 信号通道主通信和次通信时序如图 8-31 所示。

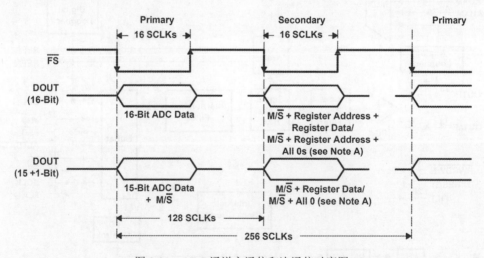

图 8-31　ADC 通道主通信和次通信时序图

（2）DAC 信号通道。在主通信期间，DIN 引脚在移位时钟 SCLK 的作用下接收 16 位二进制补码数据，每一次主通信（256 SCLKs）接收一个字，通过数字内插滤波器，经 DAC 变换为脉冲串，再经内部低通滤波完成模拟信号重构，最后模拟信号经过可编程增益放大器（PGA）放大输出，差分输出端（OUTP 和 OUTM）可以驱动 600Ω 负载。主通信是 16 位模式还是 15+1 位模式由寄存器 1 的 D0 位决定，启动或复位时，缺省值为 15+1 位传输模式。15+1

位 DAC 模式时，最后一位数据（D0）用作控制位来请求次通信，D0=0 表示没有次通信请求。可以有两种方式请求次通信，即硬件请求方式和软件请求方式，在 16 位传输模式下只能由硬件请求方式即 FC 请求次通信。

次通信用于对 AD50C 内部寄存器进行初始化，16 位初始化数据在移位时钟的作用下通过 DIN 引脚移入；次通信也可以通过 DOUT 引脚读出以前写入寄存器的数据，寄存器的地址由 D12~D8 确定，通过设置 D13=1 实现读操作。DAC 信号通道主通信和次通信时序如图 8-32 所示。

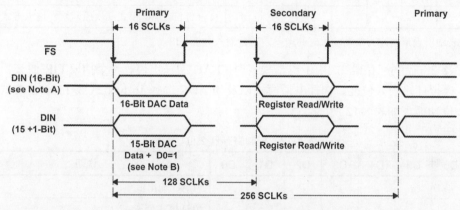

图 8-32　DAC 信号通道主通信和次通信时序图

注 A：16 位传输模式下通过将 FC 设置为高电平来请求次通信（硬件次通信请求）。
注 B：15+1 位模式下，D0=1 表示次通信请求（软件次通信请求）。

（3）AD50C 的控制寄存器。AD50C 由 7 个控制寄存器控制。对控制寄存器的编程是在次通信期间通过 DIN 引脚完成的。

寄存器 0：空操作（No-OP）寄存器。允许在不改变其他寄存器的条件下进行次通信请求。

寄存器 1：控制寄存器 1。该寄存器用以控制软件复位、软件掉电、选择正常或辅助模拟输入、数字反馈的选择、DAC 的 16 位或 15+1 位工作方式的选择、监视放大器输出增益的选择及硬件或软件二次请求方式的选择等，如表 8-11 所示。

表 8-11　控制寄存器 1 位功能表

D7	D6	D5	D4	D3	D2	D1	D0	说明
1	–	–	–	–	–	–	–	软件复位
0	–	–	–	–	–	–	–	软件复位不使能
–	1	–	–	–	–	–	–	设备进入软件掉电模式
–	0	–	–	–	–	–	–	软件掉电不使能（为正常模式）
–	–	1	–	–	–	–	–	选择 AUXP 和 AUXM 作为 ADC 的差分输入
–	–	0	–	–	–	–	–	选择 INP 和 INM 作为 ADC 的差分输入
–	–	–	0	–	–	–	–	选择 INP 和 INM 作为监控输入
–	–	–	1	–	–	–	–	选择 AUXP 和 AUXM 作为监控输入
–	–	–	–	1	1	–	–	监控放大器增益：-18dB
–	–	–	–	1	0	–	–	监控放大器增益：-8dB

D7	D6	D5	D4	D3	D2	D1	D0	说明
–	–	–	–	0	1	–	–	监控放大器增益：0dB
–	–	–	–	0	0	–	–	监控放大器关闭
–	–	–	–	–	–	1	–	数字环路模式使能
–	–	–	–	–	–	0	–	数字环路模式无效
–	–	–	–	–	–	–	1	16-bit DAC 模式（次通信硬件请求方式）
–	–	–	–	–	–	–	0	(15+1)-bit DAC 模式（次通信软件请求方式）

注：表中所设增益均为单端输入时的增益，差分输入时低 6dB。

寄存器 2：控制寄存器 2。用于电话模式时 FLAG 的输出值、一个抽取 FIR 滤波器溢出输出标志、模拟环路模式使能、选择电话模式以及为 ADC 选择 16 位方式或 15+1 位方式。控制寄存器 2 位功能表如表 8-12 所示。

表 8-12　控制寄存器 2 位功能表

D7	D6	D5	D4	D3	D2	D1	D0	说明
×	–	–	–	–	–	–	–	FLAG 输出值
–	1	–	–	–	–	–	–	电话模式使能
–	0	–	–	–	–	–	–	电话模式不使能
–	–	×	–	–	–	–	–	抽取 FIR 滤波溢出标志
–	–	–	1	–	–	–	–	16-bit ADC 模式
–	–	–	0	–	–	–	–	(15+1)-bit　ADC 模式
–	–	–	–	–	×	0	0	保留
–	–	–	–	–	0	0	0	FSD 使能（仅 TLC320AD52C）
–	–	–	–	–	1	–	–	FSD 不使能（仅 TLC320AD52C）
–	–	–	–	1	–	–	–	模拟环路模式使能
–	–	–	–	0	–	–	–	模拟环路模式无效

寄存器 3：控制寄存器 3。用于选择 $\overline{FS}$ 与 $\overline{FSD}$ 之间延迟 SCLK 的个数；通知主器件有多少从器件将连在一起，如表 8-13 所示。

表 8-13　控制寄存器 3 位功能表

D7	D6	D5	D4	D3	D2	D1	D0	说明
–	–	×	×	×	×	×	×	(D0～D5)为 $\overline{FS}$ 与 $\overline{FSD}$ 之间延迟 SCLK 的个数
×	×	–	–	–	–	–	–	(D6～D7)从器件的个数，TLC320AC50C 最多 3 个

寄存器 4：控制寄存器 4。用来设置模拟信号可编程放大增益和 A/D、D/A 转换频率，如表 8-14 所示。

D0～D3 为输入和输出放大器选择放大器增益；D4～D6 通过从 1 到 8 选择 N 值来设置采样率，即 $f_s = MCLK/(128 \times N)$ 或 $f_s = MCLK/(512 \times N)$。

表 8-14　控制寄存器 4 位功能表

D7	D6	D5	D4	D3	D2	D1	D0	说明
–	–	–	–	1	1	–	–	模拟输入增益：静音
–	–	–	–	1	0	–	–	模拟输入增益：12dB
–	–	–	–	0	1	–	–	模拟输入增益：6dB
–	–	–	–	0	0	–	–	模拟输入增益：0dB
–	–	–	–	–	–	1	1	模拟输出增益：静音
–	–	–	–	–	–	1	0	模拟输出增益：-12dB
–	–	–	–	–	–	0	1	模拟输出增益：-6dB
–	–	–	–	–	–	0	0	模拟输出增益：0dB
–	×	×	×	–	–	–	–	采样频率选择 N 值。001 = 1，010 = 2，000= 8
1	–	–	–	–	–	–	–	旁路内部 DPLL
0	–	–	–	–	–	–	–	使能内部 DPLL

　　D7 选择是否旁路内部锁相环 DPLL。当内部的 PLL 使能时（即 D7=0 时），采样率被设置为 $f_s = MCLK/(128 \times N)$；当旁路内部的 PLL 时（即 D7=1 时），采样率被设置为 $f_s = MCLK/(512 \times N)$。当采样频率低于 7KHz 时，必须选择旁路内部 PLL（D7=1）。

　　SCLK 时钟频率为：

$$SCLK = 256 \times f_s$$

　　寄存器 5 和寄存器 6：保留寄存器，用于工厂测试。用户不可以对其编程。

　　串口次通信 D15 位 M/$\overline{S}$ 用来表明寄存器数据（包括地址和内容）是来自于主 ADC 还是从 ADC 器件，D15=1 为主 ADC 器件。D12 到 D8 构成寄存器的地址；由 D13 位决定对寻址寄存器进行读还是写操作，D13=0，为写操作；D7 到 D0 为写入相应寄存器的数据。表 8-15 为寄存器映象表。

表 8-15　寄存器映象表

寄存器编号	D12	D11	D10	D9	D8	寄存器名字
0	0	0	0	0	0	空操作寄存器
1	0	0	0	0	1	控制寄存器 1
2	0	0	0	1	0	控制寄存器 2
3	0	0	0	1	1	控制寄存器 3
4	0	0	1	0	0	控制寄存器 4

8.5.2　TLC320AD50C 与 TMS320C5402 硬件接口设计

　　硬件连接采用 AD50C 为主控模式（M/$\overline{S}$=1），向 C5402 的 McBSP0（从设备）提供 SCLK（数据移位时钟）和 FS（帧同步脉冲），并控制数据的传输过程。TMS320C5402 工作于 SPI 方式的从机模式，CLKX0 和 FSX0 为输入引脚，在接收数据和发送数据时都是利用外界时钟和移位脉冲。C5402 与 TLC320AD50C 的硬件连接如图 8-33 所示。

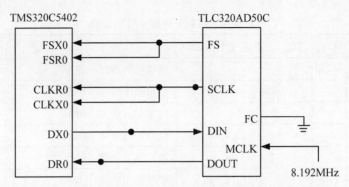

图 8-33　TMS320C5402 与 TLC320AD50C 的硬件连接示意图

C5402 的 McBSP0 与 TLC320AD50C 间的通信信号包括 DOUT、DIN、SCLK、FS。为了使数据和控制信号能在同一串行口中传输，采用了两种通信模式：主通信模式和次通信模式。主通信专用于转换数据的传送，主通信发生在每个数据转换期间。次通信只有在被请求时才会进行，本设计采用软件次通信请求方式，所以 FC 端接地。

8.5.3　软件编程

一旦完成了正确的硬件连接，接下来就可以进行软件编程调试了。要完成的工作包括：

（1）TMS320C5402 串口的初始化。首先将 DSP 串口 0 复位，再对串口 0 的寄存器进行编程，使 DSP 串口工作在以下状态：每帧一相，每相一个字，每字 16 位，帧同步脉冲低电平有效，并且帧同步信号和移位时钟信号由外部产生。

（2）AD50C 初始化。该初始化操作过程包括通过 TMS320C5402 的同步串口发送两串 16 位数字信息到 AD50C。第一串为 0000 0000 0000 0001B，最低有效位（bits0）为 1，说明下一个要传输的数据字属于次通信。第二个 16 位数据用来对 AD50 的 4 个数据寄存器的某一个进行配置。Bits15～11 位为 0，Bits10～8 位为所选寄存器地址值，Bits7～0 位为所选中寄存器的编程值。在以下程序中对 4 个可编程寄存器编程，使 AD50C 工作在以下状态：选择 INP/INM 为工作模拟输入，15+1 位 ADC 和 15+1 位 DAC 模式，不带从机，采样频率为 8kHz，模拟信号输入放大增益 12dB，输出放大增益为 0dB。四个寄存器初始化需要四个主通信和次通信。

（3）用户代码的编写。采样输入端的数据，不做任何处理，直接输出。接收 A/D 转换的数据和发送 D/A 转换的数据均采用中断方式。

程序代码如下：

```
        .mmregs
        .def   _c_int00
        .data
TEMP    .usect  "TEMP", 20h
t0_flag .usect  "vars",1
t0_cout .usect  "vars",1

K_SPCR10  .set 0000000010100001b
K_SPCR20  .set 0000000000100001b
K_RCR10   .set 0000000001000000b      ;每帧 1 个字，每字 16 位
K_RCR20   .set 0000000001000000b;
K_XCR10   .set 0000000001000000b
```

```
K_XCR20      .set 0000000001000000b
K_PCR0       .set 0000000000001100b

WriteCR1    .set      0100h    ;TLC320AD50C 脱离复位并且设置寄存器 1，使 INP、INM 为输入
WriteCR2    .set      0200h    ;设置 TLC320AD50C 寄存器 2，使电话模式无效
WriteCR3    .set      0300h    ;设置 TLC320AD50C 寄存器 3，使带 0 个从机
WriteCR4    .set      0408h    ;设置 TLC320AD50C 寄存器 4，使采样频率为 8kHz
SECRequ     .set      0001h    ;软件请求次通信

SPSA0       .set      38h      ;串口寄存器映象地址
McBSP0      .set      39h
DXR10       .set      23h
DXR20       .set      22h
DRR10       .set      21h
DRR20       .set      20h

SPCR10      .set      00h      ;串口寄存器子地址
SPCR20      .set      01h
RCR10       .set      02h
RCR20       .set      03h
XCR10       .set      04h
XCR20       .set      05h
PCR0        .set      0Eh

TMP         .set      6Ah
            .text
_c_int00                       ;中断向量表，省略部分参见 7.3 节例 7-1 汇编源程序
            b start
            nop
            nop
              ⋮
RINT0:      BD        RECIV
            nop
            nop
            nop
XINT0:      BD        XT
            nop
            nop
            nop
              ⋮
XINT1:      rete
            nop
            nop
            nop
;************************
start:      LD        #0,DP
            STM       #200h,SP
            STM       #07FFFh,SWWSR
```

```
              STM         #1020h,PMST
              CALL        INBSP                  ;串口 0 初始化
              STM         #3FFFH,IFR
              RSBX        INTM
              STM         #0010H,IMR             ;开串口 0 的接收中断
              CALL        INAD50                 ;AD50 初始化

              STM         #0020H,IMR             ;开发送中断
WAIT:         IDLE        1
              B           WAIT
;***********************
RECIV:        RETE
;***********************
XT:           STM         #3FFFH,IFR            ;清中断标志寄存器
              LDM         DRR10,A              ;接收的数据
              AND         #0FFFEH,A            ;使数据的最低位为 0
              STLM        A,DXR10              ;发送数据
              RETE
;***********************
INBSP:        STM         #SPCR10,SPSA0        ;串口初始化程序
              STM         #0000h,McBSP0        ;复位接收
              NOP
              NOP
              STM         #SPCR20,SPSA0
              STM         #0000h,McBSP0        ;复位发送
              NOP
              NOP
              STM         #RCR10,SPSA0
              STM         #K_RCR10,McBSP0
              NOP
              NOP
              STM         #XCR10,SPSA0
              STM         #K_XCR10,McBSP0
              NOP
              NOP
              STM         #PCR0,SPSA0
              STM         #K_PCR0,McBSP0
              NOP
              NOP
              STM         #RCR20,SPSA0
              STM         #K_RCR20,McBSP0
              NOP
              NOP
              STM         #XCR20,SPSA0
              STM         #K_XCR20,McBSP0
              NOP
              NOP
              STM         #SPCR10,SPSA0
```

```
        STM         #K_SPCR10,McBSP0          ;使能接收
        NOP
        NOP
        STM         #SPCR20,SPSA0
        STM         #K_SPCR20,McBSP0         ;使能发送
        NOP
        NOP
        RET
;****************** AD50C 初始化程序**************
INAD50:  STM         #3FFFH,IFR                  ;清中断标志寄存器
        STM         #SECRequ,DXR10             ;软件请求次通信
        IDLE        1
        STM         #0x3FFF,IFR
        STM         #0180H,DXR10               ; AD50C 软件复位
        IDLE        1
        RPT         #100H
        STM         #3FFFH,IFR
        STM         #SECRequ,DXR10             ;软件请求次通信
        IDLE        1
        STM         #0x3FFF,IFR
        STM         #WriteCR1,DXR10            ;初始化 AD50C 控制寄存器 1
        IDLE        1
        STM         #3FFFH,IFR
        STM         #SECRequ,DXR10             ;软件请求次通信
        IDLE        1
        STM         #3FFFH,IFR
        STM         #WriteCR2,DXR10            ;初始化 AD50C 控制寄存器 2
        IDLE        1
        STM         #3FFFH,IFR
        STM         #SECRequ,DXR10             ;软件请求次通信
        IDLE        1
        STM         #3FFFH,IFR
        STM         #WriteCR4,DXR10            ;初始化 AD50C 控制寄存器 4
        IDLE        1
        STM         #3FFFH,IFR
        STM         #SECRequ,DXR10             ;软件请求次通信
        IDLE        1
        STM         #3FFFH,IFR
        STM         #WriteCR3,DXR10            ;初始化 AD50C 控制寄存器 3
        IDLE        1
        STM         #3FFFH,IFR
        RET
;*********************************
        .end
```

链接命令文件的编写参考 7.3 节例 7-1。

习题八

1. 简述 DSP 系统硬件设计过程。

2. 一个典型的 DSP 系统通常有哪些部分？画出原理框图。

3. 试为某 DSP 系统设计一个复位电路，要求具有上电复位、手动复位和监视系统运行的功能。

4. 一个 DSP 系统采用 TMS320VC5402 芯片，其他外部接口芯片为 5V 器件，试为该系统设计一个合理的电源。

5. TMS320C5402 外接一个 128K*16 位的 RAM，其结构如图 8-34 所示，试分析程序区和数据区的地址范围，并说明其特点。

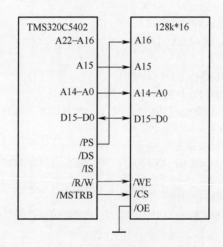

图 8-34　TMS320C5402 结构图

6. 试用 TMS320C54xx、ADC、DAC 等芯片设计一个语音信号采集与处理系统，要求用 McBSP 口实现。

附录　CCS 中的编译器、汇编器和链接器选项设置

CCS 提供的编译器、汇编器和链接器有许多开关选项。选择菜单命令 Project→Build Options，弹出 Build Options 窗口。该窗口分为两部分，上部分为命令输入和显示窗口，下部分为选项区。因此 CCS 环境提供了两种设置选项的方法：一种方法为在命令窗口直接输入相应的选项命令；另一种方法为用鼠标点击相应的选项，在不需要熟记选项命令的前提下实现对开关选项的设置。

1. 编译器、汇编器选项

编译器（Compiler）包括分析器、优化器和代码产生器，它接收 C/C++源代码并产生 TMS320C54x 汇编语言源代码。分析器检查输入的 C 语言程序有无语义、语法错误，产生程序的内部表示（即中间文件*.if）。优化器是分析器和代码产生器之间的一个选择途径，其输入是分析器产生的中间文件（*.if），优化器对其优化后，产生一个高效版本的文件（*.opt），其优化的级别作为选项由用户选择。代码产生器以分析器产生文件（*.if）和/或优化器生成的文件（*.opt）作为输入，产生 TMS320C54x 汇编语言文件。

汇编器（Assembler）的作用就是将汇编语言源程序转换成机器语言目标文件，这些目标文件都是公共目标文件格式（COFF）。汇编器的功能如下：

（1）将汇编语言源程序汇编成一个可重新定位的目标文件（.obj 文件）。

（2）如果需要，可以生成一个列表文件（.lst 文件）。

（3）将程序代码分成若干个段，每个段的目标代码都由一个 SPC（段程序计数器）管理。

（4）定义和引用全局符号，需要的话还可以在列表文件后面附加一张交叉引用表。

（5）对条件程序块进行汇编。

（6）支持宏功能，允许定义宏命令。

在 CCS 环境下选择菜单命令 Project，在生成选项窗口的编译器标签中可进行编译、汇编选项设置，这些选项控制编译器、汇编器的操作。如图 1 所示，编译器标签包含基本（Basic）类、高级（Advanced）类、Feedback 类、文件（Files）类、汇编（Assembly）类、分析（Parser）类、预处理（Preprocessor）类、诊断（Diagnostics）类。其中 Assembly 类是用来控制汇编器的选项。表 1 中列出了 C54x 编译器、汇编器常用选项。

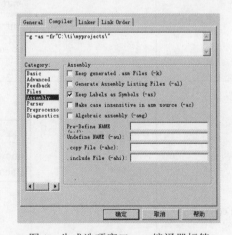

图 1　生成选项窗口——编译器标签

表 1　编译器、汇编器常用选项（在 Compiler 中）

类	域	选项	含义
Basic	Generate Debug Inf	-g	产生由 C/C++源代码级调试器使用的符号调试伪指令，并允许汇编器中的汇编源代码调试

续表

类	域	选项	含义
Basic	Generate Debug Inf	-gw	产生由 C/C++源代码级调试器使用的 DWARF 符号调试伪指令，并允许汇编器中的汇编源代码调试
Basic	Opt Level（使用 C 优化器）	-o0	控制流图优化，把变量分配到寄存器，安排循环，去掉死循环，简化表达式
		-o1	包括-o0 优化，并可去掉局部未用赋值
		-o2	包括-o1 优化，并可循环优化，去掉冗余赋值，将循环中的数值下标转换成增量指针形式，打开循环体（循环次数很少时）
		-o3	包括-o2 优化，并可去掉不调用的函数，对返回无用值的函数进行化简，确定文件级变量特征
Advanced	RTS Modifications（结合-o3 选项）	-oL2	取消声明或改变库函数
		-oL1	声明一个标准的库函数
		-oL0	声明一函数和库函数有相同的名字，且改变库函数
	Auto Inlining Threshold	-oi	设置自动插入函数长度的极限值（仅对-o3 选项）
		-ma	指示所使用的别名技术
		-mn	允许被-g 选项禁用的优化选项
		-mo	禁用 back-end 优化器
		-ms	优化代码占用的空间，代替对执行速度的优化
		-rar1	保护 AR1，以使代码产生器和优化器不使用它
		-rar6	保护 AR6，以使代码产生器和优化器不使用它
		-mf	所有调用为远调用，所有返回为远返回
		no -mf	所有调用为近调用
		-mr	禁用不可中断的 RPT 指令
Feedback	Banners/Quiet	-q	压缩所有工具产生的旗标和过程信息，仅输出源文件名和错误信息
		-qq	压缩除错误信息外的所有输出
		Show Banners	显示所有编译器输出信息
	Interlisting（内部列表）	-s	该工具将优化器的注释或 C/C++源代码与汇编语言源代码混合。若调用优化器，优化器的注释和编译器输出的汇编语言交织。若没有调用优化器，则 C/C++源语句和编译器输出的汇编语言交织，这样可用来观察由每条 C/C++源语句产生的代码。-s 选项隐含了-k 选项
		-ss	将原来的 C/C++源代码与编译器产生的汇编语言代码混合，产生与 C 源语句对照的汇编语言文件，便于分析优化

类	域	选项	含义
Feedback	Opt Info File（创建优化信息文件）	-on0	不产生优化器的信息文件
		-on1	产生优化器的信息文件
		-on2	产生详细的优化器的信息文件
	Generate Optimizer Comments	-os	将优化器的注释和汇编源文件语句交织在一起
Files	Asm File Extension	-ea	为汇编语言源文件设置新的默认扩展名
	Obj File Extension	-eo	为目标文件设置新的默认扩展名
	Asm Directory	-fs	指定汇编源文件目录
	Obj Directory	-fr	指定目标文件目录
	Temporary File Dir	-ft	指定临时文件目录
	Absolute Listing File Dir	-fb	指定绝对列表文件目录
	Listing/Xref Dir	-ff	指定汇编清单文件和交叉引用列表文件目录
	-@ file		将文件内容解释为对命令行的扩展
Assembly（对汇编器的选项控制）	Keep enerated .asm Files	-k	保持编译器的汇编语言文件。在一般情况下，解释命令程序在汇编完成后删除输出的汇编语言文件
	Generate Assembly Listing Files	-al	（小写 L）生成一个列表文件 （.lst）
	Keep Labels as Symbols	-as	把所有定义的符号放进目标文件的符号表中。汇编程序通常只将全局符号放进符号表中，利用-s 选项时，所定义的标号以及汇编时定义的常数也都放进符号表内
	Make case insensitive in asm source	-ac	使汇编语言文件中大小写没有区别，例如-c 将使符号 ABC 和 abc 等效，若不使用该选项，则程序符号分大小写。大小写的区别主要针对符号，而不针对助记符和寄存器名
	Algebraic assembly	-amg	声明源文件是代数式指令
	Pre-Define NAME	-ad	为符号名设置初值，格式为-d name[=value]，这与汇编文件开始处插入 name .set[=value]是等效的，如果 value 漏掉了，符号值被置为 1
	Undefine NAME	-au	-uname 取消预先定义的常数名，从而不考虑由任何 -d 选项所指定的常数
	.copy File	-ahc	将选定的文件复制到汇编模块。格式为 -hc filename，所选定的文件被复制到源文件语句的前面，复制的文件将出现在汇编列表文件中
	.include File	-ahi	将选定的文件包含到汇编模块。格式为 -hi filename，所选定的文件包含到源文件语句的前面，所包含的文件不出现在汇编列表文件中

类	域	选项	含义
汇编器命令行参数（只能在命令输入窗口输入）		-ax	产生一个交叉引用表，并将它附加到列表文件的最后，还在目标文件上加上交叉引用信息。即使没有要求生成列表文件，汇编程序总还是要建立列表文件的
		-f	取消汇编器给没有扩展名的源文件名后加上.asm 扩展名的默认行为
Parser	ANSI Compatibility	None	常规的 ANSI 模式
		-pk	允许与 K&R 兼容
		-pr	不严格的 ANSI 模式
		-ps	严格的 ANSI 模式
		-pe	允许嵌入 C++模式
		-fg	把 C 文件当作 C++文件处理
		-pi	关断受定义控制的直接插入（-o3 优化仍然执行自动插入）。使用优化器选项可以激活关键字 inline 声明的函数直接插入展开，而-pi 选项关断受定义控制的直接插入
		-pl	产生原始的列表文件（.rl）
		-px	产生交叉引用列表文件（.crl），该文件包含了源文件中每个标识符的引用信息
		-pn	禁用 C 编译器内部函数
		-rtti	允许目标类型在运行时确定
		-pdel	设置最大错误数，在错误数达到该数字后编译器放弃编译，默认数为 100
Preprocessor	Include Search Path	-i	规定一个目录，汇编器可以在这个目录下找到.copy、.include 或.mlib 命令所命名的文件。格式为-i　pathname，每一条路径名的前面都必须加上-i 选项
	Define Symbols	-d	预定义常数名
	Undefine Symbols	-u	去掉预定义常数名
	preprocessing	-ppo	仅执行预处理，将预处理输出写到文件名与输入相同但扩展名为.pp 的文件中，删除注释
		-ppc	仅执行预处理，保留注释，产生带有注释的预处理输出文件
		-ppd	仅执行预处理，但输出一个适合于输入到标准生成工具的文件
		-ppi	仅执行预处理，但输出一个由#include 伪指令包含的文件列表，列表被写到.pp 的预处理的源文件
	Continue with Compilation	-ppa	预处理后继续编译，默认情况下，预处理仅执行预处理，不进行源代码的编译。如果希望预处理后继续编译，则可以和其他预处理选项一起使用-ppa，例如和-ppo 一起使用-ppa

续表

类	域	选项	含义
Diagnostics	编译器的主要功能之一是报告源程序的诊断信息，编译器提供诊断选项	-pdf	产生诊断信息文件，该文件与源文件名相同，但扩展名为.err
		-pden	显示诊断的数字标识符及其文字内容
		-pdr	发布注意（非严重警告）默认时，注意消息被压缩
		-pdv	提供详细的诊断，可采用续行显示原来的源文件，并指明源文件行中出现错误的位置
		-pdw	压缩警告诊断消息（仍发布错误消息）
		Warn on Pipeline Conflicts	对某些汇编代码的流水线冲突发出警告。仅能对直线式代码检测流水线冲突，当检测到一个流水线冲突时，汇编器打印警告，并报告为了解决流水线冲突需要填充 Nop 或其他指令的潜在位置
		-pds	压缩由 n 指定的诊断
		-pdse	将由 n 指定的诊断分类为错误
		-pdsr	将由 n 指定的诊断分类为注意
		-pdsw	将由 n 指定的诊断分类为警告

2．链接器选项

在汇编程序生成代码的过程中，链接器（Linker）的作用十分重要，它包括三个作用：

（1）根据链接命令文件（.cmd 文件）将一个或多个 COFF 目文件链接起来，生成存储器映象文件（.map）和可执行的输出文件（.out 文件）。

（2）将段定位于实际系统的存储器中，给段、符号指定实际地址。

（3）解决输入文件之间未定义的外部符号引用。

链接器选项控制链接操作。在 CCS 环境下，选择菜单命令 Project→Build Options，再选择 Linker 标签即可进行链接器选项设置，如图 2 所示。表 2 中列出了常用的 C54x 链接器选项。

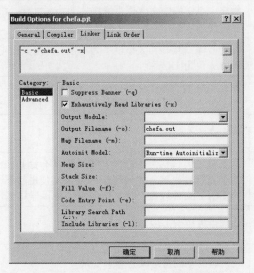

图 2　生成选项窗口——链接器标签

表 2　链接器常用选项（在 Linker 中）

选项	含义
Exhaustively Read Libraries (-x)	迫使重读库，以分辨后面的引用。如果后面引用的符号定义在前面已读过的存档库中，该引用不能被分辨出，采用-x 选项，可以迫使链接器重读所有库，直到没有更多的引用能够被分辨为止
-q	请求静态运行（quiet run），即压缩旗标（banner），必须是在命令行的第一个选项
-a	生成一个绝对地址、可执行的输出模块。所建立的绝对地址输出文件中不包含重新定位信息。如果既不用-a 选项，也不用-r 选项，链接器就像规定-a 选项那样处理
-r	生成一个可重新定位的输出模块，不可执行
-ar	生成一个可重新定位、可执行的目标模块。与-a 选项相比，-ar 选项还在输出文件中保留有重新定位的信息
Map Filename (-m)	生成一个.map 映象文件，filename 是映象文件的文件名。.map 文件中说明了存储器配置、输入、输出段布局以及外部符号重定位之后的地址等
Output Filename (-o)	对可执行输出模块命名，如果缺省，则此文件名为 a.out
-c	C 语言选项用于初始化静态变量，告诉链接器使用 ROM 自动初始化模型，目标文件装入时变量初始化
-cr	C 语言选项用于初始化静态变量，告诉链接器使用 RAM 自动初始化模型，运行程序时对变量初始化
Fill Value (-f)	对输出模块各段之间的空单元设置一个 16 位数值（fill_value），如果不用-f 选项，则这些空单元全部置 0
Code Entry Point (-e)	定义一个全局符号，这个符号所对应的程序存储器地址，就是使用开发工具调试这个链接后的可执行文件时程序开始执行的地址（称为入口地址）。当加载器将一个程序加载到目标存储器时，程序计数器（PC）被初始化到入口地址，然后从这个地址开始执行程序
Library Search Path (-i)	更改搜索文档库算法，先到 dir（目录）中搜索。此选项必须出现在-l 选项之前
Include Libraries (-l)	命名一个文档库文件作为链接器的输入文件，filename 为文档库的某个文件名。此选项必须出现在-i 选项之后
Stack Size	设置 C 系统堆栈，大小以字为单位，并定义指定堆栈大小的全局符号。默认的 size 值为 1K 字
Heap Size	为 C 语言的动态存储器分配设置堆栈大小，以字为单位，并定义指定的堆栈大小的全局符号，size 的默认值为 1 K 字
Disable Conditional Linking (-j)	不允许条件链接
Disable Debug Symbol Merge (-b)	禁止符号调试信息的合并。链接器将不合并任何由于多个文件而可能存在的重复符号表项，此项选择的效果是使链接器运行较快，但其代价是输出的 COFF 文件较大。默认情况下，链接器将删除符号调试信息的重复条目
Strip Symbolic Information (-s)	从输出模块中去掉符号表信息和行号
Make Global Symbols Static (-h)	使所有的全局符号成为静态变量

选项	含义
Warn About Output Sections (-w)	当出现没有定义的输出段时，发出警告
Define Global Symbol (-g)	保持指定的 global_symbol 为全局符号，而不管是否使用了-h 选项
Create Unresolved Ext Symbol (-u)	将不能分辨的外部符号放入输出模块的符号表

　　注意：ROM/RAM 自动初始化模式仅对 C 语言生成的代码起作用，而对于汇编语言源代码，只能选择无自动初始化（No Autoinitialization）方式。入口地址应设置为汇编语言代码段（.text）起始处的地址（通常用 start、begin 等全局变量表示）。

参考文献

[1] TMS320C54x DSP Reference Set，Volume 1：CPU and Peripherals（literature number SPRU131G）.Texas Instruments In.2001

[2] TMS320C54x DSP Reference Set，Volume 2：Mnemonic Instruction Set（Literature Number SPRU172C）.Texas Instruments In.2001

[3] TMS320C54x DSP Reference Set，Volume 4：Applications Guide（literature number SPRU173）.Texas Instruments In.1996

[4] TMS320C54x DSP Reference Set，Volume 5：Enhanced Peripherals（literature number SPRU302）.Texas Instruments In.1999

[5] TMS320C54x Assembly Language Tools User's Guide（literature number SPRU102E）.Texas Instruments In.2001

[6] TMS320C54x Optimizing C Compiler User's Guide（literature number SPRU103F）.Texas Instruments In.2001

[7] TMS320C54x Code Composer Studio Help（version 2）.Texas Instruments In.2001

[8] 戴明桢等. TMS320C54x DSP 结构、原理及应用. 北京：北京航空航天大学出版社，2001.

[9] 张雄伟等. DSP 集成开发与应用实例. 北京：电子工业出版社，2002.

[10] 张雄伟等. DSP 芯片的原理与开发应用（第 2 版）. 北京：电子工业出版社，2000.

[11] 苏涛等. DSP 实用技术. 西安：西安电子科技大学出版社，2002.

[12] 李哲英等. DSP 基础理论与应用技术. 北京：北京航空航天大学出版社，2002.

[13] 李利等. DSP 原理及应用. 北京：中国水利水电出版社，2004.

[14] 邹彦等. DSP 原理及应用. 北京：电子工业出版社，2005.

[15] 刘艳萍等. DSP 技术原理及应用教程. 北京：北京航空航天大学出版社，2005.

[16] 赵洪亮等. TMS320C55x DSP 应用系统设计（第 2 版）. 北京：北京航空航天大学出版社，2010.